· 大学生创新实践系列丛书 ·

大学生智能机械创新创业实践

胡列 ◎ 著

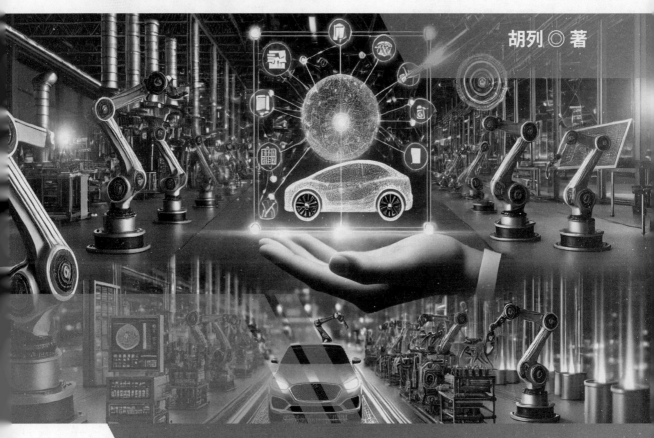

INNOVATION AND ENTREPRENEURSHIP PRACTICE OF COLLEGE STUDENTS' INTELLIGENT MACHINERY

清華大学出版社
北京

图书在版编目（CIP）数据

大学生智能机械创新创业实践 / 胡列著. -- 北京 ：
清华大学出版社, 2024. 9. -- (大学生创新实践系列丛书).
ISBN 978-7-302-67241-8

Ⅰ. TH122

中国国家版本馆 CIP 数据核字第 2024SZ8463 号

责任编辑：付潭蛟
封面设计：胡梅玲
责任校对：王荣静
责任印制：杨 艳
出版发行：清华大学出版社
　　　　网　　址：https://www.tup.com.cn，https://www.wqxuetang.com
　　　　地　　址：北京清华大学学研大厦 A 座　　　　　　邮　　编：100084
　　　　社 总 机：010-83470000　　　　　　　　　　　邮　　购：010-62786544
　　　　投稿与读者服务：010-62776969，c-service@tup.tsinghua.edu.cn
　　　　质 量 反 馈：010-62772015，zhiliang@tup.tsinghua.edu.cn
　　　　课 件 下 载：https://www.tup.com.cn，010-83470332
印 装 者：三河市科茂嘉荣印务有限公司
经　　销：全国新华书店
开　　本：185mm×260mm　　　　印　张：15.75　　　字　　数：416 千字
版　　次：2024 年 9 月第 1 版　　　印　次：2024 年 9 月第 1 次印刷
定　　价：45.00 元

产品编号：105417-01

作者简介

胡列，博士，教授，1963 年出生，毕业于西北工业大学，1993 年初获工学博士学位，师从中国航空学会原理事长、著名教育家季文美大师，现任西安理工大学高科学院董事长、西安高新科技职业学院董事长。

胡列博士先后被中央电视台《东方之子》栏目特别报道，荣登《人民画报》封面，被评为"陕西省十大杰出青年""陕西省红旗人物""中国十大民办教育家""中国民办高校十大杰出人物""中国民办大学十大教育领袖""影响中国民办教育界十大领军人物""改革开放 30 年中国民办教育 30 名人""改革开放 40 年引领陕西教育改革发展功勋人物"等，被众多大型媒体誉为创新教育理念最杰出的教育家之一。

胡列博士先后发表上百篇论文和著作，近年分别在西安交通大学出版社、华中科技大学出版社、哈尔滨工业大学出版社、清华大学出版社、人民日报出版社、未来出版社等出版的专著和教材见下表。

复合人才培养系列丛书：	概念力学系列丛书：
高新科技中的高等数学	概念力学导论
高新科技中的计算机技术	概念机械力学
大学生专业知识与就业前景	概念建筑力学
制造新纪元：智能制造与数字化技术的前沿	概念流体力学
仿真技术全景：跨学科视角下的理论与实践创新	概念生物力学
艺术欣赏与现代科技	概念地球力学
科技驱动的行业革新：企业管理与财务的新视角	概念复合材料力学
实践与认证全解析：计算机-工程-财经	概念力学仿真
在线教育技术与创新	实践数学系列丛书：
完整大学生活实践与教育管理创新	科技应用实践数学
大学生心理健康与全面发展	土木工程实践数学
科教探索系列丛书：	机械制造工程实践数学
科技赋能大学的未来	信息科学与工程实践数学
科技与思想的交融	经济与管理工程实践数学
未来科技与大学生学科知识演进	大学生创新实践系列丛书：
未来行业中的数据素养与职场决策支持	大学生计算机与电子创新创业实践
跨学科驱动的技能创新	大学生智能机械创新创业实践
大学生复杂问题分析与系统思维应用	大学物理应用与实践
古代觉醒：时空交汇与数字绘画的融合	大学生现代土木工程创新创业实践
思维永生	建筑信息化演变：CAD-BIM-PMS 融合实践
时空中的心灵体验	创新思维与创造实践
新工科时代跨学科创新	大学生人文素养与科技创新
智能时代教育理论体系创新	我与女儿一同成长
创新成长链：从启蒙到卓越	智能时代的数据科学实践

AuthorBiography

Dr. Hu Lie, born in 1963, is a professor who graduated from Northwestern Polytechnical University. He obtained his doctoral degree in Engineering in early 1993 under the guidance of Professor Ji Wenmei, the former Chairman of the Chinese Society of Aeronautics and Astronautics and a renowned educator. Dr. Hu is currently the Chairman of the Board of Directors of The Hi-Tech College of Xi'an University of Technology and the Chairman of the Board of Directors of Xi'an High-Tech University. He has been featured in special reports by China Central Television as an "Eastern Son" and appeared on the cover of "People's Pictorial" magazine. He has been recognized as one of the "Top Ten Outstanding Young People in Shaanxi Province" "Red Flag Figures in Shaanxi Province" "Top Ten Private Educationists in China" "Top Ten Outstanding Figures in Private Universities in China" "Top Ten Education Leaders in China's Private Education Sector" "Top Ten Leading Figures in China's Private Education Field" "One of the 30 Prominent Figures in China's Private Education in the 30 Years of Reform and Opening Up" and "Contributor to the Educational Reform and Development in Shaanxi Province in the 40 Years of Reform and Opening Up" among others. He has been acclaimed by numerous major media outlets as one of the most outstanding educators with innovative educational concepts.

Dr. Hu Lie has published over a hundred papers and books. In recent years, his monographs and textbooks have been published by the following presses: Xi'an Jiaotong University Press, Huazhong University of Science and Technology Press, Harbin Institute of Technology Press, Tsinghua University Press, People's Daily Press, and Future Press. The details are listed in the table below.

Composite Talent Development Series:	*Conceptual Mechanics Series:*
Advanced Mathematics in High-Tech Science and Technology	*Introduction to Conceptual Mechanics*
Computer Technology in High-Tech Science and Technology	*Conceptual Mechanical Mechanics*
College Students' Professional Knowledge and Employment Prospects	*Conceptual Structural Mechanics*
The New Era of Manufacturing: Frontiers of Intelligent Manufacturing and Digital Technology	*Conceptual Fluid Mechanics*
Panorama of Simulation Technology: Theoretical and Practical Innovations from an Interdisciplinary Perspective	*Conceptual Biomechanics*
Appreciation of Art and Modern Technology	*Conceptual Geomechanics*
Technology-Driven Industry Innovation: New Perspectives on Enterprise Management and Finance	*Conceptual Composite Mechanics*
Practical and Accredited Analysis: Computing-Engineering-Finance	*Conceptual Mechanics Simulation*
Online Education Technology and Innovation	*Practical Mathematics Series:*
Comprehensive University Life: Practice and Innovations in Educational Management	*Applied Mathematics in Science and Technology*
College Student Mental Health and Holistic Development	*Applied Mathematics in Civil Engineering*
Science and Education Exploration Series:	*Applied Mathematics in Mechanical Manufacturing Engineering*
The Future of Universities Empowered by Technology	*Applied Mathematics in Information Science and Engineering*
The integration of technology and thought	*Applied Mathematics in Economics and Management Engineering*
Future Technology and the Evolution of University Student Disciplinary Knowledge	*College Student Innovation and Practice Series:*
Data Literacy and Decision Support in Future Industries	*College Students' Innovation and Entrepreneurship Practice in Computer and Electronics*
Skill Innovation Driven by Interdisciplinary Approaches	*College Students' Innovation and Entrepreneurship Practice in Intelligent Mechanical Engineering*
Complex Problem Analysis and Applied Systems Thinking for University Students	*University Physics Application and Practice*
Ancient Awakenings: The Convergence of Time, Space, and Digital Painting	*College Students' Innovation and Entrepreneurship Practice in Modern Civil Engineering*
Mind Eternal	*Evolution of Architectural Informationization: CAD-BIM-PMS Integration Practice*
Mind Experiences Across Time and Space	*Innovative Thinking and Creative Practice*
Interdisciplinary Innovation in the Era of New Engineering	*Cultural Literacy and Technological Innovation for College Students*
Innovative Educational Theories and Systems in the Intelligent Era	*Growing Up Together with My Daughter*
The Innovation Growth Chain: From Enlightenment to Excellence	*Data Science Practice in the Age of Intelligence*

丛 书 序

在这个充满变革的新时代，创新成了推动科学、技术与社会发展的核心动力。作为一位长期从事教育工作的院士，我对于推动创新教育的重要性有着深刻的认识。胡列教授编写的"大学生创新实践系列丛书"，以其全面深入的内容和实践导向的特色，为我们呈现了一个关于如何将创新融入教育和生活的精彩蓝图。

该系列丛书从《大学生计算机与电子创新创业实践》开始，直观展示了在计算机科学和电子工程领域中，理论与实践如何结合，推动了技术的突破与应用。接着，《大学生智能机械创新创业实践》与《大学物理应用与实践》进一步拓展了我们的视野，展现了在机械工程和物理学中，创新思维如何引领技术发展，解决实际问题。同时，《智能时代的数据科学实践》介绍了数据科学在智能时代的应用，结合深度学习、人工智能等技术，通过案例展示其在金融、医疗、制造等领域的潜力，帮助读者提升创新能力。

更进一步，《大学生现代土木工程创新创业实践》与《建筑信息化演变》让我们见证了土木工程和建筑信息化在当今社会中的重要性，以及它们如何通过创新实践，促进了建筑领域的革新。

在《创新思维与创造实践》和《大学生人文素养与科技创新》中，胡列教授通过探讨创新思维与人文素养的关键作用，展示了如何在快速发展的科技时代中，保持人文精神的指引和多元思维的活力。《创新思维与创造实践》不仅跳出了具体技术领域的局限，强调了创新思维的力量及其在跨学科问题解决中的应用；而《大学生人文素养与科技创新》则强调了人文素养在激发创新思维、推动技术进步中的独特价值，鼓励读者在追求科技进步的同时，不忘人文关怀。

在《我与女儿一同成长》中，胡列教授用自己与女儿的成长故事，向我们展示了教育、成长与创新之间的紧密联系。这不仅是一本关于个人成长的书，更是一本关于如何在生活中实践创新的指导书。

通过胡列教授的这套丛书，我们不仅能学习到具体的技术和方法，更能领会到创新思维的重要性和普遍适用性。这套丛书对于任何渴望在新时代中取得进步的学生、教师以及所有追求创新的人来说，都是一份宝贵的财富。

因此，我特别推荐"大学生创新实践系列丛书"给所有人，特别是那些对创新有着无限热情的年轻学子。让我们携手，一同在创新的道路上不断前行，为构筑一个更加美好的未来而努力。

杜彦良

中国工程院院士

国家科技进步奖特等奖 2 项、一等奖 1 项

国家教学成果奖一等奖 1 项

2024 年 9 月

前 言

    随着全球科技的快速发展，创新和创业已成为国家和教育部门的核心要求，这不仅反映在教育制度中，而且在国家战略中也占据重要位置。顺应这一潮流，我们编写了本书，旨在引导读者探索科技创新、技术转化与经济转型的多种可能性。

    在这本书中，我们聚焦于智能机械领域，为大家带来上百个适合大学生创新创业的应用实践方案。这些方案不仅展示了科技创新的无限潜能，也为大家提供了宝贵的实践经验和启示。方案揭示了科技、市场、文化和社会之间的互动和影响，同时也鼓励创新者们克服困难，实现自己的梦想。

    此外，我们深知复合人才在当今社会的重要性，因此，本书不仅旨在培养读者的技术能力，更重要的是帮助读者培养跨学科的思维方式和综合素质。无论您是工程师、设计师、商人，还是艺术家，都可以从这本书中找到属于自己的创新创业之路。

    对于正在或即将参与各类创新创业大赛的大学生来说，本书是一本宝贵的指南。无论是全国大学生机械创新大赛、中国大学生工程实践与创新能力大赛、"互联网+"大学生创新创业大赛、"挑战杯"中国大学生创业计划竞赛（课外学术科技作品竞赛）、中国创新创业大赛，还是全国大学生数学建模竞赛，我们都为您提供了全面、深入的策略和建议。

    最后，希望本书能激发大学生的创新创业热情，走向成功的创新创业之路，为我们的社会、经济和文化带来更多的价值和活力。

胡 列

2023 年 10 月

目 录

第1部分 创新与创业导论

第2部分 实用技能与工具

第 3 部分　智能机械创新领域与趋势

第4部分　智能机械创新与其他学科的融合

第5部分　从创意到实践：大学生智能机械项目实践与参赛指南

第 6 部分　大学生创业实践：科技创新转换与
高质量经济转型

第 1 部分

创新与创业导论

第1章　智能机械的崛起

1.1　智能机械的发展历程

1.1.1　从传统机械到智能机械的转变

传统机械自工业革命以来已经成为人们生活的重要组成部分。它们基于固定的机械设计和物理原理来完成预定的任务，如纺织机、蒸汽机和各种传动机构。这些传统机械通常执行单一任务，需要人为操作，并受到物理与结构的限制。

然而，随着科技的进步，特别是计算机技术和微处理器的出现，机械开始与电子技术融合，催生了智能机械。智能机械不仅仅是进行简单重复的动作，它们配备有传感器、控制器和软件，能够进行数据处理、实时响应和自主决策。

与传统机械相比，智能机械的主要特点有：

自主性：能够根据环境变化自主做出决策，而不仅仅是按照预定的程序执行。

多功能性：一台设备可以进行多种任务，有时甚至可以通过软件升级来增加新功能。

自适应性：在遇到未知的情况或障碍时，它们能够自我调整和优化策略。

这种从传统机械到智能机械的转变，是由多种因素驱动的，包括：

技术进步：计算机、AI、传感器、物联网和其他高科技的快速发展。

效率提高：自动化和智能化可以显著提高生产率和效率。

应对复杂任务：现代工业和社会的需求变得越来越复杂，需要更多功能和自适应性强的机器。

环境考虑：智能机械可以在极端或危险的环境中工作，如深海、太空或高辐射区。

从传统机械到智能机械的转变代表了科技进步和社会发展的必然趋势。这为机械工程师和大学生提供了一个巨大的机会，不仅仅是在机械设计和制造上，还包括在创新和创业方面。

1.1.2　重要的里程碑

智能机械的发展是一个漫长但充满里程碑的历程。以下是一些在这个历程中扮演重要角色的关键事件和技术：

1）机械计算机的诞生（19世纪）

例如，查尔斯·巴贝奇的差分机和解析机，这些机器是用机械部件制成的，并且可以自动执行数学计算。

2）电力的广泛应用（20世纪初）

电机和电力传动系统为机械工业带来了革命性的变革，使机器能够更高效、更可靠地工作。

3）电子计算机的出现（20世纪40年代）

ENIAC（Electronic Numerical Integrator and Computer）是第一个被广泛认知的电子计算机，它的出现开启了现代计算技术的时代。

4）微处理器的发明（20世纪70年代）

Intel 4004是世界上第一个商用微处理器，它把计算机的力量带到了消费产品和各种机械设备中。

5）工业机器人的兴起（20世纪70—80年代）

机器人开始在制造业中替代人力，例如汽车制造中的焊接和装配。

6）传感器技术的快速发展（20世纪90年代—21世纪初）

如MEMS（Micro-Electro-Mechanical System）传感器，使得机器能够更好地感知和理解其周围的环境。

7）机器学习和人工智能的崛起（21世纪初）

深度学习和神经网络技术的进步使机器能够进行图像和语音识别，为自动驾驶汽车和智能助手等应用铺平了道路。

8）物联网（Internet of Things，IoT）的兴起（21世纪初）

众多的设备和机器通过互联网互相连接，共享数据，实现远程监控和自主决策。

9）5G通信技术的出现（21世纪20年代初）

5G通信技术提供了更快的数据传输速度和更低的延迟，为实时远程操作和自主机械操作提供了条件。

以上这些里程碑代表了智能机械发展的不同阶段。每一步的发展都为后续的技术进步和应用创新创造了条件，为当今的智能机械技术奠定了坚实的基础。

1.1.3 对比：从手工到自动化，再到智能化的演进

这一部分将探讨从手工劳动到自动化，再到智能化的演进过程，以及这三者之间的区别和联系。

1）手工劳动

定义：手工劳动（Handwork）依赖于人的体力和技能来完成任务，没有或很少使用机械辅助。

特点：

依赖于个体的技能和经验。

生产效率受到人的生理和心理限制。

可以适应各种复杂情况，但效率相对较低。

高度的个性化和独特性。

2）自动化

定义：自动化（Automation）是通过机械、电子技术和计算机化的方式来完成任务的，无需或很少需要人的干预。

特点：

高度的重复性和精确性。

可以连续运行，不受时间限制。

生产效率和质量相对稳定。

依赖预设的程序和参数，对突发情况的适应性不足。

3）智能化

定义：智能化（Intelligent）结合了自动化和人工智能技术，使机器具有学习、适应和自主决策的能力。

特点：

结合了传感器、数据分析和机器学习技术。

可以根据环境和任务的变化进行自我调整。

具有某种程度的认知和解决问题的能力。

可以与人和其他机器进行协作和交互。

有时可以超越人类的判断和执行能力。

4）总结对比

手工劳动强调的是人的直接参与和技能。随着技术的发展，自动化开始替代了许多重复性和物理性的任务，带来了效率和质量的提升。智能化则代表了技术进一步的发展，将计算机、数据和人工智能融合到机器中，赋予机器更高级的功能，如学习、推理和自我调整。

这一演进不仅是技术上的，也反映了社会和经济的变迁，以及人类对效率、创新和舒适生活的追求。

1.2　当前技术与应用的概况

1.2.1　智能机械的核心技术

随着科技的快速发展，智能机械领域已经形成一系列的核心技术。这些核心技术为智能机械奠定了基础，也驱动了它们在各种应用场景中的广泛应用。

1）传感器

描述：传感器是智能机械的眼睛和耳朵，可以检测外部环境的各种信息。

技术点：光学传感器、压力传感器、温度传感器、运动传感器、声音传感器等。

应用：在机器人、无人驾驶汽车、工业自动化等领域中，对外部环境进行监测和数据采集。

2）机器学习与人工智能

描述：通过算法和模型，使机器能够从数据中学习并做出决策。

技术点：深度学习、神经网络、强化学习、决策树、支持向量机等。

应用：图像和语音识别、预测分析、智能优化等。

3）控制技术

描述：确保智能机械的动作准确、稳定和可靠。

技术点：PID 控制、模糊控制、自适应控制、神经网络控制等。

应用：机器人运动控制、无人机飞行控制、智能家居设备调节等。

4）通信技术

描述：允许智能机械与其他设备、系统或网络进行信息交换。

技术点：物联网（IoT）、5G、蓝牙、Wi-Fi、NFC 等。

应用：远程监控、数据传输、多机器协同工作等。

5）嵌入式系统

描述：为智能机械提供具有计算和控制功能的紧凑、专用的计算机系统。

技术点：微控制器、操作系统、实时处理、电源管理等。

应用：各种智能设备、机器人、家电、医疗设备等。

6）力学与动力学

描述：研究智能机械的运动规律和力的作用。

技术点：多体动力学、机械设计、机构学、流体力学等。

应用：机器人的动作模拟、智能车辆的驾驶策略、工业自动化的动态优化等。

以上核心技术为智能机械的发展提供了技术支撑，不仅仅是单一的技术应用，更多的是多种技术的融合和互动，这使得智能机械在各种复杂环境中都能够表现出卓越的性能。

1.2.2 代表性的智能机械应用

智能机械在各个领域都有广泛的应用，下面是几个代表性的应用领域：

1）智能制造与生产线

描述：利用先进的信息技术、人工智能和自动化技术，实现制造过程的自动化、智能化和网络化。

特点：

生产效率高，质量稳定。

能够实时监测生产过程，自动调整参数，确保产品质量。

通过数据分析，可以对生产流程进行优化，减少浪费。

示例：智能装配线、自动化检测系统、预测性维护等。

2）智能物流与仓储

描述：利用先进的信息技术和自动化技术，对物流和仓储过程进行智能管理和控制。

特点：

实时跟踪货物的位置，确保物流的准时和准确。

自动化的仓库管理系统，可以减少人工错误，提高库存管理效率。

利用大数据分析，预测货物需求，优化物流路线。

示例：自动化货架系统、无人搬运车、智能配送无人机等。

3）服务型机器人

描述：专为人类提供服务的机器人，可以在家庭、医院、酒店等场所使用。

特点：

能够与人互动，提供个性化服务。

可以根据环境和用户需求自动调整行为。

有专门的设计和功能，如家务、健康照护、娱乐等。

示例：

家居助手：如扫地机器人、智能烹饪助手等，可以帮助人们完成日常家务。

健康照护机器人：在医院或家庭为病人提供医疗或照护服务，如移动助行机器人、药物管理机器人等。

以上应用领域充分展示了智能机械的强大功能和广泛应用。随着技术的不断进步，未来还会有更多的智能机械应用出现，为人类的生活和工作带来更多的便利。

1.2.3 技术的局限与未来的发展方向

1）技术的局限

计算能力的限制：尽管现代计算机和芯片技术已经取得显著的进步，但复杂的算法、实时数据处理和高级人工智能应用仍然对计算能力有很高的要求。

数据隐私和安全性：随着智能机械和物联网设备的增加，数据隐私和安全性问题越来越受到关注。如何在享受技术便利的同时保护个人和企业数据，是一个持续的挑战。

人机交互的复杂性：虽然智能机械努力实现与人的自然交互，但诸如语音识别、情感分析等技术仍然存在误解和误读情况。

成本问题：高级的智能机械和系统仍然需要大量的投资，对于某些行业和地区，这种高昂的初期投资成为实施智能化的障碍。

技术依赖性：过度依赖智能技术可能导致人们在某些技能和能力上的退化，如导航能力、基本生活技能等。

2）未来的发展方向

增强计算能力：随着量子计算、神经芯片等技术的发展，未来的智能机械将拥有更强大的计算和分析能力。

更好的人机交互：努力提高机器的认知、理解和情感响应能力，使其更好地理解并满足人的需求。

模块化和自主学习：智能机械将能够自我学习和自我适应，不仅仅依赖于预设的程序。同时，模块化设计将使智能机械更加灵活和可定制。

生态系统的构建：各种智能机械和设备将构建一个完整的生态系统，实现数据共享、协同工作和资源优化。

伦理和责任：随着技术的进步，伦理和责任问题将更加受到关注。例如，智能机器人在医疗、驾驶等关键领域的应用，将涉及责任和伦理问题。

可持续性：在设计和制造智能机械时，将更加考虑其环境影响，如能源效率、材料回收等。

智能机械技术仍然处于快速发展阶段，面临诸多挑战，但也提供了无数的机会和可能性。随着科技、社会和经济的不断演进，我们可以预见一个更加智能、高效和可持续的未来。

1.3　市场需求与发展趋势

1.3.1　当前的市场需求

随着科技的进步和社会的发展，智能机械在各个领域中的需求也日益增长。以下列出了一些当前的主要市场需求：

1）工业生产的自动化和智能化需求

需求背景：为了提高生产效率、降低生产成本并提升产品质量，工业生产正趋向于更高程度的自动化和智能化。

具体需求：

精确控制：在制造、组装等过程中，需要对设备的动作进行精确控制以确保产品质量。

实时监测与调整：通过传感器收集数据，实时监测生产线的状态，并根据需要自动调整生产参数。

灵活生产：随着市场需求的变化，生产线应能够快速调整以满足不同的生产需求。

2）服务业的机器人化需求

需求背景：服务业面临劳动力短缺、成本上升等问题，同时客户对服务质量的要求也日益增加。

具体需求：

客户服务：如酒店、餐厅、零售店等场所的接待、点餐、导购等服务。

后勤支持：例如清洁、搬运、库存管理等服务。

个性化服务：根据客户的喜好和需求，提供个性化的服务。

3）特定领域的专用机械需求

医疗：

诊断与治疗：例如医疗机器人可以在外科手术中提供精确、微创的手术方案。

患者护理：如机器人助手可以帮助患者移动、吃饭等。

农业：

智能种植：通过传感器监测土壤湿度、气温等，自动调整灌溉、施肥等操作。

自动收割：使用无人机或机器人进行作物的收割、分类和包装。

以上市场需求反映了当前社会对智能机械技术的高度关注和依赖，这也为相关企业和研究机构提供了巨大的商业和创新机会。

1.3.2 驱动智能机械发展的关键因素

随着智能机械技术的不断进步，多种因素共同推动了其在各个领域的广泛应用。以下列举了几个关键的驱动因素：

1）技术进步与成本下降

技术革命：近年来，计算机处理能力的提高、传感器技术的革命和人工智能的快速进步，使得智能机械从理论变为现实。

成本效益：随着技术的成熟和规模化生产，相关硬件的成本逐渐下降，使得更多企业和消费者能够负担得起智能机械。

软件与算法：开源软件和算法的共享使得研发智能机械的门槛降低，同时也加速了技术的创新和应用。

2）全球市场和产业链的整合

全球化市场：随着全球市场的整合，企业面临更大的竞争压力，这促使它们寻找更高效、更智能的生产和服务方式。

产业链协同：从原材料提供者到终端消费者，整个产业链的各方都在努力实现智能化，这种协同效应推动了整个行业的快速发展。

跨行业合作：不同行业之间的合作，如制造业与 IT 行业的结合，带来了创新的智能机械解决方案。

3）社会对效率和安全性的追求

效率需求：在全球竞争日益加剧的背景下，提高效率成为各行各业的首要任务。智能机械能够在生产、物流、服务等领域大大提高效率。

安全考虑：特定的工作环境，如深海、太空、高辐射区等，对人类来说具有很高的风险。智能机械可以在这些环境中代替人工，确保生命安全。

质量控制：智能机械能够进行持续的、高精度的监测和调整，确保产品和服务的高质量。

多种外部和内部因素共同推动了智能机械的发展和应用。预计在未来，随着这些因素的持续作用，智能机械将在更多领域得到广泛应用。

1.3.3 预测：未来 10 年内的市场与技术趋势

随着科技、经济和社会的不断发展，智能机械领域预计将迎来一系列重大变革。以下是未来 10 年内智能机械的市场和技术趋势预测：

1）深度学习与人工智能的集成

智能机械将更加依赖深度学习技术进行决策和操作。

机器学习算法将更加精细化，能够处理更复杂的任务和场景。

2）智能机械与物联网的完全融合

智能机械将与物联网设备完全融合，实现设备间的无缝通信与协同工作。

数据采集和分析将成为推动智能机械发展的关键。

3）机器自主性增强

机器将具备更高的自主决策能力，能够在不需要人工干预的情况下完成复杂任务。

机器间的协同将越来越流畅，如群体机器人技术将得到广泛应用。

4）新型材料与增材制造

新型材料如超导材料、生物可降解材料等将被广泛应用在智能机械中。

增材制造（如 3D 打印）将为智能机械设计和制造提供更多的可能性。

5）人机交互方式的多样化

除了触摸和语音，脑机接口、手势控制等新型交互方式将逐渐成为主流。

虚拟现实（Virtual Reality，VR）和增强现实（Augmented Reality，AR）将与智能机械紧密结合，为用户提供更加沉浸式的体验。

6）伦理与法律问题

随着智能机械在医疗、交通、安全等关键领域的应用，伦理和法律问题将更加凸显。

国家和国际组织可能会出台相关法律法规，以规范智能机械的研发和应用。

7）市场趋势

智能家居、健康照护、自动驾驶等领域将成为智能机械的重点应用领域。

发展中国家由于劳动力成本上升和技术普及，智能机械的需求将快速增长。

第2章 智能机械创新与创业的基础

2.1 创新与创业的基本概念和差异

2.1.1 创新的定义及其重要性

创新可以定义为在某一领域内引入新的或显著改进的产品、流程、服务或方法的过程。它不仅是发明新事物，还包括为现有的事物引入新的观点或方法，从而为用户或社会带来更大的价值。

1. 重要性

竞争优势：在激烈竞争的市场中，创新使企业能够突出自己，从而获得竞争优势。

增长驱动：创新为企业提供了进入新市场和吸引新客户的机会。

应对变革：面对外部环境的快速变化，创新使企业能够适应新的环境和应对新的挑战。

2. 技术创新与商业创新的区别

技术创新：涉及新技术、产品或流程的研发和实施。这通常涉及研发部门，可能需要专利保护，并通常是响应市场或技术趋势的变化。

商业创新：关注新的商业模式或策略。这可能涉及新的市场定位、分销策略或客户关系管理。商业创新可能不需要任何新技术，但可能需要对现有资源进行的新的或不同的利用。

3. 创新在智能机械领域中的角色

驱动力：智能机械的核心是不断的技术进步。创新使得智能机械能够更好地满足用户需求、提高效率和准确性。

持续改进：随着技术的发展，旧的智能机械可能会变得过时。创新确保了产品和服务的持续改进和优化。

跨领域融合：智能机械不仅是机械工程的成果，它还融合了计算机科学、人工智能、传感技术等多个领域的创新。

2.1.2 创业的定义及其挑战

1. 创业的定义

创业通常指的是识别或创造一个商业机会，并组织必要的资源，来追求这一机会的过程。这不仅包括新企业的创立，也涵盖了对现有企业的创新或变革。

2. 挑战

资源限制：创业者往往面临资金、人力和其他资源的限制。

市场不确定性：新市场的风险和不确定性很高，尤其是在初创阶段。

竞争压力：新创企业可能需要与现有的、更加稳固的企业竞争，竞争压力大。

技术风险：尤其在高技术领域，技术可能不会如预期那样运作。

法规与合规：新创企业可能不熟悉行业规定和法律要求。

3. 创业的各阶段概述

观念与启动：识别商业机会，进行初步的市场调查，构建最小可行性产品（Minimum Viable Product，MVP）。

种子阶段：团队组建、产品开发和初次市场测试。

初创阶段：产品正式上市，初步盈利，拓展市场。

增长阶段：业务迅速扩张，市场份额增长，组织扩大。

成熟阶段：企业已在市场中稳固其地位，市场份额增长可能放缓，但收益稳定。

4. 创业在智能机械领域的特殊性

高技术门槛：智能机械领域通常需要深厚的技术背景和知识储备。

资本密集：与某些软件或服务创业相比，智能机械创业可能需要更多的初期投资。

产业链合作：涉及硬件、软件、传感器、AI 等多个子领域的协同合作。

长周期研发：与某些领域相比，智能机械领域从产品设计到实际上市的周期可能更长。

严格的标准和规定：由于涉及机械的安全性和稳定性，该领域可能受到更多的监管和法规约束。

尽管智能机械领域的创业带来了巨大的机会，但同时也伴随着其独特的挑战和要求。创业者需要具备坚韧的决心、深厚的技术积累，并准备应对各种不确定性和风险。

2.1.3 创新与创业的交互和差异

1. 交互

创新是创业的核心：许多成功的创业项目都起源于一个创新的想法或技术。

创业推动创新：为了在市场中获得竞争优势，新创企业需要不断创新，以适应快速变化的市场需求。

2. 差异

焦点：创新集中于提出新的或改进的产品、服务、流程或方法，而创业更多关注的是如何将这些想法或技术转化为一个可持续的商业实体。

风险与回报：创新可能不一定伴随直接的经济回报，而创业则旨在创建经济价值和获取回报。

周期：创新可以是短期的或长期的，而创业通常是一个长期过程，需要经过多个发展阶段。

3. 如何将创新转化为商业机会

市场研究：了解目标市场的需求和趋势，确认创新是否满足市场的实际需求。

构建 MVP：在尽可能低的成本下，创建一个核心功能的版本，以验证市场的响应。

反馈循环：根据市场和客户的反馈，不断完善和调整产品或服务。

商业模式设计：确定如何盈利，包括定价策略、销售渠道和合作伙伴等。

资源整合：确保有足够的资金、技术和人才来支持商业活动。

4. 创业中的创新策略与实践

开放创新：与外部团队、研究机构或个人合作，共同研发和分享知识。

快速试验：在短时间内进行多次试验，然后根据反馈进行迭代。

用户中心的设计思维：始终以用户为中心，理解他们的需求和痛点，从而进行创新。

多元化团队：鼓励来自不同背景、技能和经验的团队成员合作，以便获得不同的视角和创新思维。

学习和适应：鼓励团队不断学习新的技能和知识，适应市场的变化，以保持竞争力。

创新和创业虽然有其独特性，但它们是紧密相连的。在智能机械领域，成功的创业者不仅能够产生创新的想法，还能够将这些想法转化为真正的商业机会，并采用有效的策略和实践来实现其价值。

2.2　现代智能机械领域中的创新应用实践方案

2.2.1　智能制造与工业 4.0

在中国，工业 4.0 与智能制造的概念已经被广泛接受并得到了深入的应用。随着政府的政策扶持和市场的需求，众多企业和创业公司开始涌现，为制造业的现代化、智能化做出了巨大的贡献。

1. 创新技术在现代制造中的应用

物联网（IoT）：例如华为的 OceanConnect IoT 平台，为企业提供设备连接、数据收集与处理的解决方案。

机器学习与人工智能：例如阿里云的 ET 工业大脑，帮助制造商实时优化生产流程和提高效率。

增材制造（3D 打印）：例如华曙高科，为业界的 3D 打印提供解决方案。

数字孪生：例如海尔在其 COSMOPlat 平台上应用数字孪生技术，实现了定制化生产的全流程管理。

自动化和机器人技术：例如广州 CNC 设备有限公司推出的多款自动化生产线机器人。

2. 典型的成功创业案例

优必选（UBTECH）：该公司专注于教育机器人的研发，推出了包括"Alpha"在内的多款教育机器人产品，帮助孩子们更好地学习编程和 STEM 学科。

普渡科技（Pudu Technology）：该公司专门研发餐厅服务机器人，如"普渡宝宝"等，解决餐饮业的用工问题。

该公司提供了一系列基于云端的智能机器人解决方案，包括智能客服、智能家居助手等。

随着中国政府对制造业的持续支持，以及不断的技术创新和市场的需求驱动，预计未来中国的智能制造与工业 4.0 将持续领跑全球。

2.2.2　服务型机器人的崛起

中国在服务型机器人领域也有着显著的成就。无论是在家居、医疗还是在娱乐领域，都有一系列成功的应用和创业案例。

1. 家居、医疗、娱乐等领域的创新应用

家居：智能家居助手如扫地机器人和安全监控机器人已经成为许多家庭的标配。例如，科沃斯（Ecovacs）的地宝（Deebot）扫地机器人和 360 公司的智能摄像头。

医疗：医疗服务机器人在中国的医疗领域得到了广泛应用。例如，广州维保医疗设备有限公司推出的医疗服务机器人可以为医生和护士提供助力，提高医疗服务质量。

娱乐：例如，优必选的 Alpha 1 Pro 机器人可以跳舞、讲故事，成为孩子们的娱乐伴侣。

2. 创业公司与其成功之路

优必选：这是一个在家庭机器人领域取得了巨大成功的创业公司。他们推出的各种机器人产品如 Jimu、Alpha 等在全球范围内都取得了很好的市场反响。

普渡科技：该公司专门研发餐厅服务机器人，如贝拉（BellaBot），它可以在餐馆内为客人服务，如送餐、清理等，大大提高了餐饮服务的效率。

云知声：该公司致力于研发智能云机器人和 AI 服务。其创新的机器人产品和服务已经被应用在酒店、医院、机场等场所。

这些成功的创业公司通常都紧紧围绕客户需求，结合技术创新，不断地进行产品和服务的迭代，以满足市场不断变化的需求。同时，他们也注重与各种行业合作伙伴的紧密合作，以更好地推广自己的产品和服务。

2.2.3　特殊应用领域的创新实践

随着技术的发展，许多传统领域都在逐渐实现智能化。中国在这些特殊应用领域也有许多成功的创新实践。

1. 智能农业与农机自动化

极飞科技（XAG）：作为中国的一家农业科技公司，XAG 开发了智能农机设备，如无人机、无人拖拉机等，为农业生产带来了革命性的变化。

京东数科：利用物联网技术为农田提供精准灌溉、施肥和病虫害预警。

2. 智能交通与自动驾驶技术

百度 Apollo：作为中国的先驱，百度的 Apollo 自动驾驶平台集结了全球众多伙伴，提供了从硬件、软件到云端服务的完整的自动驾驶解决方案。

小鹏汽车：这家新能源汽车制造商不仅推出了自家的电动车型，还积极研发自动驾驶技术，逐渐向智能汽车转型。

3. 其他领域的成功案例

智能教育：如 VIPKID，一个在线一对一英语教育平台，通过 AI 技术进行学生评估和个性化教学。

智能健康：例如，华大基因的基因测序技术不仅为疾病诊断提供支持，还进一步推进了个性化医疗的发展。

智能金融：如蚂蚁集团的芝麻信用，运用大数据技术为用户提供信用评分服务。

无论是农业、交通还是其他领域，智能技术的应用都在为人们带来更加便捷、高效的生活体验。中国在这些特殊应用领域的创新实践，无疑为全球的智能化发展提供了有力的驱动。

2.3　智能控制技术、传感器技术、机器人技术等核心技术简介

2.3.1　智能控制技术

智能控制技术是现代控制技术的重要分支，它融合了传统控制理论与人工智能，尤其是模糊逻辑、神经网络、遗传算法等，以提高系统的性能和鲁棒性。

1. 基础理论与算法概述

模糊逻辑：它不同于传统的逻辑计算，其能够描述不确定、不精确的信息，使得控制策略更为适应于非线性或者复杂的实际应用。

神经网络：受到生物神经元启发的计算系统，能够自主学习和适应。在控制系统中，神经网络可以用来逼近非线性函数，为控制器提供适应性和在线学习的能力。

遗传算法：这是一种自然选择启发的优化技术，可以用于搜索最佳的控制策略或参数。

增强学习：它是一种通过试错学习最佳策略的方法，在某些控制任务中，特别是存在未知动态的场景，增强学习表现出很大的潜力。

2. 在实际应用中的优势与挑战

1）优势

适应性强：智能控制技术可以自适应系统的变化，如非线性、不确定性等，确保稳定和高

效的性能。

鲁棒性好：即使在参数变化或外部干扰的情况下，也能够保持良好的控制性能。

在线学习与优化：许多智能控制技术能够在线学习和优化，使得系统在运行中不断改进。

2）挑战

计算复杂性：某些智能控制算法，特别是基于学习的方法，可能需要更多的计算资源。

模型的准确性：虽然智能控制技术能够处理许多不确定性，但仍然依赖于对系统的准确模型。

稳定性与安全性：在实际应用中，尤其是关键领域如医疗、交通等，确保控制系统的稳定性和安全性是至关重要的。

2.3.2　传感器技术

传感器是一种能够将某种形式的能量（如热、光、声、电、机械等）转换成通常为电信号的设备。它们在各种应用中发挥着至关重要的作用，尤其是在智能机械中，因为它们为机械提供了与外界环境交互的能力。

1．传感器的种类与工作原理

电阻式传感器：当物理量如温度或压力改变时，材料的电阻值也会随之改变。例如，热敏电阻是根据温度变化而改变电阻值的。

电容式传感器：利用物理或化学变化导致两导体间电容变化的原理来测量，如触摸屏技术。

压电式传感器：某些材料会在受到压力时产生电压，这种效应被用于检测力、压力或振动。

光电传感器：这些传感器可以检测光的强度、颜色或波长，并将其转换为电信号。

磁传感器：用于检测磁场的强度或变化。

声波传感器：利用声波（通常是超声波）来检测物体或测量距离。

微机电系统：微型化的机电系统，包括传感器和执行器。

2．在智能机械中的关键作用

环境感知：传感器使机械能够感知其周围环境，如温度、光照、湿度等。这对于机械的适应和响应至关重要。

导航与定位：在机器人技术中，传感器用于避障、路径规划和目标追踪。

监控与诊断：在工业应用中，传感器用于监测机械的健康状况，如预测维护和实时故障检测。

用户交互：例如，触摸屏、语音识别或其他形式的用户输入。

反馈控制：传感器提供了实时的反馈，使得智能机械可以调整其行为以满足特定的性能标准或任务目标。

传感器为智能机械提供了"感觉"，使其能够与环境互动并做出决策。无传感器的智能机械就像失去了感官的生物，无法有效地与外部世界交互。

2.3.3　机器人技术

机器人是一个可以自主或预先编程完成特定任务的设备。从简单的工业机械臂到复杂的自主机器人，机器人技术已经渗透到我们生活的各个方面。

1．机器人的基本构成与工作原理

机械结构：这是机器人的"身体"，包括其移动和交互的各种机械部件，如臂、腿、关节和夹具。

传感器：如前文所述，传感器使机器人能够感知其环境。常见的传感器有摄像头、红外传感器、超声波传感器、触摸传感器等。

执行器：它们是机器人的"肌肉"，使机器人的机械部件能够移动或操作。常见的执行器包括电机、伺服机、气缸等。

控制器：这是机器人的"大脑"，负责接收传感器的输入，处理信息，并控制执行器完成特定任务。通常由微控制器或计算机组成。

软件与算法：这为机器人提供了决策和学习能力，包括路径规划、对象识别、数据处理等。

2. 机器人在不同应用场景中的表现

工业机器人：在制造业中，机器人用于自动化生产线，进行焊接、装配、涂装等任务。例如，汽车制造中广泛使用的机器人臂。

服务机器人：这些机器人在商业环境、家庭、医院等场所提供服务。例如，吸尘机器人、草坪修剪机器人、医疗助手机器人。

探索机器人：用于在人类难以进入或危险的环境中进行探索和研究，如深海机器人、太空机器人或灾难现场的救援机器人。

教育机器人：在学校和教育中心用于教学目的，帮助学生学习编程、机械设计等。

娱乐机器人：如玩具机器人、表演机器人等，为人们提供娱乐。

军事与安全机器人：用于侦察、爆炸物处理或其他军事应用。

机器人技术正在迅速发展，并且与其他技术领域如人工智能、物联网和增强现实等，结合得越来越紧密，为我们的生活和工作带来了无数的可能性。

2.4　工业自动化、医疗、交通与物流等核心应用领域的介绍

2.4.1　工业自动化

工业自动化是使用控制系统如计算机或机器人替代人类参与生产过程。其目的是提高生产效率、质量、稳定性，同时降低生产成本和人为错误。

1. 工业自动化的历史与发展趋势

早期阶段：19 世纪末至 20 世纪初，随着电气工程的发展，工业生产中开始引入初步的自动化技术。这一阶段的自动化更多地依赖于机械和电气控制。

中期发展：随着计算机技术的进步，特别是在 20 世纪 60 年代和 20 世纪 70 年代，工业自动化开始快速发展。计算机数值控制（Computer Numerical Control，CNC）机床、可编程逻辑控制器（Programmable Logic Controller，PLC）和其他先进技术在工业生产中得到了广泛应用。

近期发展：21 世纪初，随着工业互联网、物联网、大数据和人工智能的崛起，工业自动化进入了新的阶段。这一阶段的自动化不仅关注生产过程，还涉及整个供应链的优化，如工业 4.0 所提倡的智能制造。

2. 主要技术与应用场景

机器人技术：特别是多关节机器人和协作机器人在组装、焊接、搬运和其他生产任务中得到了广泛应用。

计算机数值控制（CNC）：在金属加工、木工和其他制造过程中，CNC 机床可以自动化地进行高精度的切割、铣削和雕刻。

可编程逻辑控制器（PLC）：PLC 被广泛用于控制生产线上的机械设备，如输送带、电机和其他自动化设备。

工业互联网：通过连接机器、设备和传感器，工厂可以实时监控生产数据、预测设备故障

和优化生产过程。

智能制造：结合了上述所有技术，实现从产品设计到生产、销售的整体自动化和优化。

这些技术和应用场景反映了工业自动化的深度和广度，以及其对现代制造业的重要性。

2.4.2　医疗领域

医疗领域的技术进步正在为患者、医生和医疗机构创造更高的价值。从诊断到治疗，智能医疗技术带来了准确性、效率和病人满意度的显著提高。

1. 智能医疗设备与其应用

智能医疗影像：使用深度学习和其他 AI 技术的医疗影像分析可以帮助医生更准确地诊断疾病，例如，自动检测放射图像中的肿瘤。

可穿戴医疗设备：例如，智能手环、心率监测器和血糖仪等，能够持续监测用户的健康状况，并及时向用户和医生提供反馈。

智能床和医疗设备：例如，可以根据患者的身体状态自动调整的床，或者能够预测疾病恶化并自动警告医护人员的医疗设备。

2. 机器人手术与远程医疗的前景

机器人手术：手术机器人，如达芬奇手术系统，已经在多种手术中得到应用。这些系统提供了高度精确的手术操作、更少的手术创伤和更短的恢复时间。

远程机器人手术：在这种系统中，医生可以在数千公里以外远程操作机器人进行手术。这种技术特别适用于那些缺乏高级医疗设施和高水平医生的偏远地区。

远程医疗咨询：通过视频会议和其他通信技术，患者可以在家或其他地方与医生交流，获得医疗建议，避免不必要的实地访问。

远程患者监测：患者的健康数据可以实时传送到医疗机构，医生可以根据这些数据提供及时的建议和治疗。

这些进展预示着一个前景广阔的未来，其中医疗服务将更加个性化、高效和普及。随着技术的进一步发展，我们可以期待更多的创新和突破为医疗领域带来革命性的变革。

2.4.3　交通与物流

交通与物流是支持现代社会和经济的重要基石。随着技术的进步，尤其是在智能化和自动化方面，这两个领域正在经历深刻的变革。

1. 智能交通系统与其优势

交通流量管理：通过使用传感器、摄像头和其他监控设备，智能交通系统（Intelligent Traffic System，ITS）可以实时监测道路上的交通流量，从而有效地管理交通，减少拥堵。

事故预防和应急响应：ITS 可以预测潜在的交通事故并向司机发出警告，同时在事故发生时自动通知救援人员。

节能和环境保护：智能交通系统能够优化交通流，减少不必要的停车和等待，从而降低油耗和减少温室气体排放。

公共交通优化：ITS 还可以实时跟踪公共交通工具的位置，并根据需求调整其运行频率和路线。

2. 自动驾驶技术的发展与应用

1）技术演进

初期：自动驾驶技术的早期研究集中在基本的驾驶辅助功能上，例如自动刹车和泊车辅助。

中期：随着传感器、计算机视觉和深度学习技术的进步，车辆开始具有部分自动驾驶功能，如在高速公路上自动驾驶。

近期：完全自动驾驶技术逐渐进入测试和商业化阶段，许多公司，如慧摩（Waymo）、特斯拉（Tesla）等，已经在特定场景下进行了自动驾驶技术的公开测试。

2）应用场景

货运和物流：无人驾驶卡车在封闭和受控的环境中，如港口和仓储中心，正在变得越来越流行。

城市出行：自动驾驶出租车和共享车辆有望在未来重塑城市交通模式。

特殊用途：在特定场景下，如农业和采矿，自动驾驶技术也得到了应用。

这些技术的进步和应用预示着交通与物流领域未来的方向，其中安全性、效率和可持续性将得到显著提高。

第3章 大学生在智能机械创新与创业中的策略

3.1 当前大学生面临的市场机会与挑战

大学生正处于职业生涯的黄金阶段，拥有大量的资源和时间进行学术和创业的探索。在智能机械领域，这种探索尤为明显。

3.1.1 新技术带来的机遇

智能制造：工业 4.0 的崛起意味着制造业正在变得更加智能化和自动化。这为大学生提供了在先进制造技术、3D 打印、自动化流水线和其他领域的研究机会。

物联网：随着各种设备、机器和系统与互联网的连接，数据收集和分析变得更加简单。大学生可以探索如何优化数据流、提高操作效率或通过新的服务改善用户体验。

机器人技术：无论是服务机器人、工业机器人还是家用机器人，其背后的技术和应用都在飞速发展。这为大学生提供了在设计、编程、硬件和软件集成等领域的机会。

跨学科融合：在许多高等教育机构，不同的学科开始越来越多地进行交叉合作。比如，机械工程、计算机科学、生物医学和设计可能会共同为一个项目工作。这种融合为大学生提供了探索如何将不同学科的知识应用于实际问题的机会。

3.1.2 大学生所面临的挑战

技术迅速发展：虽然技术的进步为大学生提供了机会，但它也意味着大学生需要不断地更新自己的知识和技能，以保持与时俱进。

竞争压力：随着更多的人对智能机械领域产生兴趣，大学生可能会面临更加激烈的竞争，无论是寻找工作还是启动自己的创业项目。

资源限制：尽管大学提供了许多资源，但在特定的项目或研究中，大学生可能仍然会面临资金、设备或指导的限制。

市场变革：技术和市场的快速变化可能意味着大学生需要更加灵活且适应性强，以便他们可以快速应对和利用新的机会。

大学生在智能机械领域中具有巨大的潜力，但他们也需要意识到这一领域的机遇与挑战，以便做出明智的决策。

3.1.3 当前市场的竞争态势

随着技术的不断发展和创新，智能机械领域的市场竞争格局也在发生深刻的变化。以下是大学生应注意的当前市场的竞争态势：

1. 传统制造与智能制造之间的过渡与碰撞

过渡挑战：许多传统制造企业正在寻找途径将自己的生产线和业务模式转型得更加智能

化、自动化。但在此过程中，它们可能会遇到技术难题、资金问题和人员培训等挑战。

市场重新洗牌：随着智能制造技术的应用，一些先进的制造企业逐渐占据市场的主导地位，而那些未能及时转型的企业则面临被淘汰的风险。

产业结构调整：智能制造不仅仅是技术上的转型，它还可能推动供应链、产业链的重新整合，使得一些原有的中间环节逐渐消失或被简化。

2. 国际化竞争与国内品牌的崛起

技术引领：在智能机械领域，欧美、日本和其他先进国家在技术研发方面具有明显的优势，但这并不意味着其他国家，尤其是中国，不能在某些细分领域找到自己的机会。

国内品牌的发展：近年来，随着中国在智能制造、物联网和机器人技术等领域的大量投资，许多国内品牌开始崭露头角。它们不仅在技术上取得了显著的进展，而且在市场推广、品牌建设和服务方面也做得越来越好。

跨国合作与竞争：在全球化的背景下，不同国家的企业之间的合作和竞争变得越来越频繁。许多企业开始寻找跨国合作的机会，以获取新的技术、市场或资源。

大学生在进入智能机械领域时，需要充分了解这些市场竞争态势，以便为自己的学术研究或创业项目找到正确的方向和机会。

3.1.4 大学生特有的挑战

对于大学生来说，将学术知识转化为实际产业应用，以及对创新与创业的理解，无疑都是进入智能机械领域时需要面对的挑战。以下是对这些挑战的详细描述：

1. 从学术到产业的转换难度

理论与实践的鸿沟：尽管大学拥有丰富的理论知识，但将这些知识转化为实际的产品或解决方案往往需要面对许多未知的障碍和问题。这不仅是技术上的挑战，还涉及市场、金融、法律等多个方面。

资源匮乏：大学生在转化研究成果时，常常缺乏必要的资金、人力和其他资源。与成熟的企业相比，他们可能没有足够的支持和资源去开发和推广自己的创意。

经验不足：许多大学生在进入产业界时，可能缺乏与企业合作、产品开发或市场推广等相关的实际经验。

2. 对创新与创业的误解与刻板印象

"一炮打响"的幻想：有些大学生可能对创新和创业抱有过高的期望，认为只要有了一个好的想法就能成功。然而，成功的创业往往需要经过长时间的努力、失败和迭代。

风险和失败的恐惧：由于对创业有一定的刻板印象，许多大学生担心失败，尤其是在高竞争的智能机械领域。他们可能会害怕财务风险、社会压力或个人声誉受损。

与现实脱节的期望：部分大学生可能对创新与创业的定义和过程有误解，例如，过于重视技术创新而忽视商业模式创新，或者错误地认为创业只是创立一个新公司。

为了成功地在智能机械领域中实施创新和创业，大学生需要意识到并克服这些特有的挑战，并积极寻求合适的支持和资源。

3.2 如何利用在校资源进行创新和创业准备

3.2.1 利用课程与实验室资源

1. 选择与创业目标相关的课程

深化理论知识：大学课程提供了智能机械领域的基础和深入的理论知识。选择与自己创业目标或研究方向相关的课程，可以帮助学生更好地理解技术背后的原理，从而为创新提供坚实的基础。

实践技能的培养：除了理论课程，学生还应选择实践课程，如实验、工程项目等，以培养实际操作技能和团队合作能力。这对于后续的产品开发和团队管理是非常有益的。

跨学科学习：智能机械领域需要跨学科知识，如机械工程、电子工程、计算机科学等。学生可以选择跨学科课程，以扩展视野和提高自己的综合能力。

2. 与教授、导师合作，实践研究项目

项目实践：与教授或导师合作进行项目研究，不仅可以加深对智能机械的理解，还可以积累实际的研究经验和提升技能。

建立人脉网络：与教授和导师建立良好的关系，可以为学生提供更多的机会，如推荐实习、工作或与产业界合作的机会。

获取资源支持：在研究项目中，学生可以利用学校的实验室、设备、软件等资源。这不仅降低了创业的初始成本，还为产品原型和试验提供了条件。

参与学术会议和研讨会：这样的活动不仅能让学生与智能机械领域内的专家进行交流，还可以增加自己的知名度和拓展人脉。

大学为学生提供了丰富的资源，从课程到实验室，从导师到设备。学生应积极利用这些资源，为创新和创业做好充分的准备。

3.2.2 校园创业活动与社团

1. 参与学校的创业竞赛与活动

提升技能与经验：参与创业竞赛可以让大学生在一个相对安全的环境中模拟创业过程，从而磨炼商业思维，提升团队合作和产品推广等技能。

获取资金与资源：许多创业竞赛为获胜者提供资金、办公空间或其他资源支持，有助于学生将创业理念转化为实际的产品或服务。

建立网络：这些活动通常会吸引各种背景的人参与，如其他创业者、投资者、产业专家等，对于拓展人脉非常有益。

获取反馈：在竞赛中，学生可以从评委和其他参与者那里得到关于他们创业想法的直接反馈，帮助他们改进和完善。

2. 加入与技术创业相关的社团与组织

深化学习与实践：相关社团通常会组织各种与创业相关的活动，如技术研讨会、产品展示、企业参观等，帮助学生进一步深化学习与实践。

团队合作与领导力培养：在社团中担任职务或组织活动，可以培养团队合作能力和领导力，为未来创业做好准备。

建立长期关系：社团和组织通常集结了一群有共同兴趣和目标的人，与他们建立长期的关系，未来可能为创业提供合作或支持的机会。

3.2.3 利用学校的产业合作网络

1. 探索实习与项目合作的机会

获取实践经验：学校通常会与企业或产业合作，为学生提供实习或实践项目的机会。参与这些项目，学生可以将所学知识应用到实际工作中，加深对相关领域的理解。

应用课堂知识：在实习或项目中，大学生可以实际应用他们在课堂上学到的理论知识，从而更好地理解并加深记忆。

了解产业趋势：通过与企业合作，学生可以第一时间了解产业的最新趋势和需求，为将来进入相关领域或创业做好准备。

2. 建立与产业内部的联系与合作

拓展人脉网络：学校与产业的合作关系，为学生提供了与行业内部的联系机会，这些联系机会对于寻找工作或创业都非常有价值。

获取导师或顾问：与产业内的专家或企业家建立联系，学生可能会得到他们的指导或建议，这对于技术发展或创业策略的制定十分有益。

促进技术转移：与产业内部建立联系，学生在研究中发现的新技术或新方法有可能得到商业化的机会，促进学术与产业的双赢。

资金支持与投资机会：一些企业可能对学生的项目或创意感兴趣，愿意提供资金支持或投资，助力学生创业或进一步研究。

3.3　项目策划、市场调查、资源整合、团队建设与项目管理

3.3.1　如何制定有效的项目策划

1. 定义清晰的目标与愿景

具体与量化：项目的目标应该是具体和量化的，这样团队成员可以清楚地知道需要达到的目标。

长远与短期的目标：除了项目的终极目标，还应设定短期的目标，这有助于团队保持动力并按计划前进。

考虑各种利益相关者：确保项目的目标与愿景与所有相关方，如团队成员、投资者、顾客等的利益相符。

2. 制订步骤详尽的执行计划

任务分解：将项目分解为多个小任务，确保每个任务都是可管理和可执行的。

设置时间表：为每个任务设定开始和结束的时间，确保所有任务都能按时完成。

分配资源：确定每个任务所需的资源，并合理分配，确保每个任务都有足够的资源来完成。

风险评估：预测可能出现的风险并制订应对计划，确保项目在面对挑战时仍能按计划进行。

持续监控与调整：在项目进行中，定期检查进度并与原始计划对比，根据实际情况进行调整。

通过制订明确的目标和详尽的执行计划，大学生可以确保他们的创业项目能够顺利进行并达到预期的目标。

3.3.2　市场调查的方法与技巧

1. 了解竞争对手与市场需求

竞品分析：研究市场上类似产品或服务的品牌，了解它们的优势、劣势、定价策略、市场份额等，以获得竞争优势。

客户访谈：通过面对面或电话访谈，直接从潜在用户或现有客户那里获得对产品或服务的反馈，了解他们的真实需求与期望。

问卷调查：设计有针对性的问卷，通过社交媒体、电子邮件等方式，广泛收集大量用户的反馈，快速了解市场动态。

2. 利用现代工具进行数据分析与预测

数据挖掘软件：利用如 Tableau、Power BI 等工具对收集到的数据进行分析，识别模式和趋势。

社交媒体分析：使用工具如 Brandwatch 或 Hootsuite 来监控品牌在社交媒体上的提及情况，了解公众对品牌的看法和反应。

SEO 与 SEM 工具：使用如 Google Analytics 和 SEMrush 等工具，了解关键词的搜索趋势，分析网站流量，以及监测广告效果。

预测模型：利用统计学与机器学习的方法，如回归分析、时间序列分析等，对未来的市场趋势进行预测。

用户行为追踪：利用如 Hotjar 或 Crazy Egg 的热图工具，了解用户在网站或应用上的行为，从而优化用户体验。

市场调查不仅需要传统的访谈和问卷等方法，还需要结合现代的数据分析工具，从多个角度深入了解市场，为产品开发和制定市场策略提供有力的支持。

3.3.3　资源整合的关键

1. 搭建多方合作的平台

产学研合作：与高校、研究机构，以及产业界建立紧密联系，促进知识与技术的转化与共享。

行业协会与组织：加入或与相关行业协会或组织合作，共同推动行业发展，分享资源与信息。

合作伙伴关系管理：确立清晰的合作目标与分工，确保每个合作伙伴都能够发挥其独特的优势，共同达到目标。

跨行业合作：开拓视野，与其他行业的企业或组织进行合作，形成优势互补，共同创新。

2. 高效利用各种资金、技术与人力资源

资金管理：设立预算，进行资金规划，确保资金用于关键领域；同时，探索多种融资渠道，如天使投资、众筹、政府资助等。

技术整合：不仅是采购或研发新技术，更要关注技术与业务流程、团队能力的整合，确保技术能够发挥最大价值。

人力资源策略：根据项目需求，合理配置人才，提供必要的培训与发展机会，确保团队的技能与项目需求相匹配。

外部资源整合：考虑与外部供应商、顾问或其他组织进行合作，高效地获取并整合所需的资源或服务。

资源整合不仅是集中使用，更要考虑如何优化配置、提高效率。在智能机械领域，这尤其关键，因为技术更新速度快，市场竞争激烈，如何高效地整合并使用资源，决定了项目的成功与否。

3.3.4　团队建设的策略与挑战

1. 如何吸引并留住关键人才

明确的愿景与使命：拥有一个吸引人的、明确的公司愿景和使命可以吸引那些与之共鸣的人才。

提供具有竞争力的待遇：除了具有竞争力的薪资，还可以考虑股权激励、奖金、福利待遇等。

成长与发展机会：为员工提供专业培训、职业发展道路，以及晋升机会，使他们感受到自己在公司的长远价值。

工作与生活平衡：注重员工的工作与生活平衡，提供弹性工作时间、远程工作机会等。

认可与反馈文化：定期给予员工反馈，公开表彰和奖励表现出色的员工，增强他们的归属感。

2. 团队文化与价值观的建设

核心价值观：明确并不断强调公司的核心价值观，确保每位员工都能理解并内化这些价值观。

开放与沟通：鼓励员工提出意见和建议，培养一个开放和透明的沟通文化。

多样性与包容性：强调多样性和包容性的重要性，尊重每位员工的独特性，并鼓励他们为团队带来独特的视角和能力。

合作与团队精神：鼓励团队合作，培养每个人都为团队的成功而努力的精神。

持续学习与创新：鼓励员工不断学习和创新，为他们提供资源和机会，培育一个永不满足、持续进步的团队文化。

团队建设是任何创业项目的核心，尤其在智能机械领域，因为这是一个技术密集、更新迅速的领域，拥有一支合格、合作默契的团队是成功的关键。

3.3.5　项目管理的基本原则与实践

项目管理是确保项目按计划进行并最终成功完成的过程。在智能机械创新与创业中，有效的项目管理尤为关键，因为技术、资源和市场环境都可能迅速变化。

1. 时间管理与资源调度

明确的时间线和里程碑：为项目设定明确的起止日期，以及关键的里程碑日期，确保团队对项目的整体进度有明确的了解。

任务划分与委派：根据团队成员的专长和技能，合理分配任务，并确保每个任务都有明确的完成日期。

资源优化：确保项目所需的所有资源（如人力、设备、资金等）都得到了有效利用，并按照优先级进行调度。

定期检查与调整：定期检查项目的进度，与原计划进行对比，如有必要，及时进行调整。

2. 风险评估与控制策略

风险识别：在项目开始之初，识别可能影响项目的各种风险因素，如技术难题、市场变化、资源短缺等。

风险评估：为每个已识别的风险分配一个影响等级和发生的可能性，这有助于确定应该优先关注哪些风险。

制订风险应对计划：对于每个重要的风险，制订一个应对计划，确定如何预防这些风险，或如何在风险发生时减轻其影响。

持续监测与反馈：在项目进行过程中，持续监测风险因素，确保应对计划得到执行，如有必要，根据实际情况进行调整。

项目管理不仅能确保项目的顺利进行，还能为团队创造一个清晰、高效和有序的工作环境。这对于大学生在智能机械创新与创业中的项目尤为重要，因为他们可能缺乏实际的项目管理经验，需要更明确和具体的指导和方法。

3.4　融资策略与创业生态系统

3.4.1　不同阶段的融资策略

在创业初期，为项目或公司融资是大部分创业者都会面临的挑战。不同的创业阶段，需要不同的融资策略：

1. 种子阶段

定义：这是创业的最早期，通常是在创意或概念阶段。很多产品或服务还没有真正形成，只是一个概念或初步的原型。

策略：在这个阶段，融资来源通常是个人储蓄、家人和朋友或是某些天使投资者。主要的目的是验证产品概念和市场需求，因此，需要的资金通常不多。

2. 天使投资

定义：当创业者的产品或服务得到初步验证后，天使投资者可能会感兴趣而投资。

策略：在这个阶段，创业者需要展示他们的项目有一个潜在的大市场，以及一个明确的商业模型。天使投资者通常更关注创始团队和市场机会，而不是具体的财务数据。

3. A 轮融资

定义：这是继种子阶段和天使融资后的下一个融资阶段。此时，公司通常已经有了一些用户或客户，业务开始取得一些初步的收入。

策略：A 轮融资的投资者通常会更关心公司的增长潜力和收入模型。此时，创业者需要提供更详细的财务报告、用户增长数据和市场分析。

4. 如何吸引投资者与估值策略

吸引投资者：关键在于展示公司的差异化竞争优势、明确的市场定位和可行的增长策略。一个强大且互补的团队，公司的早期成功案例也是很关键的。

估值策略：对于早期创业公司来说，估值往往是一个挑战。估值通常基于市场机会的大小、公司的增长速度、竞争环境和当前的财务状况。同时，参考行业内类似公司的估值也是一个常见的做法。

在整个融资过程中，与投资者的沟通策略和公司的品牌建设都非常关键。大学生创业者需要了解融资的基本流程和策略，以确保能够在各个融资阶段都能成功获得所需的资金。

3.4.2 创业生态系统的构成与运作

创业生态系统是一个复杂的网络，涵盖了各种支持创业和创新活动的组织、机构和资源。以下是创业生态系统的主要组成部分及其运作方式：

1. 孵化器

定义：孵化器是专门为早期创业公司提供支持的组织，通常提供办公空间、基本的商业服务和创业指导。

运作：孵化器通常会为初创公司提供一个固定时间段（例如 3～6 个月）的支持。它们可能会提供初始资金，但更重要的是提供业务培训、导师指导和网络资源。

2. 加速器

定义：加速器类似于孵化器，但它们更倾向于帮助初创公司快速增长，通常提供更多的资金和更紧凑的培训。

运作：加速器项目通常为期几个月，期间会为初创公司提供资金、指导和培训。在项目结束时，通常会有一个"演示日"，在此创业者会向投资者展示他们的进展和成果。

3. 投资机构

定义：这包括天使投资者、风险资本公司和其他为初创公司提供资金的组织。

运作：投资机构通常会为初创公司提供资金，以换取公司的股份。他们会密切关注公司的进展，有时也会为公司提供指导和资源。

4. 如何在生态系统中找到合适的位置与伙伴

明确目标：初创公司首先需要明确自己的目标和需求，这可以帮助他们确定哪种组织或资源最适合他们。

网络建设：参加创业活动、研讨会和其他聚会可以帮助创业者建立联系，了解创业生态系统中的各种机会。

进行研究：在选择加入孵化器、加速器或寻求投资之前，创业者应该进行充分的研究，确保所选的机构与他们的需求和目标相匹配。

与导师合作：导师可以为初创公司提供宝贵的指导和建议，帮助他们在创业生态系统中找到合适的位置。

持续学习和调整：创业是一个持续学习和调整的过程。初创公司需要随着市场和创业生态系统的变化持续调整其策略和方向。

了解并充分利用创业生态系统是初创公司成功的关键之一。大学生创业者应该积极参与创业生态系统，寻找与其目标和需求最匹配的资源和伙伴。

第 2 部分

实用技能与工具

第4章 数学与物理在智能机械中的应用

4.1 数学建模：基本原理与在机械设计中的应用

4.1.1 数学建模的基本概念

1. 什么是数学建模

数学建模是一种使用数学公式、函数和关系来描述和模拟现实世界问题和现象的方法。通过这种方法，工程师和科学家可以更好地理解和预测系统的行为，并为其优化或设计提供依据。

2. 数学建模通常涉及的步骤

问题定义：明确你想要解决的问题或现象。

假设：为简化问题，制定一些基本假设。

数学描述：使用数学公式和关系来描述问题。

求解：使用各种数学工具和技术来求解模型。

验证：使用实验数据或其他方法验证模型的准确性。

应用：利用模型进行预测、设计或优化。

3. 数学建模在工程中的重要性

预测与优化：数学建模使工程师能够预测系统的行为，从而进行必要的调整或优化，确保系统在实际应用中达到最佳性能。

理解复杂系统：许多工程系统都是高度复杂的，难以直观地理解。通过数学建模，我们可以更好地掌握这些系统的内部动态。

节省时间和资源：在开发新的工程设计或产品时，实验可能非常昂贵和耗时。数学建模提供了一种低成本、高效的方法来模拟和测试新的设计概念。

跨学科合作：数学建模常常需要多学科的知识，这促使不同背景的工程师和科学家合作，从而制订更为全面和创新的解决方案。

数学建模在工程中起着至关重要的作用，特别是在智能机械领域。通过数学建模，工程师可以更好地理解、设计和优化复杂的机械系统。

4.1.2 常见的数学模型与机械设计

1. 线性模型

线性模型是指响应变量与预测变量之间存在线性关系的模型。在机械设计中，许多现象在其工作范围内可以近似为线性。例如，某些材料在小应变范围内的应力—应变关系、电阻的电压—电流关系等。

优点：

计算简单。

直观且易于理解。

缺点：

对于非线性现象，其准确性有限。

无法捕获复杂的系统行为。

2．非线性模型

非线性模型描述的是输出与输入之间的非线性关系。许多现实世界的机械现象都是非线性的，例如摩擦、大变形、高度载荷下的材料行为等。

优点：

能够描述复杂的现实世界现象。

适用于多种工程问题。

缺点：

计算复杂度高。

可能需要专门的数值方法进行求解。

3．时间序列模型

时间序列模型关注的是随时间变化的数据序列。在机械系统中，这可以用来预测机器的性能、损耗或其他随时间变化的参数。

优点：

适用于描述随时间变化的现象。

可以用于预测未来的行为。

缺点：

需要大量的历史数据。

对于非稳态系统，可能不够准确。

4．如何选择合适的模型进行机械设计分析

问题定义：首先明确要解决的问题类型，是预测、分类问题还是优化问题。

数据的性质：线性模型适用于线性数据，而非线性模型适用于复杂的数据模式。

计算资源：如果计算资源有限，线性模型或简化的非线性模型可能更为适宜。

模型的准确性要求：对于要求高准确性的应用，非线性模型可能更为合适。

经验与先验知识：有时，先前的研究或工程经验可以指导模型的选择。

试验与验证：无论选择哪种模型，都应进行试验和验证以确保模型的准确性和适用性。

选择合适的数学模型需要综合考虑问题的特性、数据的性质、计算资源和模型的准确性要求。

4.1.3　数学建模的实际应用方案

1．机器人运动规划

机器人运动规划涉及确定机器人从起始位置到目标位置的路径，而不与任何障碍物碰撞。数学建模在此过程中扮演着核心角色。

应用：

几何模型：用于描述机器人的形状和其环境。例如，多边形或多面体可以表示机器人的几何形状。

配置空间：机器人所有可能的位置和姿态的集合。

路径搜索算法：如 A*算法或迪杰斯特拉（Dijkstra）算法，用于在配置空间中找到从起点到终点的最佳路径。

2. 传感器数据分析与预测

传感器经常产生大量数据，数学建模可以帮助我们理解、分析和预测这些数据。

应用：

统计模型：例如，卡尔曼滤波器用于处理带有噪声的传感器数据。

时间序列分析：例如，自回归模型可以用于预测未来的传感器读数。

机器学习模型：例如，神经网络可以用于识别传感器数据中的模式或异常。

3. 动力学与控制系统设计

动力学涉及物体的运动和受力，而控制系统设计则涉及如何控制这些运动。

应用：

微分方程：描述系统的动态行为。例如，牛顿第二定律微分方程可用于描述质点的运动。

传递函数和状态空间模型：这些是控制系统的数学描述，可用于分析系统的稳定性和性能。

优化技术：例如，线性二次调节器（Linear Quadratic Regulator，LQR）是一种利用数学优化技术设计控制器的方法。

数学建模为我们提供了描述和解决实际工程问题的工具。从机器人运动规划到传感器数据分析与预测，再到动力学与控制系统设计，数学建模都起到了关键的作用。在现代智能机械设计中，利用数学建模可以帮助工程师和研究者更有效地理解和解决复杂的工程问题。

4.2　力学分析：如何进行基本的结构和运动分析

4.2.1　基本的力学概念与基本原理

1. 静力学

静力学研究在外力作用下处于静止状态的物体。其核心是确保物体上的力和力矩达到平衡。

应用：

受力分析：确定物体上所有作用的外力。

自由体图：用于分析物体上的受力情况。

支撑反应：物体与其支撑面之间的交互力。

2. 动力学

动力学涉及到物体运动的原因及其效果。这包括牛顿的运动定律以及动量守恒和能量守恒等基本原则。

应用：

动量和冲量：描述物体如何在外力作用下改变其运动状态。

动能与势能：描述物体在运动中的能量转化。

动力系统模型：例如，摆、弹簧—阻尼系统等。

3. 流体力学

流体力学涉及流体（液体和气体）的运动以及其与周围物体的相互作用。

应用：

伯努利方程：描述流体中不同点之间的速度和压力关系。

流体动力：例如，气动力和水动力，影响到飞机、汽车和船只的设计。

流动模式：例如，层流、湍流等。

4. 基本原则

平衡方程：描述在某一条件下，物体上的力和力矩之和为零，从而保持物体的静态平衡或恒定运动状态。

动量守恒：在没有外力作用的封闭系统中，系统的总动量始终保持不变。

能量守恒：能量不能被创建也不能被摧毁，只能从一种形式转化为另一种形式。在机械系统中，这通常涉及动能、势能和内部能量的转化。

力学为我们提供了描述和预测物体在受力时的行为的工具。从静止到复杂的运动，力学原理和概念都是智能机械设计中不可或缺的。

4.2.2 结构分析与设计

1. 张力、压力、剪切力等基础概念

张力：张力是物体受到的沿其长度方向的拉伸力，通常出现在悬挂或受到拉伸的物体上。

压力：压力是作用在物体上的正交力与作用面积之间的比值。其公式为 P=F/A，其中 F 是作用力，A 是作用面积。

剪切力：剪切力是平行于物体某个表面的力，导致物体的一部分相对于其他部分发生滑动。

2. 结构的稳定性与强度分析

稳定性：稳定性关乎结构在外部载荷作用下是否会失稳或发生大的变形。例如，在桥梁设计中，考虑风载和交通载荷是至关重要的，要确保结构不会因为这些变动的载荷而失稳。

强度分析：强度分析涉及评估结构材料是否能够承受预期的载荷而不会破裂或永久变形。这需要了解材料的屈服强度和断裂强度。

3. 如何进行材料选择与结构优化

材料选择：

性能需求：根据应用场景选择具有所需机械性能、耐腐蚀性、热性能等的材料。

经济考虑：材料的成本、可得性和加工性能也应考虑在内。

持续性：考虑使用可再生或易于回收的材料。

结构优化：

模拟与仿真：使用计算机辅助工程（Computer Aided Engineering，CAE）工具进行载荷分析和材料行为仿真。

减重设计：通过材料和形状的选择以及减少材料使用量来减轻结构重量。

多功能结构：例如，使结构具有传感和控制功能，从而增加其价值。

可靠性与耐久性：确保结构在其预期寿命内保持性能。

结构分析与设计是确保机械组件在预期工作条件下能够正常工作的关键。通过理解和应用力学原理，工程师可以设计出既经济又安全的机械结构。

4.2.3 运动分析与控制

1. 运动方程与运动规划

运动方程：运动方程描述了物体的运动状态与受到的外部力之间的关系，常用的有牛顿运动方程、拉格朗日方程等。这些方程为描述物体如何响应力和力矩奠定了基础。

运动规划：运动规划涉及确定机器人或机械系统从起始位置到目标位置的最佳路径。它必须考虑避免障碍物、最小化能量消耗或时间、满足约束条件等。

2. 如何进行机械部件的速度、加速度分析

速度分析：使用几何方法（如相对速度法）和矢量方法（如速度矢量图）来计算机械连杆、曲柄和其他部件的速度。

加速度分析：同样可以使用几何方法和矢量方法来计算。此外，加速度与受到的外力之间

的关系可由牛顿第二运动定律描述。

3. 控制策略与动态响应分析

控制策略：控制策略的选择主要基于系统的性能要求。常见的控制策略有 PID 控制、预测控制、模糊控制和自适应控制等。

动态响应分析：该分析涉及对系统如何响应时间变化的输入或扰动的评估。这可以通过求解系统的传递函数并分析其时域或频域来实现。

时域分析：通过计算系统的脉冲响应或阶跃响应来评估。

频域分析：使用 Bode 图、Nyquist 图等来评估系统的稳定性和性能。

运动分析与控制是机械设计和机器人学的核心内容。确切地知道每个部分如何运动并能够精确控制这些运动是实现机械预期功能和性能的关键。

4.3　仿真技术：利用计算机进行虚拟原型测试与优化

4.3.1　仿真技术的基本概念与工具

1. 什么是仿真技术

仿真技术是使用特定的软件和硬件工具，在计算机中创建物理现象的数学模型并模拟其行为的技术。这种模拟可以是对真实世界事件的再现，也可以是对预期或假设情境的展现。仿真技术通常用于评估、测试和优化设计方案，减少实物测试的需要，缩短产品研发周期，并提高设计质量。

2. 常见的仿真软件与工具介绍

ANSYS：这是一个广泛使用的工程仿真软件，支持结构分析、流体动力学、电磁场等多种物理场的仿真。

SolidWorks Simulation：这是 SolidWorks 的一个模块，提供对结构、运动和热分析的支持。

MATLAB/Simulink：MATLAB 是一种用于数值计算和编程的环境，而 Simulink 是一个基于图形的仿真环境，常用于控制系统和动态系统的建模与仿真。

ABAQUS：这是一个高级的有限元分析软件，适用于高复杂度的结构和材料的仿真。

MSC Adams：一种机械动态仿真软件，专门用于机械部件和装配体的动态行为仿真。

OpenFOAM：开源的计算流体动力学（Computational Fluid Dynamics，CFD）软件，用于模拟流体流动和其他相关的现象。

ROS（Robot Operating System）：为机器人提供一系列工具和库的框架，也支持仿真。

这些工具有着广泛的应用，从航空航天、汽车设计到生物医学工程，再到微电子领域都有涉及。选择合适的仿真工具取决于特定的应用需求和所需的物理现象。

4.3.2　虚拟原型的建立与分析

1. 如何创建 3D 模型并进行仿真分析

选择合适的计算机辅助设计（CAD）软件：首先，设计师需要选择一个合适的计算机辅助设计软件来创建 3D 模型。常用的软件如 SolidWorks、Autodesk Inventor、CATIA、Pro/E 等。

建立模型：在选定的 CAD 软件中，根据设计要求和规格，建立部件或组件的 3D 模型。

导入仿真软件：完成模型创建后，可以将其导入到仿真软件中，如 ANSYS、ABAQUS 或 SolidWorks Simulation 等。

定义边界条件和加载：在仿真环境中，定义模型的边界条件（如固定、移动约束）和加载（如外力、压力、热量等）。

选择合适的物理场和求解器：基于模型的需要，选择要进行的仿真类型，如热分析、结构分析或流体分析，并选择合适的求解器进行仿真。

运行仿真：设置合适的参数并启动仿真，让软件进行计算并产生结果。

分析和优化：根据仿真结果，分析模型的行为，如应力分布、温度变化或流动模式等。如有需要，可根据分析结果对模型进行修改和优化。

2. 热力学、流体、结构、多物理场仿真

热力学仿真：用于研究材料或系统在受热或冷却时的行为。这包括温度分布、热传递和热应力分析等。

流体仿真：通过计算流体动力学（CFD）方法来研究流体在各种条件下的行为。这涉及速度场、压力分布、湍流模型等。

结构仿真：用于研究材料或结构在外部载荷作用下的形变和应力。这包括静态、动态、线性和非线性分析。

多物理场仿真：对于某些复杂的应用，可能需要同时考虑多种物理现象，如电磁场与热场的耦合、流体与固体的相互作用等。多物理场仿真可以帮助工程师更准确地预测和理解这些复杂系统的行为。

通过虚拟原型的建立与分析，设计师和工程师可以在早期阶段发现并解决设计中的问题，从而提高产品的性能、可靠性和寿命。

4.3.3　仿真技术在智能机械设计中的价值

仿真技术在智能机械设计中具有重要的价值。以下是其主要的价值：

1. 降低实验成本与风险

预测性分析：通过仿真，可以在实际制造和测试之前预测产品的性能。这可以避免高昂的原型制造和测试费用。

安全性：对于高风险或高成本的实验环境，例如在高温、高压或其他极端条件下，仿真可以提供一个无风险的环境来评估设计。

资源优化：通过仿真，可以在实际实验之前确定所需的资源，如材料、工具和设备，从而减少浪费。

2. 快速进行设计迭代与优化

迅速反馈：仿真可以为设计师提供即时的反馈，使其可以快速识别并解决潜在的设计问题。

并行设计：通过同时进行多个仿真，可以评估多种设计方案，从而更快地找到最佳的设计。

系统优化：仿真软件通常配备有先进的优化工具，可以自动寻找最佳的设计参数以满足特定的性能指标。

3. 为实际生产和测试提供参考数据

生产指导：仿真可以预测制造过程中可能出现的问题，如装配困难、过热或过冷等，从而帮助制造团队提前做好准备。

测试策略：通过仿真结果，测试团队可以更好地理解产品的关键性能区域，并据此制订测试计划。

质量控制：仿真可以提供详细的性能数据，作为实际测试结果的基准，帮助评估产品的质量。

仿真技术在智能机械设计中不仅可以节省时间和成本，而且可以提高设计的质量和可靠性，从而确保产品在市场中的成功。

第 5 章　现代机械设计软件工具

5.1　CAD 软件的选择与应用

5.1.1　CAD 软件的基本概念

Computer-Aided Design（CAD）即计算机辅助设计，是用计算机技术进行设计并创建相关的技术图纸的软件。它是现代工程中不可或缺的工具，广泛应用于各种工程领域，包括机械设计、建筑、电子和航空航天工程等。

1. CAD 在机械设计中的作用

准确性：CAD 软件可以提供极高的准确度，确保机械零件的精确拟合和功能性。

效率：相比传统的手绘方法，CAD 可以大大加速设计过程，并允许快速地修改和迭代。

复杂性：复杂的几何形状和结构可以容易地在 CAD 中建模，这在手绘中是非常困难的。

文档化：自动创建详细的图纸、部件列表和其他必要的生产文件。

协作：CAD 文件可以方便地共享，允许团队成员在多个位置协同工作。

2. 二维 CAD 与三维 CAD 的差异与优势

二维 CAD：

描述：在二维 CAD 中，对象仅在两个维度（通常是 X 和 Y）中表示。这通常是平面的，并且主要用于创建楼层平面、电气结构图和其他二维视图。

优势：简单、直观，并且在一些特定应用中足够使用，例如建筑平面图。

三维 CAD：

描述：三维 CAD 不仅关注对象的长度和宽度，还考虑其深度（Z 维度）。这使得工程师可以创建一个完整的三维模型，展现物体的实际外观。

优势：提供更真实的物体视图、允许旋转和检查模型的各个部分、更容易检测设计中的冲突或问题，并允许进行复杂的仿真和分析，如有限元分析。

选择二维 CAD 或三维 CAD 完全取决于项目的需求，但在现代机械设计中，三维 CAD 已成为标准，尤其是在产品的整体设计和集成中。

5.1.2　AutoCAD 在机械设计中的应用

AutoCAD 是由 Autodesk 公司开发的计算机辅助设计软件，广泛应用于建筑、机械设计、地理信息等多个领域，用于进行二维绘图和基本的三维建模。

1. 基础工具与操作技巧

命令行：AutoCAD 的命令行工具允许用户直接输入命令，这通常是最快执行特定任务的方法。

图层管理：通过使用图层，设计者可以组织和管理设计中的不同部分。每个图层可以有其独特的颜色、线型和其他属性。

块与引用：设计者可以创建复杂的部分或组件并将其保存为块。这些块可以在多个设计中重复使用，提高设计效率。

尺寸和标注：AutoCAD 提供强大的尺寸和标注工具，使设计者能够快速并准确地标记图纸的各个部分。

参数化设计：通过约束和等式，设计者可以确保其设计满足特定的标准和规格。

2．特点及其在机械制图中的特殊应用

精确性：AutoCAD 允许设计者以高精度创建设计，这对于机械部件的精确制造至关重要。

三维建模：虽然 AutoCAD 主要是二维设计工具，但它也提供基本的三维建模功能，这对于验证部件的形状和拟合非常有用。

材料属性：在 AutoCAD 中，用户可以为部件分配特定的材料属性，这有助于后续的制造和分析。

互操作性：AutoCAD 文件可以与其他 CAD 工具轻松共享和交换，使得跨团队和跨应用的合作变得简单。

自定义：AutoCAD 提供了大量的自定义选项，允许设计者根据自己的工作流程和偏好调整工具和界面。

AutoCAD 由于其广泛的工具集、高度的精确性和强大的自定义功能，在机械设计领域中有着广泛的应用。

5.1.3 SolidWorks 的特点与使用

SolidWorks 是一款流行的三维 CAD 设计软件，由 Dassault Systèmes 开发，广泛应用于机械工程、工业设计和其他领域，专注于产品的整体设计和验证。

1．参数化设计与三维建模

特征驱动的设计：SolidWorks 允许用户通过定义和修改特征来创建复杂的 3D 模型，这些特征（如挤出、旋转、倒角等）都是参数化的，这意味着它们可以基于数值或关系进行修改。

参数化约束：在 SolidWorks 中，设计者可以添加维度和几何约束到零件和装配体上，确保它们在设计过程中的正确性和一致性。

三维草图：与传统的 2D 草图不同，SolidWorks 允许用户直接在 3D 空间中创建和编辑草图。

2．实例：如何使用 SolidWorks 进行复杂部件设计与装配

创建基本形状：使用 SolidWorks 的草图工具在三个正交视图（前、顶、侧）中定义部件的基本轮廓。例如，如果设计一个曲柄轴，那么可以开始从主轴的主要轮廓开始。

添加特征：利用挤出、旋转、倒角、圆角等工具将草图转化为三维形状。对于曲柄轴，可以添加连接杆、轴颈、关键槽等。

创建复杂特征：使用 Shell、Loft、Sweep 等工具为部件添加更复杂的形状和细节。

装配：在 SolidWorks 中，不同的部件可以组装在一起创建一个完整的产品或系统。每个部件在装配中都可以通过"mates"（配合关系）相对于其他部件进行定位。

运动分析：一旦部件被装配起来，设计者就可以进行运动分析，检查部件之间是否有干涉，以及它们是如何运动的。

文档与详图：完成 3D 设计和分析后，SolidWorks 允许用户生成 2D 工程详图，这些详图包括尺寸、标注和其他必要信息，为制造提供指南。

SolidWorks 通过其参数化的特征和强大的三维建模能力，为机械工程师提供了一个全面、直观的环境，用于创建、验证和优化复杂的部件和装配体设计。

5.2　仿真与分析软件

5.2.1　仿真与分析软件的作用

1. 从设计到实验的过渡：为何需要仿真

仿真软件在现代机械工程领域中的重要性不容小觑。这些工具为工程师提供了一个平台，在这上面他们可以创建、测试和优化设计，而不需要实际建造或实验它们。以下是需要仿真的一些关键原因：

成本效益：实际的物理测试可能会非常昂贵，尤其是当涉及复杂系统或需要多次迭代时。仿真允许工程师在较低的费用下进行多次测试。

时间节省：通过使用仿真，工程师可以迅速得到结果，加速产品的上市时间。

减少风险：在实际制造之前，能够预见并修正潜在的设计问题，从而减少失败的风险。

增强创新：仿真为工程师提供了一个平台，可以在此尝试并评估新的设计思路和概念，而不必担心成本或实施的复杂性。

2. 仿真的种类：结构、流体、热学等

疲劳仿真：用于评估材料和结构在反复加载条件下的寿命，帮助工程师预测和防止由于疲劳导致的失效。

碰撞仿真：常用于汽车和航空工业，评估在碰撞事件中的安全性和冲击吸能效果，揭示结构在瞬间冲击下的变形和应力分布。

声学仿真：分析声波在不同介质中的传播，用于优化噪声控制和声学性能。例如，在汽车和建筑行业中降低噪音和提升音质。

磁仿真：用于设计电机、变压器等设备，分析磁场分布及其对系统性能的影响。

生物医学仿真：模拟人体器官和生物系统的行为，帮助设计医用植入物和仿生设备，提高医疗器械的安全性和有效性。

气候仿真：用于模拟和预测气候变化、天气模式及其影响，帮助研究环境和生态系统的动态变化。

材料仿真：分析新材料在不同条件下的性能，包括纳米材料和复合材料，帮助开发具有特殊性能的先进材料。

仿真与分析软件为工程师提供了一个强大的工具，使他们能够深入理解和优化他们的设计，确保其在实际应用中的性能和安全性。通过不同种类的仿真应用，工程师可以应对各种复杂的工程挑战，并在开发过程中实现创新和突破。

5.2.2　ANSYS 的功能与应用

1. 介绍 ANSYS 的主要模块

ANSYS 是一个全球领先的工程仿真软件，广泛应用于各种工程学科。其模块化的设计允许工程师为特定的分析任务选择合适的工具。以下是 ANSYS 的一些主要模块：

ANSYS Mechanical：用于进行静态和动态结构分析。这包括应力、应变、疲劳，以及其他多种力学问题的分析。

ANSYS Fluent：是流体动力学仿真的领先工具，用于分析复杂的流体流动问题。

ANSYS CFX：一种流体动力学仿真工具，经常用于涡轮机、风扇等的设计。

ANSYS Maxwell：专为电磁场分析而设计，如电机、发电机、传感器等。

ANSYS HFSS：高频结构仿真器，用于天线、射频、微波组件等的设计。

ANSYS Thermal：专门用于传热分析。

ANSYS LS-DYNA：用于分析大变形、断裂和其他非线性行为的工具。

ANSYS AIM：一个跨学科的仿真环境，为设计工程师提供了一个易于使用的界面来进行多物理场仿真。

这只是 ANSYS 的一部分模块，还有很多其他的模块和功能可以满足特定的工程需求。

2. 实例：使用 ANSYS 进行复杂结构的力学分析与优化

假设我们要设计一个桥梁，并需要确定其在各种负荷下的性能。

模型建立：在 ANSYS 中，首先要建立桥梁的 3D 模型。这可以通过直接在 ANSYS 中建模或导入其他 CAD 软件创建的模型来完成。

材料选择：定义桥梁的材料属性，如钢或混凝土的弹性模量、泊松比等。

边界条件和载荷设置：在桥梁的支点上应用固定边界条件，然后应用车辆和风荷载。

网格划分：使用 ANSYS 的网格工具将模型划分为数千或数百万的元素。

分析选择：选择适当的分析类型，例如线性或非线性、静态或动态。

结果解释：分析完成后，检查结果可能是位移、应力和应变。如果某一部分的应力超出了材料的许可范围，那么设计可能需要进行修改。

优化：使用 ANSYS 的优化工具来自动修改设计，以满足特定的性能标准或减少材料使用。

最后，通过仿真分析，工程师不仅可以验证桥梁设计的安全性，还可以优化其结构，确保效率和耐久性。

5.2.3 MATLAB 在机械分析中的角色

MATLAB，由 MathWorks 公司开发，是一个高性能的语言和交互式环境，专为数值计算、可视化和编程而设计。在机械工程领域，它为工程师和研究人员提供了解决复杂计算问题的工具。

1. 工具箱与编程接口

Control System Toolbox：提供了工具和算法来分析、设计和调整线性控制系统。

Simscape：使工程师可以建立多物理模型，并在一个统一的环境中模拟这些模型，包括机械、电气和流体系统。

SimMechanics：允许工程师在物理建模环境中模拟精确的多体机械系统。

Robotics System Toolbox：提供了算法和硬件连接接口，用于在 MATLAB 和 Simulink 中设计、模拟和测试机器人应用。

Optimization Toolbox：包含了各种优化算法，可以用于参数优化、设备调校等。

Signal Processing Toolbox：为数据分析、滤波和转换等提供了强大的工具。

MATLAB 的编程接口允许工程师创建自定义的脚本和函数，从而满足特定的分析需求。

2. 实例：使用 MATLAB 进行动态系统建模与控制策略设计

考虑一个简单的弹簧—阻尼器系统，我们想要设计一个控制器来调整其响应。

建模：

m = 1；%质量，单位：kg

c = 0.5；%阻尼系数，单位：Ns/m

k = 10；%弹簧刚度，单位：N/m

A = [0 1; -k/m -c/m]；

B = [0; 1/m]；

C = [1 0];

D = 0;

系统分析：使用 MATLAB 的控制系统工具箱，可以分析系统的时间响应、频率响应等。

控制器设计：可以使用 place 或 lqr 函数设计适当的控制器来满足特定的性能要求。

仿真验证：利用 Simulink 或 Simscape 进行闭环系统的仿真，验证控制策略是否满足要求。

优化：如果需要进一步优化系统性能，可以使用优化工具箱对控制器参数进行调整。

通过 MATLAB，工程师不仅可以进行动态的分析和设计，还可以快速进行仿真和验证，从而确保所设计的机械系统和控制策略达到预期的性能要求。

5.3　控制与编程软件

随着科技的进步，机械制造不再仅仅局限于静态的设计和制造，而是越来越依赖于软件进行智能控制。对于现代的智能机械来说，控制和编程软件在其设计、测试和应用中起着至关重要的作用。

5.3.1　控制软件的基本概念与应用

控制软件是为了自动化控制任务而创建的一种特定类型的软件。它可以是微处理器上的固件，也可以是为特定应用而写的高级软件。控制软件使得智能机械能够根据预定的规则和算法自动执行任务，而不需要人工干预。

自动控制与编程在智能机械中的重要性

高效性：自动控制允许机器在最优条件下工作，从而提高生产效率和减少能源消耗。

精确性：通过控制软件，机器可以精确地执行任务，从而提高生产的质量和一致性。

适应性：智能机械可以通过控制软件自动适应变化的条件，例如根据传感器的反馈调整运动或处理参数。

远程监控和诊断：许多现代控制软件允许用户远程监控机器的操作，并在出现问题时进行远程诊断和干预。

灵活性：控制软件允许用户快速更改机器的操作参数，从而使生产过程更加灵活，可以轻松适应不同的产品或需求。

安全性：控制软件可以检测可能导致机器损坏或人员受到伤害的异常条件，并自动采取措施来防止这些情况发生。

随着工业 4.0 和智能制造的兴起，控制软件在智能机械领域的重要性越来越大。工程师和研究者需要不断地更新自己的知识，以保持与这一快速发展的领域的同步。

5.3.2　LabVIEW 的特点与工具集

LabVIEW（Laboratory Virtual Instrument Engineering Workbench）是由 National Instruments 公司开发的一个图形化编程环境。它广泛应用于数据采集、仪器控制，以及自动化测试和测量系统的设计中。

1. LabVIEW 的主要特点

图形化编程环境：与传统的基于文本的编程语言不同，LabVIEW 允许用户通过图形化的方式设计程序。这种"G 编程"方式使得复杂的算法和逻辑结构更易于理解和设计。

模块化与可重用：LabVIEW 提供了大量的预制模块，用户可以像搭积木一样快速搭建系统。同时，用户也可以创建自己的模块，以便于未来的重用。

集成硬件控制：LabVIEW 可以轻松集成各种硬件设备，如数据采集卡、工业仪器和传感器等，使得系统的搭建和调试变得非常便捷。

实时与嵌入式部署：LabVIEW 不仅可以在 PC 上运行，还支持实时操作系统和嵌入式平台，为各种应用提供了强大的支持。

数据分析与可视化：内置丰富的数据处理、分析函数和图形显示组件，帮助用户轻松实现数据的实时分析和显示。

2. 图形化编程环境的优势

直观性：图形化表示使得程序的逻辑结构一目了然，便于设计和调试。

快速原型设计：图形化编程环境支持快速拖拽和组装，非常适合于快速原型的开发。

低学习曲线：对于非编程专业的工程师和研究者，图形化编程环境提供了一个更为友好的入门方式。

3. 实例：使用 LabVIEW 设计一个机械控制系统

定义需求：设计一个系统来控制步进电机的转速和方向。

硬件集成：连接步进电机驱动器和相关的传感器，并确保它们与 LabVIEW 软件兼容。

设计用户界面：在 LabVIEW 的前面板上添加旋钮来控制转速，以及添加按钮来改变方向和启停电机。

编写控制逻辑：在 LabVIEW 的块图中，添加适当的控制结构，如循环和条件判断，然后使用预制的电机控制模块来驱动电机。

测试与调试：通过前面板来实时监控系统的状态，并进行必要的调试。

部署：完成设计后，可以将程序部署到嵌入式系统或专用硬件上，使其独立运行。

此实例简要展示了如何使用 LabVIEW 进行机械控制系统的设计。在实际应用中，可以根据具体需求添加更多的功能和优化。

5.3.3 ROS 在机器人设计中的应用

1. 什么是 ROS

ROS（Robot Operating System）并不是一个传统意义上的操作系统，而是一个为机器人研发提供了一套框架和工具集的中间件平台。其设计初衷是为了推动机器人的软件开发和普及。

2. ROS 的主要优势

模块化设计：ROS 采用节点（Nodes）系统，允许研发者为特定功能设计单独的模块，如传感器数据处理、运动规划等。

丰富的库与工具：ROS 提供了大量的预制库和工具，涵盖了机器人开发从图像处理到导航算法的各个方面。

社区支持：作为一个开源项目，ROS 有一个活跃的社区，这意味着持续的更新、丰富的插件和问题解决的支持。

语言灵活性：ROS 支持多种编程语言，如 Python、C++等，让研发者可以选择最适合的编程语言进行开发。

仿真集成：通过工具如 Gazebo，研发者可以在仿真环境中测试机器人的功能，无需真实的环境。

跨平台性：ROS 支持多种硬件平台和传感器，使得机器人项目的移植和扩展变得容易。

3. 实例：使用 ROS 进行机器人的导航与路径规划

环境搭建：首先需要在机器人和计算机上安装 ROS，配置好相关的环境。

传感器集成：例如，集成激光雷达（LiDAR）和摄像头到 ROS 系统，以收集环境数据。

建立地图：使用如 gmapping 的 SLAM 算法，让机器人在环境中移动，创建一张环境地图。

导航栈配置：使用 move_base 节点，配置相关的参数，如机器人的大小、速度限制等。

路径规划算法：ROS 提供了 Dijkstra's、A*等路径规划算法，可以选择最适合当前应用的算法。

测试与优化：在仿真或真实环境中测试机器人的导航能力，根据实际情况进行参数的微调。

此实例展示了如何使用 ROS 框架进行机器人的导航与路径规划。在实际开发中，根据机器人的应用场景和功能需求，可以进一步扩展和优化这一流程。

第6章 智能技术在机械创新中的角色

6.1 传感器技术

6.1.1 传感器的基本概念与作用

1. 定义

传感器是一种检测设备，能够感受到被测量的信息，并能够将感受到的信息，按照某一规定的规律转换成为可用的输出信号，或其他所需形式的信息输出，以满足人们的信息传输、处理和存储、显示、记录和控制等要求。

2. 分类

按工作原理分类：电阻式、电容式、电磁式、压电式、光电式等传感器。

按测量对象分类：温度传感器、湿度传感器、压力传感器、位移传感器、速度和加速度传感器等。

按在机械系统中的重要性分类：传感器在机械系统中起到"感知器官"的作用。它们可以检测机械部件的状态、位置、速度、加速度、温度等，并将这些信息发送到控制系统。这些信息是控制系统做出决策和响应的基础。

3. 传感器的工作原理与特性

工作原理：大多数传感器都是基于某种物理效应或化学效应来工作的。例如，热电偶是基于两种不同材料接触时产生电压的热电效应来测量温度的。

特性：

灵敏度：当被测量的物理量变化一个单位时，传感器输出变化量。

精度：传感器输出值与真实值之间的最大允许偏差。

分辨率：传感器能够识别的最小输入变化值。

响应时间：传感器从输入变化到输出稳定所需的时间。

稳定性：在长时间内，传感器在相同的输入下，输出值的变化程度。

了解传感器的工作原理和特性，对于选择合适的传感器和优化机械系统的性能至关重要。

6.1.2 常用传感器类型与应用

1. 位置传感器

种类：光电位置传感器、霍尔效应位置传感器、电容式位置传感器、超声波位置传感器、线性电位器。

应用：用于测量物体在空间中的具体位置，如在机器人臂、CNC机床或电梯系统中确定位置。

2. 速度传感器

种类：光电速度传感器、磁性速度传感器、多普勒效应速度传感器。

应用：用于测量物体的速度或者流体的流速，如应用在汽车的速度控制和风速检测中。

3. 加速度传感器

种类：压电加速度传感器、电容式加速度传感器、MEMS 加速度传感器。

应用：用于测量物体的加速度，常用于智能手机、航空航天、车辆碰撞检测系统等。

4. 温度传感器

种类：热电偶、热敏电阻、半导体温度传感器、红外温度传感器。

应用：用于测量物体或环境的温度，如应用在制冷系统、烘烤机、电子设备中。

5. 压力传感器

种类：压电压力传感器、电容式压力传感器、膜片压力传感器、压阻式压力传感器。

应用：用于测量液体或气体的压力，如在供水系统、飞机、汽车刹车系统中。

6. 流量传感器

种类：涡轮流量计、超声波流量计、电磁流量计、热式流量传感器。

应用：用于测量液体或气体的流量，如应用在制药、石油化工、食品加工中。

7. 实例：在智能机械设计中的应用方案

在自动化生产线中，位置传感器可以确定零件的准确位置，以便机器人臂进行精确的组装或焊接。

在智能温控系统中，温度传感器可以实时监测环境温度，自动调整供暖或制冷。

在现代汽车中，压力传感器可以实时监测轮胎的内部气压，当气压过低时自动报警。

在无人机中，速度和加速度传感器可以协助飞行控制系统，保持飞行稳定性。

利用这些传感器，智能机械能够更准确、高效和安全地完成任务，大大提高了生产效率和安全性。

6.2　嵌入式系统

6.2.1　嵌入式系统的基本概念

1. 定义

嵌入式系统是为特定应用设计的计算机系统，它是一个完整的计算机系统，包含硬件（如微处理器、内存、I/O 接口）和专用的软件。与传统的通用计算机系统不同，它通常是为了满足特定的功能、实时性和可靠性需求而优化的。

2. 与传统计算机系统的区别

应用范围：嵌入式系统主要针对特定应用，而传统计算机系统是多功能的。

资源限制：嵌入式系统的处理能力、存储空间和 I/O 能力往往是有限的，需要更高的优化。

实时性：许多嵌入式系统需要满足实时性要求，必须在特定的时间内完成任务。

持续运行：嵌入式系统设计为长时间或持续运行，不需要频繁重启或维护。

封闭性：用户通常无法或不需要修改嵌入式系统的软件。

3. 嵌入式系统的组成

中央处理单元（Central Processing Unit，CPU）：通常是微处理器或微控制器。

存储系统：包括 RAM（随机存取存储器）和 ROM（只读存储器）。

输入/输出（I/O）接口：与外部环境或其他系统进行通信的接口。

操作系统：大多数嵌入式系统使用特定的嵌入式操作系统，如 VxWorks、RTOS、Embedded Linux 等。

应用程序：针对特定应用编写的程序。

4. 嵌入式系统的特性

专用性：每个嵌入式系统通常仅用于一种或少数几种应用。

效率：为了满足性能和功耗要求，嵌入式系统需要高度优化。

紧凑：嵌入式系统往往需要在有限的空间和资源中工作。

可靠性和稳定性：许多嵌入式系统在关键应用中运行，如医疗设备、航空航天设备等，要求极高的可靠性和稳定性。

长寿命：相较于普通计算机，嵌入式设备可能需要运行数年甚至数十年。

嵌入式系统广泛应用于各种产品和设备中，如家用电器、医疗设备、工业控制器、汽车电子、手机和其他便携式设备等。

6.2.2 开发板选择与编程

1. 常见的嵌入式开发板

Arduino：一款入门级的开源电子原型平台，适用于各种物联网和 DIY 项目。

Raspberry Pi：一个小型、低成本的计算机板，可以运行 Linux，常用于学习编程、DIY 项目和机器人技术等。

BeagleBone：基于 ARM 的开发板，具有丰富的硬件接口，支持 Linux 操作系统。

ESP8266/ESP32：低成本的 Wi-Fi 微控制器板，适用于物联网应用。

STM32 Discovery/Nucleo：基于 ARM Cortex-M 系列的微控制器，适用于高级嵌入式应用。

2. 编程语言与开发环境选择

C/C++：这是最常用的嵌入式编程语言。大多数嵌入式系统和微控制器的 SDK 和工具链都支持 C/C++。

Python：在某些高级的嵌入式系统，如 Raspberry Pi 中，可以使用 Python 进行编程。

Assembly：在需要高度优化或访问特定硬件特性的情况下，汇编语言仍然是必要的。

Java：Java ME（Micro Edition）适用于某些嵌入式应用。

JavaScript：在物联网项目中，如 NodeMCU 和 ESP8266，JavaScript 逐渐受到关注。

3. 开发环境

Arduino IDE：用于 Arduino 开发的官方开发环境。

Raspberry Pi OS：为 Raspberry Pi 设计的 Linux 发行版。

Keil MDK-ARM：适用于 ARM Cortex-M 系列微控制器的开发工具。

PlatformIO：是一个新兴的跨平台嵌入式开发环境，支持多种开发板和微控制器。

4. 实例：使用特定开发板进行简单项目实现

项目：制作一个 Arduino 控制的温度监控系统。

材料：

Arduino 开发板。

DS18B20 数字温度传感器。

10kΩ 电阻。

OLED 显示屏。

步骤：

连接 DS18B20 数字温度传感器的数据线到 Arduino 的数字端口，并通过 10kΩ 电阻连接到 VCC。

连接 OLED 显示屏到 Arduino 的 I2C 端口。

使用 Arduino IDE 编写并上传代码,从 DS18B20 数字温度传感器读取温度数据,并在 OLED 显示屏上显示。

当系统启动时,它会每隔几秒读取一次温度,并更新显示。

这是一个基础的实例,通过这样的项目,学习者可以了解传感器的工作原理、数据读取和数据显示。

6.3　机器人操作系统

6.3.1　ROS 的基础介绍

1. 什么是 ROS 及其发展背景

机器人操作系统(Robot Operating System,ROS)是一个为机器人提供一系列计算机服务的软件框架。它不是一个传统意义上的操作系统,而是一个运行在传统操作系统之上的中间件和工具集,旨在为机器人研究和开发提供一致性和简易性。

ROS 最初是由斯坦福大学为 PR2 机器人项目开发的,后来被 Willow Garage 公司进一步开发并推广。其背后的主要思想是为机器人研究社区提供一个共同的平台,使研究者能够分享和重复实验,从而推动机器人技术的快速发展。

2. ROS 的核心组件与架构

Nodes(节点):ROS 的基本执行单元,代表一个正在运行的进程。例如,一个用于处理摄像头图像的程序可以作为一个节点运行。

Topics(主题):允许节点之间的数据通信。节点可以发布消息到一个主题,同时其他节点可以订阅这个主题来接收消息。

Services(服务):是另一种节点间通信的方式。与主题不同,服务允许节点发送一个请求并收到一个响应。

Master:ROS Master 提供命名和注册服务,使节点能够找到彼此并进行通信。

roscore:是 ROS 系统运行时的主要进程,包含 ROS Master、参数服务器及其他核心服务。

Packages(包):ROS 的主要组织结构。每个包可以包含代码、数据集、配置文件或其他资料。它们为复杂系统提供了模块化的结构。

Rviz 和 Gazebo:Rviz 是一个 3D 可视化工具,用于可视化传感器数据、机器人状态等;Gazebo 则是一个为机器人提供的物理仿真环境。

ROS 的架构是分布式的,旨在提供灵活性和可扩展性。它允许多个节点在不同的计算机或设备上运行,并通过网络进行通信。这种架构使得研究者和开发者可以容易地在不同的机器人或系统上重复和共享他们的工作。

6.3.2　ROS 在智能机械中的应用

1. 机器人控制与导航

ROS 提供了一套机器人控制和导航的工具和库。通过 move_base 和 navigation stack,ROS 使得机器人能够在复杂的环境中自主移动。此外,它包含了处理地图、规划路径和避障的功能,使得机器人能够安全地导航到目的地。

2. 传感器集成与数据处理

ROS 提供了与各种传感器(如激光雷达、摄像头、IMU 等)的接口,让开发者可以快速地集成硬件到机器人中。利用 ROS 的消息传递系统,这些传感器产生的数据可以被轻松地分享和处理。例如，通过 image_transport，摄像头的图像数据可以在节点之间传输，并用于图像处理或物体检测。

3. 实例：使用 ROS 进行机器人项目实现

假设我们要设计一个能在室内自动导航的服务机器人。

硬件选择：选择一个移动平台，装上摄像头和激光雷达作为其主要传感器。

软件设置：安装 ROS 并创建一个新的 ROS 包，其中包含机器人的所有代码和配置文件。

传感器集成：使用 ROS 提供的驱动程序，集成摄像头和激光雷达。这使得机器人能够获取环境数据。

地图创建：使用 gmapping 或其他 SLAM 技术，使机器人能够在室内移动并创建一个环境地图。

路径规划与导航：一旦地图被创建，move_base 和 navigation stack 就可以用来导航机器人到指定的地点，同时避开障碍物。

任务执行：可以创建一个新的 ROS 节点来定义机器人的特定任务，如前往某个位置、捡起物品等。

通过 ROS，从原型到完成的机器人可以快速、高效地被开发和测试，从而大大简化了智能机器人项目的实施过程。

第7章 互联网与智能机械的融合

7.1 物联网在智能机械中的应用

7.1.1 物联网的基本概念与演进

1. 定义与发展背景

物联网，简称 IoT（Internet of Things），指的是通过互联网将物品相互连接起来的一个概念。这些物品被赋予计算和传感能力，可以收集、交换并响应数据。它是信息通信技术的延伸和扩展，它的目标是使所有可以电子标签或连接网络的物体都被互联网所识别和访问。

物联网的起源可追溯到 20 世纪 90 年代中期，当时只是一个简单的自动标识解决方案。但随着技术的进步，尤其是无线通信、嵌入式系统和更高级的数据处理能力的发展，物联网逐渐从概念发展为现实，它开始渗透到各种应用领域中。

2. 物联网的核心组成与特性

传感器与执行器：这些设备可以感测和响应环境，如温度传感器、运动传感器、摄像头或执行动作的马达。

连接性：物联网设备经常使用低功耗的无线技术进行通信，如 Wi-Fi、蓝牙、ZigBee 或 LoRa。

数据处理与存储：数据首先在边缘设备或网关上进行初步处理，然后传输到中心服务器或云进行进一步的分析和存储。

应用程序：用户界面如手机应用、网页应用等，允许用户与物联网设备互动，查看数据或进行远程控制。

安全性：由于物联网设备的数量庞大且经常直接连接到互联网，因此安全性成为一个重要的考虑因素，要防止数据泄露或设备被恶意利用。

物联网的一个显著特点是它的规模和普及性。与此同时，由于设备的低成本和低功耗特性，物联网逐渐成为日常生活和工业应用中不可或缺的一部分。

7.1.2 物联网技术在机械领域的应用

1. 远程监控与控制

随着物联网技术的发展，机械设备可以通过互联网进行远程监控和控制。这意味着，即使操作员不在设备的现场，也可以实时检测设备的状态，进行参数调整或启动/停止操作。例如，工业生产线上的机械设备可以通过互联网向中央控制室发送数据，允许操作员对生产流程进行优化。

2. 资产管理与预测性维护

物联网使得机械资产的实时管理变得更加简单。设备可以定期发送其运行状态、磨损情况和其他重要指标，帮助维护团队更好地了解设备的健康状况。此外，通过分析这些数据，可以预测设备何时可能出现故障，从而提前进行维护，减少停机时间，这就是所谓的预测性维护。

3. 实例：基于物联网的智能机械解决方案

考虑一个大型制造厂，其中包含数百台机械设备。每台设备都装备了传感器，用于监控温度、振动、功率消耗等关键参数。这些数据通过无线网络实时传输到中央数据库。

远程监控：生产经理可以使用一个集中的仪表板，实时查看每台设备的状态，判断是否有任何异常。

预测性维护：通过分析过去的数据，系统可以预测哪台设备可能会在接下来的几天内出现故障。维护团队随后可以提前调度，修复潜在的问题，避免生产中断。

能源管理：通过监控每台设备的功率消耗，制造厂可以调整生产计划，以在能源成本最高的时段最小化操作，从而降低能源成本。

这种基于物联网的智能机械解决方案为制造业提供了一个高效、经济和可持续的方式，实现了生产的优化和自动化。

7.2 数据采集与云计算：如何利用大数据与 AI 优化机械设计

7.2.1 数据在智能机械设计中的重要性

在现代智能机械设计中，数据已经成为关键的组成部分。数据不仅可以帮助设计者了解机械设备的实际运行情况，还可以在早期阶段预测和优化设备的性能。通过数据驱动的方法，设计者可以更加准确地满足用户需求，减少不必要的试错，提高生产效率。

1. 数据采集的方法与技术

传感器采集：现代机械设备上安装的多种传感器可以实时采集关于设备状态、环境条件、用户操作等方面的数据。

用户反馈：通过用户界面或应用程序收集用户的使用习惯、需求和反馈。

嵌入式系统：这些系统可以记录设备的运行数据，如开机时间、故障次数等。

无线通信技术：例如 RFID、NFC 和蓝牙，这些技术可以远程监控设备，并传输数据。

2. 数据分析与模型构建

预处理与清洗：原始数据通常包含许多噪声和冗余信息。数据预处理是为了去除这些不相关或错误的信息，保留有价值的数据。

特征提取：确定哪些数据特征是与机械性能或用户需求最相关的。

模型构建：使用统计学或机器学习技术，如线性回归、决策树或神经网络，根据数据构建预测模型。

验证与测试：使用独立的数据集验证模型的准确性和可靠性。

部署与优化：将构建的模型应用于实际的机械设计过程中，并根据实时数据进行持续优化。

结合云计算和 AI 技术，数据分析和模型构建可以在更大规模和更复杂的数据集上进行，从而为机械设计提供更深入、更广泛的洞察。此外，机器学习和深度学习技术也使得机械设备能够自我学习和适应，为未来的自适应和自主系统打下基础。

7.2.2 云计算与 AI 在机械设计优化中的应用

1. 云计算

定义：云计算是一种允许用户通过互联网从集中的远程数据中心按需访问和存储计算资源的技术。它可以提供处理能力、存储空间和应用服务，而用户无需知道物理位置和配置的底层基础设施。

优势：

灵活性和可扩展性：云计算能够根据需求动态分配资源，这对于大型数据分析和模拟非常有用。

成本效益：只为实际使用的资源付费，减少了前期的投资成本。

高可用性和灾难恢复：多个数据中心的分布式架构确保了数据的高可用性和灾难恢复。

远程访问：可以从任何地点通过互联网访问资源和应用。

挑战：

安全性与隐私：存储在云中的数据可能面临安全威胁。

网络依赖性：需要持续的高速互联网连接。

数据迁移与兼容性：移动数据或应用程序到不同的云服务提供商可能会遇到兼容性问题。

2. AI 算法与模型在机械设计中的应用

预测性维护：使用机器学习算法分析设备的运行数据，预测潜在的故障或需要维护的部分。

优化设计：通过 AI 进行模拟和分析，优化机械部件的设计，提高其性能和耐久性。

自适应控制：使用深度学习模型，使机械系统能够根据环境变化自我调整。

3. 实例：基于云计算与 AI 的机械优化方案

想象一个大型的工业机器人制造公司。为了优化其产品，公司决定采用基于云计算和 AI 的机械优化方案。

数据收集：所有的机器人都安装了传感器，实时收集关于其性能、运行状态和外部环境的数据。

云存储：这些数据被上传到云端，为全球的工程师团队提供即时的信息。

AI 分析：在云中运行的 AI 算法对这些数据进行分析，找出可能的故障点、效率损失或设计缺陷。

设计迭代：基于这些分析结果，工程师可以对机器人设计进行优化，减少不必要的部件、增加性能或提高耐用性。

远程更新：机器人上的软件可以直接从云中下载更新，这些更新包括了新的控制策略或调整参数，使机器人更加高效和可靠。

通过这种方式，公司不仅可以提高其产品的质量和性能，还可以大大降低维护和更换部件的成本。

7.3　开源硬件与软件资源的利用

7.3.1　开源硬件介绍

1. Arduino

基础知识：Arduino 是一个开放源代码的电子原型平台，基于简单易用的硬件和软件。Arduino 板可以读取传感器的输入，如光或温度，然后通过控制灯光、马达和其他外设产生响应输出。

应用场景：

嵌入式系统教育与原型设计。

机器人和自动化控制系统。

智能家居解决方案。

环境监控和数据收集。

在智能机械设计中的价值：由于 Arduino 的低成本、易用性和丰富的社区支持，它可以为智能机械设计师提供一个快速原型和测试概念的平台。其模块化设计也允许设计师轻松地集成各种传感器和执行器。

2. Raspberry Pi

基础知识：Raspberry Pi 是一个信用卡大小的微型计算机，可运行多种操作系统，如 Linux。尽管尺寸小，但它具有完整的计算能力，可用于多种应用，从基本计算到复杂的项目。

应用场景：

物联网设备和解决方案。

机器学习和数据分析项目。

多媒体中心或家庭服务器。

机器人的脑部或控制中心。

在智能机械设计中的价值：Raspberry Pi 为设计师提供了一个功能强大但成本低廉的计算平台，使他们能够集成复杂的算法、处理大量数据或运行高级应用，而不会增加过多的成本。

3. 开源硬件在智能机械设计中的价值

降低成本：开源硬件通常比传统的商业解决方案更加便宜，这使得初创公司或独立开发者能够以低成本实验和开发新概念。

快速迭代：社区支持和丰富的资源库意味着设计师可以迅速地修改和改进其设计，以适应不断变化的需求。

定制性：开源硬件通常提供了更大的灵活性，允许设计师根据特定的应用需求进行定制。

社区支持：丰富的在线社区和教程为设计师提供了技术支持和灵感，使他们能够更好地实现自己的想法。

7.3.2　开源软件资源的应用

1. GitHub 的基础操作与项目管理

基础操作：

Fork：允许用户复制某个项目，使得他们可以对其进行修改，而不影响原始项目。

Clone：允许用户将项目的副本下载到本地计算机。

Commit：允许用户保存其所做的更改。

Pull Request：允许用户向原始项目的所有者提议合并其所做的更改。

Merge：项目所有者可以将更改合并到主项目中。

项目管理：

Issues：一个功能，允许用户报告项目中的错误、提议新功能或其他类型的任务。

Milestones：用于组织问题和拉取请求到特定的项目阶段或时间点。

Labels：允许对问题和拉取请求进行分类。

2. 如何找到和利用合适的开源项目

搜索：使用 GitHub 的强大搜索功能查找与用户项目或需求相关的关键词。

Trending Repositories：GitHub 上有一个流行的仓库部分，可以帮助用户发现新的和受欢迎的项目。

星标 & Forks：一个项目的星标数和 Fork 数量是其受欢迎程度和活跃度的好指标。

项目维护：查看项目的最后提交日期和 issue 响应时间，以判断该项目是否仍在积极维护。

License：确保项目的开源许可证与用户使用意图相匹配。

3. 实例：使用开源硬件与软件实现的智能机械项目

项目：自动化植物浇水系统。

硬件：使用 Arduino 和土壤湿度传感器。

软件：

在 GitHub 上找到一个适合 Arduino 的土壤湿度读取的开源库。

利用这个库，编写代码以定期检测土壤的湿度。

当土壤湿度低于某个阈值时，Arduino 控制水泵开始浇水。

集成：结合开源硬件和软件，创建一个可以放置在植物旁边的系统，它会根据土壤的湿度自动浇水。

此实例显示了如何结合开源硬件和在 GitHub 上找到的开源软件资源来创建一个实用的智能机械项目。

第 3 部分

智能机械创新领域与趋势

第8章 新材料在智能机械设计中的应用

8.1 轻质、高强度材料的发展与应用

8.1.1 轻质材料的种类与特性

1. 轻质合金

铝合金：由于其低密度和优良的机械性能，铝合金在航空航天、汽车和其他高科技领域得到了广泛的应用。

钛合金：它具有高的强度、良好的耐腐蚀性和出色的生物相容性，因此常用于航空航天和医疗设备。

镁合金：作为结构材料，其密度比铝合金更低，主要用于高性能的应用，如航空航天和高级汽车零件。

2. 高强度塑料与复合材料

工程塑料：如尼龙（Nylon）、聚酰亚胺（PI）和聚醚醚酮（PEEK）等，它们因其强度高、耐高温性好而被用作金属的替代品。

热固性塑料：如环氧树脂和酚醛树脂，它们能够承受高温并具有高强度。

复合材料：由两种或更多种材料制成，旨在结合各自的优势。例如，碳纤维增强基复合材料（CFRP）结合了塑料的轻质和碳纤维的高强度。

这些轻质、高强度的材料为智能机械设计提供了更多的可能性，允许设计师创造出更加轻便、耐用且性能卓越的产品。

8.1.2 高强度材料在机械设计中的考量与应用

1. 加工与制备技术

切割技术：对于高强度材料，传统的切割方法可能不再适用。例如，碳纤维增强基复合材料可能需要特定的切割工具和技巧以避免纤维的断裂或分层。

焊接与连接：高强度材料，特别是那些复合材料，可能不适合传统焊接。可能需要使用特殊的黏合剂或机械连接方法，如螺栓和铆钉。

热处理：针对某些轻质合金，如钛合金，进行适当的热处理可以进一步提高其机械性能。

表面处理：高强度材料可能需要特殊的涂层或表面处理来增加其耐磨损性或抵抗腐蚀。

2. 应用实例：轻质机械结构设计

航空航天：在飞机和宇宙飞船的设计中，高强度、轻质材料如碳纤维复合材料被广泛使用，以降低重量并增加燃料效率。

汽车工业：高强度钢、铝合金和塑料复合材料在汽车框架和部件中的使用使得现代汽车比以往更轻、更经济，同时更安全。

运动装备：从自行车到高尔夫球杆，高强度、轻质材料的应用已经成为当今的标准，使得运动装备更轻、更坚固并具有更好的性能。

机器人技术：轻质、高强度的材料使得机器人能够快速移动并携带更重的负荷，同时保持其结构的完整性和耐用性。

在选择和应用高强度材料时，设计师必须考虑其特定的性质、加工要求和成本效益，确保材料选择与设计目标相匹配。

8.2 功能材料：自修复、自适应材料技术

8.2.1 自修复材料介绍与工作原理

1. 基于微胶囊的自修复

原理：这种方法依赖于将修复剂封装在微小的胶囊中，将这些胶囊分散在材料中。当材料受到损伤并产生裂缝时，裂缝会触碰并迫使这些胶囊破裂，释放修复剂。修复剂与材料或外部催化剂接触后固化，从而修复裂缝。

优点：

可以实现在无外部干预的情况下进行自修复。

修复过程的速度取决于所使用的修复剂和催化剂。

对于疲劳裂纹或微裂缝特别有效。

应用：被广泛应用于高性能塑料、复合材料和某些金属合金，特别是在航空航天、汽车和民用建筑中。

2. 基于内聚力的自修复

原理：这种自修复机制依赖于材料固有的分子或原子间力。当裂缝出现时，由于内部的吸引力（如范德华力或氢键），材料自然趋向于关闭和修复这些裂缝。

优点：

不依赖于外部修复剂或胶囊，因此更适合用于高温或高压环境。

能够应对连续的小裂缝和微损伤。

适用于宽范围的材料，包括一些金属、陶瓷和高性能塑料。

应用：在高温、高压或高辐射环境中的材料，例如核反应堆的结构材料、高温气体涡轮发动机的部件，以及深海应用中的材料。

这些自修复材料为现代工程师和设计师提供了全新的可能性，使他们能够设计出更加持久、可靠和高效的系统和设备。

8.2.2 自适应材料的种类与应用

1. 形状记忆合金

原理：形状记忆合金（Shape Memory Alloys，SMA）具有一种特殊的能力，即在一个特定的温度下可以恢复到其预设的形状。这是因为其晶体结构在加热和冷却时会发生相变。它们最初是在一个特定的形状下制造的，然后被形变。当它们到一个特定的转变温度时，它们会回到原来的形状。

应用：

医疗领域：放置在血管中的导管，当它达到体温时，它会恢复其原始形状。

安全系统：在火灾中，形状记忆合金可以用作自动打开火门的触发器。

机械装置：作为传感器和驱动器，例如在自适应飞机机翼中调整机翼的弯曲。

2. 形状记忆聚合物

原理：形状记忆聚合物（Shape Memory Polymer，SMP）与形状记忆合金的工作原理相似，

但它们是由聚合物制成的。它们的形状记忆效应是基于聚合物链之间的相互作用，使其在特定的温度下可以恢复到原始形状。

应用：

生物医学领域：用于制造会在体温下展开的支架或缝合材料。

包装：创建可以自行封闭的包装。

服装：制造可以根据温度调整形状的物品，如自调整的鞋子或眼镜。

3. 应用实例：基于自适应材料的智能装置

自适应眼镜：使用形状记忆聚合物，眼镜可以根据用户的需要或环境条件自动调整焦距。

自适应医疗支架：在手术中放置一个形状记忆合金支架，当它达到体温时，会自动展开并适应血管的形状。

这些自适应材料开辟了新的机会，特别是在需要快速和自动响应的应用中。

8.3　纳米技术与微机械的新材料

8.3.1　纳米技术基础与材料属性

1. 纳米复合材料

定义：纳米复合材料是由至少一种材料的尺寸在纳米尺度（1～100 纳米）上的材料组成的多相材料。

属性与优点：

增强的机械性能：与宏观尺度的传统复合材料相比，纳米复合材料通常展现出更高的强度和硬度。

提高的导电性：纳米颗粒的加入可以增强材料的导电性能。

更好的热稳定性：某些纳米复合材料在高温下保持稳定。

改善的化学稳定性和耐腐蚀性。

改进的光、磁或电性能。

应用：

在航空航天、汽车和体育用品中作为轻质而高强度的材料。

在电子产品中，可以应用于新型产品的开发，如柔性显示屏、可穿戴设备等。

在生物医学应用中，如药物输送。

2. 纳米涂层与纳米填充物

纳米涂层：

定义：在基材表面应用的极细的涂层，其厚度在纳米级别。

特性：

防刮和耐磨：为光学镜片、屏幕和其他表面提供保护。

防污和自清洁：用于汽车、窗户和太阳能面板。

抗反射和抗雾：用于眼镜和摄像机镜头。

抗菌：在医疗设备和公共场所。

应用：从眼镜到手机屏幕，从医疗设备到建筑材料，纳米涂层广泛应用于许多产品中，为其提供额外的保护和性能。

纳米填充物：

定义：纳米尺寸的固体颗粒或纤维，它们被加入到更大的系统中，如聚合物、金属或陶瓷中，以改善其性能。

特性：

增强的机械和热性能。

提高的电导率或热导率。

更高的化学稳定性和耐热性。

应用：从高性能的运动器材到先进的电子设备，纳米填充物在许多领域都有着广泛的应用。

纳米技术为机械工程师提供了前所未有的机会，使他们能够设计和制造具有改进性能和新功能的材料和部件。

8.3.2 纳米材料在微机械中的应用

1. 纳米级的力学、热学和电学特性

力学特性：在纳米尺度上，材料往往展示出比其宏观对应物更强的机械特性。例如，纳米级的碳纳米管具有极高的拉伸强度和模量，超过了大多数已知的材料。

热学特性：纳米材料通常具有独特的热传导性能。某些纳米材料，如硅纳米线，其热导率会随着尺寸的减小而减小，这使其在热管理应用中非常有用。

电学特性：在纳米级别，电子的行为受到量子效应的影响，导致一些材料表现出非常高的电导率或半导体性质。例如，石墨烯在纳米级别上具有极高的电导率。

2. 应用实例：纳米技术驱动的微型机器人

机器人技术与纳米技术的结合已经使得微型机器人的创新成为可能。这些微型机器人在医疗、生物研究、环境监测等领域具有巨大的应用潜力。

医疗领域：利用纳米材料制造的微型机器人可以被注射到血液中，用于输送药物、进行诊断或执行微创手术。例如，装备磁性纳米颗粒的微型机器人可以通过外部磁场进行导航，准确地将药物输送到目标组织或器官。

环境监测：纳米技术驱动的微型机器人可以被设计为在水源中探测有害化学物质或生物污染。这些机器人可以持续监测，提供实时数据，并在探测到污染时发出警告。

研究与开发：在材料科学和生物研究中，纳米技术驱动的微型机器人可以进行精确操作，如单个细胞的操纵、材料的纳米级装配等。

这些纳米技术驱动的微型机器人不仅为特定的领域提供了新的解决方案，而且还推动了微机械和纳米技术的进一步研究和发展。

8.4 大学生创新应用实践方案

8.4.1 轻质碳纤维复合材料在自行车设计中的应用

1. 方案描述

在现代自行车设计中，对于自行车的质量和结构强度要求越来越高，尤其在竞技自行车和山地自行车中。碳纤维复合材料由于其轻便且高强度的特点，逐渐成为自行车行业的热门材料。我们建议大学生团队研究如何优化碳纤维复合材料在自行车框架制造中的应用，以实现自行车的重量轻，但强度大，以及抗震动性能好的目标。

2. 创新亮点

重量与强度平衡：利用碳纤维的高强度与轻质特性，达到减少自行车整体重量的同时，增强其载重能力和耐久性。

先进制造技术：结合 3D 打印技术和计算机辅助设计（CAD），为碳纤维复合材料设计出更为复杂，但结构更为合理的自行车框架结构。

提高骑行效率：通过减轻自行车重量和优化框架设计，可以帮助骑手更为轻松地提高骑行速度和效率，特别是在上坡或竞技时。

增强抗震动性能：碳纤维复合材料本身就有一定的弹性，可以吸收部分震动，为骑手提供更舒适的骑行体验。

3．实践操作

材料选择与测试：研究并选择合适的碳纤维复合材料，并进行材料的力学性能测试，如抗拉强度、抗压强度、弹性模量等。

框架设计与仿真：使用计算机辅助设计工具进行自行车框架的设计，并利用仿真软件进行结构优化。

原型生产与测试：利用 3D 打印或其他适当的制造技术生产原型自行车框架，然后进行实地测试，评估其性能和骑行体验。

这些建议可以帮助大学生团队更系统地理解并应用碳纤维复合材料在自行车设计中的巨大潜力，从而产生真正的创新成果。

8.4.2　使用自修复材料设计的耐磨鞋底

1．方案描述

鞋底是鞋类中最容易磨损的部分。随着时间的推移，频繁的行走和不断的摩擦会导致鞋底磨损、刮伤或产生裂痕。如果鞋底能够自我修复这些小损伤，那么鞋子的使用寿命将会显著延长，同时还可以减少因鞋底磨损而频繁更换鞋子带来的浪费。我们建议大学生团队研究和开发自修复鞋底材料，让鞋底能够在遭受轻微损伤后快速恢复原状。

2．创新亮点

快速自修复：鞋底材料在受到损伤后可以在短时间内（如几小时内）恢复原状，从而提高鞋的耐用度。

环境友好：采用可生物降解或可回收的自修复材料，使产品在延长使用寿命的同时，对环境造成的影响最小化。

多功能性：除了自修复功能，这种鞋底材料还可以具有防水、抗滑、抗菌等额外特性。

与时尚设计的结合：在确保功能性的同时，注重鞋款的外观和时尚性，满足现代消费者的审美需求。

3．实践操作

材料研究与选择：首先研究并选择合适的自修复材料，可以考虑使用基于微胶囊技术或基于内聚力技术的材料。

制备与测试：根据所选材料制备鞋底样品，并进行摩擦、刮伤等实验，测试其自修复效果。

与时尚鞋类设计师合作：与时尚鞋类设计师合作，确保产品既具有功能性，又具有吸引力。

市场推广：进行市场调研，确定目标消费者群体，然后推出市场宣传活动，让更多人了解这一创新产品。

此建议方案不仅关注技术创新，还注重产品的实用性和市场需求，旨在提供一个既实用又时尚的解决方案。

8.4.3　基于纳米技术的高效能太阳能板

1．方案描述

太阳能板的转换效率受到多种因素的影响，其中一种因素是材料对太阳光的吸收率。传统的太阳能板可能无法充分吸收太阳光的全部频率范围。为了提高吸收率，我们建议利用纳米技术来设计和制造新型太阳能板。通过使用纳米结构，如纳米锥或纳米棒，可以有效地散射和捕获更宽波段的太阳光，从而提高吸收率。

2. 创新亮点

宽波段吸收：利用纳米结构的光学特性，实现对更宽波段的太阳光的吸收，不仅限于可见光，还包括紫外线和红外线等。

减少反射损失：纳米结构可以减少太阳光的反射损失，确保更多的光被有效吸收。

增加光路径：纳米结构能够使入射光在太阳能板中多次散射，增加光的行进路径，进一步增加吸收率。

良好的热稳定性：高效的吸收可能会导致温度升高，但选择适当的纳米材料可以确保太阳能板在高温下依然保持良好的性能。

3. 实践操作

纳米结构的设计与模拟：使用计算机模拟工具来设计和优化纳米结构，以获得最佳的光吸收效果。

材料选择与制备：选择具有良好光学和热学特性的材料，并使用纳米制备技术制造太阳能板。

性能测试：对新制备的太阳能板进行全面的性能测试，包括转换效率、热稳定性和耐用性等。

与市场合作：与太阳能板产品制造商合作，推广这种新型高效的太阳能板，并研究如何将其商业化。

此建议方案注重材料科学和纳米技术在提高太阳能板效率方面的潜力，希望为太阳能产业带来创新和进步。

8.4.4 形状记忆合金在眼镜框设计中的创新应用

1. 方案描述

当前，眼镜框多为固定形状，一款眼镜框并不适合所有人的脸型，而不合适的眼镜会导致佩戴时的不适感。大学生团队可以考虑使用形状记忆合金来设计一款眼镜框。这种合金在受到一定的热量（如人体温度）时会回到预先设定的形状。因此，用户在初次佩戴眼镜时，通过一次简单的加热和适应脸型的塑形，眼镜框会"记住"这个形状，后续佩戴时会自动调整为最舒适的形态。

2. 创新亮点

个性化适应：用户不再需要为眼镜框不合适而感到不适。一次定型，持续舒适。

延长使用寿命：由于形状记忆合金具有良好的弹性，即使眼镜框被扭曲或压扁，也可以通过简单的加热恢复到最佳形态，降低损坏的风险。

节约资源和成本：用户不再需要因为框架变形而频繁更换眼镜，从而节省了费用。

3. 实践操作

材料选择：推荐选择镍钛合金，这是一种常用的形状记忆合金，具有良好的生物相容性和记忆效应。

形状定型：在初始生产阶段，眼镜框可以设定一个"默认"形态，当用户购买后，可以在店内进行一次个性化的适应调整。

用户指南：为用户提供简单的指南，教他们如何在家中用吹风机等工具为眼镜框进行重新塑形，以适应他们的脸型。

考虑到大学生团队可能的资源和技术限制，此方案旨在提供一个创新的视角，以推动眼镜框行业向更个性化和舒适化的方向发展。

8.4.5 纳米涂层提高风力涡轮机效率的方案

1. 方案描述

风力涡轮机的效率往往受到叶片表面摩擦阻力的限制，这种阻力主要是由叶片表面的粗糙度和与空气的互动引起的。一个解决方案是使用纳米涂层技术来改善叶片的表面特性，使其具有超疏水性或超滑性，从而降低摩擦阻力。当叶片表面的摩擦减少时，涡轮机的旋转效率将得到显著提高，从而产生更多的电力。

2. 创新亮点

超疏水性与超滑性：纳米涂层技术可以使叶片表面呈现出超疏水性，这意味着水和其他颗粒难以在叶片表面聚集，进一步减少空气阻力摩擦。

延长叶片寿命：纳米涂层不仅可以提高效率，还可以提供一定的防护作用，减少叶片受到的环境侵蚀和磨损，从而延长其使用寿命。

成本效益：虽然初期投资可能增加，但由于电力产出的增加和维护成本的降低，从长远来看这种投资是非常划算的。

3. 实践操作

材料选择与制备：研究并选择适用于叶片的纳米材料，如二氧化硅纳米颗粒，然后将其与聚合物基底结合，形成涂层。

涂层过程：使用喷涂、浸渍或其他涂布技术将纳米涂层均匀地涂在叶片上。

测试与验证：在实验环境中测试涂层后的涡轮机效率，确保涂层达到预期效果，并对涂层的持久性和稳定性进行长时间测试。

此方案为大学生提供了一个结合纳米技术与风能技术的创新研究方向，旨在推动风能产业的持续进步。

8.4.6 基于自适应材料的智能汽车悬挂系统

1. 方案描述

汽车悬挂系统是确保车辆行驶稳定并为乘客提供舒适驾乘体验的关键组件之一。传统的悬挂系统通常是静态的，可能不适应各种路况和驾驶条件。建议使用自适应材料，如形状记忆合金或某些特殊的聚合物，设计一个智能汽车悬挂系统。该系统能够实时感知道路状况和车辆动态，进而自动调整悬挂的刚度和响应，为驾驶者提供更为平稳和舒适的驾驶体验，尤其在崎岖的道路或高速行驶中。

2. 创新亮点

实时自适应：该悬挂系统能够实时感应震动和车辆载荷变化，并迅速调整悬挂硬度，使车辆始终保持稳定。

延长车辆寿命：减少因频繁震动和撞击造成的机械磨损，从而延长车辆的使用寿命。

增强驾驶安全性：在突遭不良路况时，如水滑或避障，自适应悬挂系统可以快速响应，提供更好的路面牵引，增加驾驶安全性。

降低能源消耗：通过减少不必要的悬挂摩擦和振动，可以更加有效地将动力传递给车辆，从而提高燃油效率。

3. 实践操作

材料选择与集成：选择适当的自适应材料，并将其集成到汽车悬挂系统中。形状记忆合金或特定的电活性聚合物是合适的选择。

传感器与控制系统：安装传感器以监控道路状况和车辆动态，并将这些数据发送到中央控制系统，使其能够迅速调整悬挂的响应。

测试与验证：在各种实际驾驶场景下对系统进行全面测试，确保其性能稳定且能够提供用户所期望的驾驶体验。

此方案为大学生提供了一个将材料科学与汽车工程相结合的研究方向，以实现更高效、更安全和更舒适的驾驶体验。

8.4.7 使用纳米复合材料制成的高效电池

1．方案描述

电池技术是现代移动设备、电动汽车、可穿戴设备，以及无人机等领域的关键技术。传统的电池技术面临许多挑战，包括充放电速度慢、存储容量有限、使用寿命短和低能量密度等问题。建议研究使用纳米复合材料制造电池。这些材料可以提供更大的活性表面积和更高的电导性，从而提高电池的存储容量和充放电效率。

2．创新亮点

提高存储容量：纳米复合材料的独特结构使得其拥有更大的活性表面积，提供更多的电荷存储位置，从而大大增加电池的总体存储容量。

快速充放电：由于纳米复合材料的高电导性和独特的物理特性，这种电池可以支持更快的充放电速率，从而缩短充电时间，并在需要大电流输出时仍能保持稳定。

延长电池寿命：纳米复合材料减少了电池在多次充放电过程中的退化，从而延长了其使用寿命。

提高安全性：纳米复合材料可以提供更稳定的化学反应环境，降低因不稳定反应而导致的电池过热或其他安全风险。

3．实践操作

材料选择与合成：根据应用需求选择适当的纳米复合材料，并通过合成和加工技术制造出所需的电池组件。

电池设计与集成：根据纳米复合材料的特性进行电池设计，并将其集成到目标设备中，如智能手机、电动汽车或无人机。

性能测试与验证：对新电池进行充放电、循环寿命、安全性和其他相关测试，确保其满足或超出预期性能指标。

此方案为大学生提供了一个研究现代电池技术与纳米科学结合的机会，以满足现代技术对电池性能的日益增长的需求。

8.4.8 轻质合金在无人机设计中的应用

1．方案描述

无人机在航拍、农业监控、物流配送和许多其他领域中的应用日益广泛，但其在续航时间、载荷能力和抗风性等方面仍受到限制。考虑使用轻质合金，如铝合金或镁合金来设计无人机的机身和部件。这些合金不仅重量轻，而且具有良好的强度和耐腐蚀性，可以有效地延长无人机的续航时间和提高飞行稳定性。

2．创新亮点

延长续航时间：由于轻质合金的重量轻，能够降低无人机的整体重量，从而使得其在相同的电池容量下具有更长的飞行时间。

增加载荷能力：轻质合金的高强度意味着无人机可以携带更多的设备或货物，这在物流配送或专业摄影领域尤为重要。

提高飞行稳定性：轻质合金具有较高的刚度和抗风性，可以在恶劣的天气条件下提供更稳定的飞行。

延长寿命和降低成本：许多轻质合金具有良好的耐腐蚀性和耐磨损性，有助于延长无人机的使用寿命并降低维护成本。

3. 实践操作

材料选择与处理：根据无人机的具体需求选择合适的轻质合金，并进行适当的表面处理，以增强其性能。

结构设计：使用计算机辅助设计（CAD）软件进行优化设计，确保轻质合金无人机结构的强度和稳定性。

性能测试与验证：进行飞行测试，评估新材料无人机在续航、载荷、稳定性等方面的性能。

此方案为大学生提供了一个探索如何将先进材料科学与现代航空技术相结合，设计出性能更优的无人机的机会。

8.4.9　纳米技术驱动的微型医疗机器人设计方案

1. 方案描述

在医疗界，微创手术的需求正在日益增长，但传统的医疗器械仍存在局限性。考虑设计一款纳米技术驱动的微型机器人，它可以在人体内部自由移动，定位到疾病部位进行治疗或提供必要的医疗干预。这款机器人可以借助纳米尺度的传感器进行精准导航，并利用纳米工具进行治疗，从而为患者提供更加精确、高效和低创伤的治疗方式。

2. 创新亮点

精确导航：纳米技术允许机器人配备超小型化的传感器，使其能够在复杂的生物环境中进行精确导航。

目标治疗：微型机器人能够直接针对疾病部位进行治疗，减少对健康组织的损伤，提高治疗效果。

微创手术：相比传统的手术方法，该方案可以大大减少创伤，缩短恢复时间，降低感染风险。

实时反馈：机器人能够实时传输图像和数据给医生，帮助他们了解手术进展并作出及时决策。

3. 实践操作

材料与设计：考虑使用生物相容性的纳米材料制造机器人，确保其在人体内不会引起免疫反应。

功能集成：整合必要的治疗工具、传感器和通信模块，使机器人能够执行多种任务。

安全性评估：进行详细的生物相容性和安全性测试，确保机器人不会对人体产生不良影响。

此方案为大学生提供了一个探索如何结合纳米技术与医学手术，为未来的手术带来创新的机会。

8.4.10　基于自修复技术的智能手机屏幕保护膜

1. 方案描述

随着智能手机的广泛使用，屏幕保护膜成为大多数用户的必备配件。但传统的保护膜容易被划伤，经常需要更换。考虑引入自修复技术，设计一款当遭受轻微损伤时能够自我修复的智能手机屏幕保护膜。这种保护膜采用特殊的高分子材料，可以在一定温度或环境条件下自动修复，使其恢复到原始状态。

2. 创新亮点

延长使用寿命：相比常规的屏幕保护膜，自修复保护膜具有更长的使用寿命，减少了用户更换的次数和降低了成本。

节约资源：减少了生产和消耗的资源，有利于环境保护。

增强用户体验：无需频繁更换保护膜，为用户带来了更好的使用体验。

应用广泛性：该技术不仅可以用于智能手机，还可以扩展到其他电子产品的屏幕保护上。

3. 实践操作

材料选择：研究并选择适用于屏幕保护的自修复高分子材料，确保其在常温下能够实现良好的自修复效果。

产品测试：对保护膜的自修复能力、透明度、触感等关键性能进行测试，确保产品的实用性和稳定性。

用户反馈：在市场上进行小规模的测试，收集用户反馈，根据实际使用情况不断优化产品设计。

此方案为大学生提供了一个研究如何将高新材料技术应用于日常消费品中，创造更具持久性和实用性的产品的机会。

第9章 智能机械自动化与机器人技术

9.1 机器人感知技术：传感器与数据融合

机器人的感知技术是使机器人能够与外界环境互动、判断和决策的关键组成部分。这需要各种类型的传感器以及数据融合技术，来确保机器人可以准确、高效地获取并处理信息。

9.1.1 传感器类型及其应用

1. 视觉传感器

描述：视觉传感器能够捕捉环境中的图像信息，如颜色、形状和运动。通过图像处理技术，它可以用于识别物体、导航和环境感知。

应用：物体检测、路径规划、障碍物避让等。

2. 力/触觉传感器

描述：这类传感器可以检测到机器人与外界环境之间的物理交互，如接触、压力和挤压。

应用：用于机械臂抓取物体、感知接触情况、调整抓取力度等。

3. 超声波传感器

描述：通过发送和接收超声波，该传感器可以检测物体的距离和位置。

应用：障碍物检测、测距和空间定位。

4. 红外传感器

描述：红外传感器能够检测到环境中的热源和物体的温度。

应用：人体侦测、火源检测、温度监控等。

5. 陀螺仪和加速度计

描述：这些传感器可以感知机器人的运动状态和方向。

应用：平衡控制、导航和方向感知。

通过这些传感器的组合和数据融合技术，机器人可以更好地理解和适应其所处的环境，从而更有效地完成各种任务。

9.1.2 数据融合原理

数据融合是一个通过整合来自多个传感器的信息以得到一个更准确、更完整的对环境的认知的过程。这种融合可以增加系统的可靠性，降低单一传感器失效带来的风险，并提供更全面的环境感知能力。

1. 融合层级

数据层融合：直接在原始数据层进行融合，如将来自不同传感器的原始数据直接结合。

特征层融合：在特征提取后进行融合，如将来自各个传感器提取的特征进行结合。

决策层融合：在各个传感器完成其独立决策后，对这些决策结果进行整合。

2. 融合技术

卡尔曼滤波：一种递归的数据融合算法，广泛用于导航和定位。

贝叶斯估计：通过考虑先验知识和新的观测数据来更新对某个变量的估计。

神经网络：可以用于非线性的数据融合，通过学习来优化数据整合。

3. 融合策略

互补策略：各个传感器监测到的信息不重叠，例如，一个传感器提供温度信息，另一个提供湿度信息。

冗余策略：当多个传感器提供相同或类似的信息时，融合可以提高准确性和可靠性。

协同策略：多个传感器可以协同工作以提供某种不能单独得到的信息。

4. 融合的挑战

时间同步：确保所有传感器提供的数据是同时的或同步的。

空间校准：当传感器位于不同位置时，需要考虑它们的相对位置和方向。

不同的数据格式与精度：需要对不同的数据格式和精度进行预处理，以便进行有效的融合。

5. 应用示例：自动驾驶汽车中的数据融合

车辆可能配备有雷达、激光雷达、摄像头和超声波传感器等多种传感器。

通过数据融合技术，可以综合这些传感器提供的信息，生成一个更全面、更准确的环境感知模型，从而指导汽车的导航和决策。

通过有效地整合来自多个传感器的数据，数据融合技术为机器人提供了更高级、更全面的环境感知能力，使其能够更好地适应复杂的实际环境。

9.1.3　SLAM 技术

SLAM（Simultaneous Localization and Mapping，即时定位与地图构建）是机器人和自动驾驶系统中的核心技术之一，它允许一个移动的设备在未知环境中，通过使用传感器数据，同时进行自我定位和构建周围环境的地图。

1. SLAM 的基本原理

机器人在环境中移动时，使用其传感器（如激光雷达、摄像头等）收集数据。

基于此数据，SLAM 算法估计机器人的运动路径（轨迹）并创建一个地图，这两个过程是同时进行的。

关键组件：

定位（Localization）：确定机器人在地图上的位置和方向。

地图构建（Mapping）：使用传感器数据来创建环境的一个代表性模型或地图。

常用的传感器：

激光雷达（LiDAR）：通过发送激光脉冲并根据反射回来的时间来测量距离。

摄像头（Visual）：使用图像数据进行视觉 SLAM（V-SLAM）。

惯性测量单元（Inertial Measurement Unit，IMU）：提供关于机器人速度和方向的数据。

2. 关键算法与技术

卡尔曼滤波器与扩展卡尔曼滤波器：用于状态估计和传感器融合。

粒子滤波器：另一种用于状态估计的方法，特别适用于非线性、非高斯问题。

图优化：当机器人多次遍历同一区域时，通过优化整个路径和地图的一致性来纠正累积的误差。

回环检测：当机器人识别出它返回到了之前访问过的位置时，用于纠正地图和路径上的误差。

3．应用领域

家用和工业机器人：用于室内导航和任务执行。

无人驾驶车辆：用于环境感知和路径规划。

增强现实（AR）与虚拟现实（VR）：用于跟踪用户的位置和方向。

4．挑战与前景

动态环境中的 SLAM：如何处理动态对象（例如，行走的人或移动的车辆）仍然是一个挑战。

大规模和长时间的 SLAM：随着探索的区域变大和时间变长，如何有效地管理和更新地图成为关键。

语义 SLAM：不仅构建地图的几何结构，还识别并标记环境中的对象，提供更多的上下文信息。

SLAM 技术，作为机器人和自动驾驶系统中的核心技术之一，不断地获得发展和完善，它对于实现真正的自主机器人和无人驾驶系统起到了关键作用。

9.2　智能控制系统：学习、适应与决策

9.2.1　机器学习与机器人

机器学习是一种让计算机通过数据进行学习和预测的方法，而不是靠预先设定的规则。在机器人技术方面，这表示通过机器学习，机器人可以自我改进其性能、适应新环境并完成更复杂的任务。

1．监督学习与机器人

描述：在监督学习中，模型通过标记的数据集进行训练，数据集包括输入和对应的期望输出。

应用：用于机器人的目标识别、路径规划等任务。

2．无监督学习与机器人

描述：无监督学习是在没有标签的数据上训练模型，让模型自己找出数据中的结构或模式。

应用：用于机器人的聚类、降维和特征学习等。

3．强化学习与机器人

描述：在强化学习中，机器人通过与环境的交互和从中获得的奖励或惩罚来学习如何采取行动。

应用：用于机器人的自主导航、操作任务以及多机器人合作。

4．深度学习与机器人

描述：深度学习是一种使用深度神经网络进行学习的方法，特别适合处理大量的数据，如图像和声音。

应用：用于机器人的视觉识别、语音交互和复杂决策制定。

5．机器人的在线学习

描述：在线学习是指在任务执行过程中进行学习，而不是在离线环境中。

应用：用于机器人实时适应新环境、优化任务策略和持续改进。

6．挑战与未来发展

安全性：在机器人学习过程中，如何确保其行为始终安全。

数据问题：如何确保机器人训练的数据是全面和无偏见的。

通用性与适应性：如何确保机器人既能在多种任务和环境中表现良好，又能快速适应新的任务。

随着计算能力的提高和算法的进步，机器学习在机器人技术中的应用将更加广泛。这为机器人的自主性、灵活性和适应性开辟了新的可能性。

9.2.2　自适应控制

自适应控制是控制理论中的一个分支，专门研究如何在不确定和变化的环境中调整控制器的参数，以确保系统的性能。对于机器人技术，自适应控制是关键，因为它需要在多种不确定和动态的环境中工作。

1. 基本原理

自适应控制可以在系统的操作过程中自动调整控制参数，以解决模型不确定性、外部扰动或系统参数变化带来的问题。

2. 模型参考自适应控制

描述：这是一种自适应方法，其中一个参考模型定义了期望的系统行为。控制器的目标是使实际系统的行为接近或跟踪参考模型。

应用：用于实现具有未知动态特性的系统的稳定控制。

3. 自适应模糊逻辑控制

描述：这种方法结合了模糊逻辑和自适应控制，允许系统在没有精确数学模型的情况下进行操作。

应用：用于非线性系统控制和复杂环境中的机器人导航。

4. 神经网络自适应控制

描述：使用神经网络来近似系统的动态行为，并实时调整权重以适应环境变化。

应用：用于处理复杂、非线性和不确定的系统，如机器人手臂控制。

5. 挑战与解决方案

稳定性问题：自适应控制必须确保在调整参数时始终保持系统的稳定性。

速度与准确性的权衡：过快的自适应可能导致系统不稳定，而过慢的自适应可能无法及时应对环境变化。

学习与遗忘：在持续变化的环境中，机器人可能需要忘记旧的信息并学习新的信息，以保持其性能。

6. 未来发展

集成多种自适应策略：结合不同的自适应策略以实现更高的鲁棒性和性能。

与机器学习相结合：利用机器学习算法进一步优化自适应控制策略。

在智能机器人和自动化系统的发展中，自适应控制将继续发挥关键作用，使机器人能够在多种条件下可靠、安全和高效地工作。

9.2.3　决策算法

决策是智能机器人的核心部分，使机器人能够在复杂的环境中独立做出决策。决策算法不仅帮助机器人选择最佳的行动方案，还使它们能够进行任务规划和优化，确保成功完成指定任务。

1. 基本原理

决策算法分析当前的环境信息、系统状态和目标，然后确定最佳的行动或操作序列来达到预定的目标。

2. 决策树和决策图

描述：这些是图形化工具，用于描述决策和可能的结果，通常用于简单的决策问题。

应用：在不确定性较小的场景中，为机器人提供快速的决策路径。

3. 马尔可夫决策过程

描述：马尔可夫决策过程（Markov Decision Process，MDP）是一个数学框架，用于描述决策者在不确定性环境中的决策问题。

应用：在有噪声的感测和行动中进行最优策略生成，如导航任务。

4. POMDPs（部分可观察的马尔可夫决策过程）

描述：当机器人不能完全观察到环境状态时，POMDPs 提供了一个决策框架。

应用：在机器人视觉或传感器受限的情况下进行决策。

5. 动态规划与路径规划

描述：动态规划是一种优化策略，用于解决决策问题，而路径规划算法帮助机器人在环境中找到最优路径。

应用：避免障碍物、寻找最短路线或最佳路径来执行任务。

6. 博弈论

描述：当机器人与其他智能体互动时，博弈论提供了一个决策框架。

应用：机器人协作、机器人与人的互动和竞争场景。

7. 挑战与解决方案

计算复杂性：随着决策空间的增大，计算需求可能会急剧增加。

实时决策：在时间受限的情况下做出快速和有效的决策。

未知环境：在未知或动态环境中做出决策仍然是一个挑战。

8. 未来发展

深度强化学习：利用深度强化学习技术来优化决策策略。

多智能体系统：开发算法使多个机器人能够协同做出决策。

决策算法是机器人技术中不可或缺的部分，确保机器人能够在各种场景中独立、有效地操作。随着研究的深入和技术的进步，机器人的决策能力将越来越接近甚至超越人类的决策能力。

9.3　人机协同与协作机器人

9.3.1　人机协同的基本原理

人机协同指的是人类与机器人在同一个工作环境中进行合作，以完成特定的任务。与传统的机器人自动化不同，这里的机器人设计得更为灵活，以适应与人类的互动，而不是仅仅替代人类的工作。

1. 核心理念

补充而非替代：人机协同不是为了完全替代人类，而是与人类一起工作，使得工作效率和准确性都能得到提升。

2. 安全性是首要关键

物理安全：机器人的设计考虑了避免与人类的碰撞，如使用软性材料、装备有碰撞传感器等。

软件安全：机器人的决策算法被编程为在有人类存在时采取保守的策略，以避免可能的伤害。

3. 沟通与互动

互动界面：人类与机器人之间的沟通可以通过触摸屏、语音命令、手势等方式进行。

反馈系统：机器人可以通过声音、灯光或屏幕给出反馈，告知人类其当前的状态或任务进度。

4. 任务分配与协作

任务分配：确定哪些任务由人类完成，哪些任务由机器人完成，确保各自的优势得到充分利用。

实时协作：机器人可以根据人类的行为实时调整自己的动作，如递给人类工具或移动到合适的位置。

5. 学习与适应性

机器学习：机器人可以通过观察人类的行为来学习如何更好地与人类协同工作。

人机适应：随着时间的推移，人类也会逐渐习惯与机器人的合作模式，形成一种默契。

6. 挑战与发展方向

认知理解：尽管机器人可以学习和适应，但理解人类的复杂情感和非言语沟通仍然是一个挑战。

标准与法规：随着人机协同的普及，需要更明确的法规和标准来确保人类的安全和权益。

7. 未来趋势

更高级的互动：未来的机器人将能够更好地理解人类的需求，甚至能够预测人类的动作或需求。

广泛应用：人机协同将不仅仅局限于工厂或实验室，而是进入到日常生活和公共空间中。

人机协同为各个行业带来了新的工作模式和机会，但也需要不断地研究和创新来确保人类与机器人的和谐共存。

9.3.2　协作机器人技术

协作机器人（Coccaborative Robots，Cobots）为现代工业和其他领域提供了新的机会，允许机器人与人类密切合作，共同完成任务。与传统工业机器人不同，协作机器人强调的是与人类的安全互动。

1. 定义与特点

安全与互动：协作机器人在被设计时首先考虑与人类的安全互动，通常配备传感器和安全系统，以减少碰撞的可能性。

灵活性：协作机器人可以快速地从一个任务切换到另一个任务，无需复杂的重新编程或工具更换。

2. 应用领域

生产线：在生产线上，协作机器人可以与工人一起工作，执行如装配、搬运或质检等任务。

医疗：在手术室中，协作机器人可以帮助医生进行精细的手术操作。

教育：用作教育工具，让学生学习机器人技术和编程。

3. 多机器人协同操作

集群机器人：多个小型机器人协同工作，共同完成某一任务，例如搜索和救援、农业或数据收集。

协同任务分配：算法确保任务在机器人之间正确、高效地分配。

4. 通信与协同

实时通信：机器人之间需要持续地交换信息，以保持协同。

分布式决策：每个机器人都能独立做出决策，但这些决策需要与团队的整体目标一致。

5．挑战与前景

复杂环境中的协同：在不可预知或变化的环境中确保多机器人的高效协同仍然是一个挑战。

标准化与互操作性：为确保不同制造商的机器人能够协同工作，需要统一的标准和协议。

6．未来趋势

更高的自主性：随着技术的进步，协作机器人将能够在更少的人为干预下完成更复杂的任务。

广泛的跨行业应用：随着协作机器人变得更加普及和经济，它们将在更多的行业中得到应用。

协作机器人技术正在开创机器人应用的新篇章，它们不仅提高了生产效率，还为人机合作开辟了新的可能性。

9.3.3　设计与应用

人机协同系统在多个领域得到广泛应用，从工业自动化到医疗和家庭助理。设计一个适用于实际应用环境的人机协同系统需要多方面的考虑。

1．需求分析

任务定义：明确系统的主要任务和目标。例如，它是否需要执行简单的搬运任务，还是需要执行更复杂的组装或分析任务。

用户互动：确定用户如何与机器人互动。这包括用户的输入方式、机器人的响应方式，以及用户和机器人如何共同完成任务。

2．安全设计

物理安全：确保机器人的设计对人类是安全的，如使用软材料或安装紧急停机按钮。

软件安全：通过软件限制和传感器反馈确保机器人在预定的操作范围内运行。

3．适应性与灵活性

模块化设计：使得机器人可以针对不同的任务或环境轻松更换部件或工具。

学习与适应：使用机器学习和自适应算法，使机器人能够从与人的互动中学习和优化自己的行为。

4．界面与交互设计

直观的用户界面：设计用户友好的界面，使非技术用户也能轻松使用。

反馈机制：机器人应提供清晰的反馈，让用户知道它的状态和意图。

5．集成与兼容性

系统集成：确保机器人能够与现有的系统和工具无缝集成。

兼容性：设计机器人以支持常见的标准和协议，使其能够与其他设备协同工作。

6．测试与验证

原型测试：在设计初期进行原型测试，以收集反馈并进行迭代改进。

现场测试：在实际的应用环境中测试机器人，确保其在真实条件下的稳定性和效率。

7．长期维护与升级

远程监控与维护：设计机器人系统以支持远程监控和故障诊断。

模块化升级：确保系统的部分或全部可以被轻松升级或替换。

在设计人机协同系统时，最重要的是始终以用户为中心，确保系统不仅技术先进，而且易于使用和适应各种实际应用环境。

9.4 大学生创新应用实践方案

9.4.1 个性化教育机器人设计

为了满足教育行业越来越多的个性化需求，这里提出了一种基于传感技术和智能控制技术的个性化教育机器人设计方案。

1. 建议方案描述

利用先进的传感技术，如摄像头、麦克风和触摸传感器，机器人能够实时感知学生的反应和需求。智能控制技术则使其能够根据每个学生的学习进度和兴趣调整教学策略。机器人内部存储有丰富的学科知识和教学资源，可以针对学生的实际情况提供个性化的教学内容和方法。

2. 创新亮点建议

实时调整教学策略：不同于传统的固定教学方法，机器人可以实时感知学生的学习状态，并相应地调整教学策略。

交互式学习体验：学生可以与机器人进行实时互动，提出疑问，得到即时反馈，提高学习的积极性和效果。

教育资源整合：机器人可以连接互联网，随时更新和整合最新的教育资源，为学生提供最新、最全面的学习内容。

3. 实践操作建议

原型设计：首先设计一个机器人原型，选择合适的硬件和软件平台。考虑其大小、形状和移动方式，以满足不同学生的需求。

软件开发：开发个性化的教学软件，包括知识库、教学策略算法和学生数据分析模块。

实地测试：在真实的教育环境中测试机器人的效果，如学校、培训机构或家庭。收集学生、教师和家长的反馈，不断优化和完善机器人的功能和性能。

持续更新：随着教育技术的发展和学生需求的变化，定期更新机器人的硬件和软件，确保其始终处于最佳状态。

通过这种个性化教育机器人设计方案，大学生可以获得更为有效和个性化的学习体验，为他们的未来职业生涯打下坚实的基础。

9.4.2 家庭助手机器人

面对现代社会快节奏的生活和日益增加的家庭琐事，家庭助手机器人应运而生，成为家庭的得力助手。

1. 建议方案描述

家庭助手机器人是一款集成了高度传感技术和人工智能的机器人。它可以对家庭环境进行实时感知，并与家庭成员进行简单的语言或手势交互，从而完成如打扫、煮食、浇花等基本家务。该机器人具备移动功能，可以轻松穿梭于家中各个角落。更为重要的是，它具有学习功能，能够根据家庭成员的习惯和喜好，不断优化其服务方式。

2. 创新亮点建议

高度人性化交互：通过语音识别和图像处理技术，机器人能够理解并响应家庭成员的命令，如"机器人，帮我打扫客厅"或"机器人，帮我做一杯咖啡"。

自适应学习：利用机器学习技术，机器人能够分析家庭成员的日常习惯，如吃饭时间、喜欢的电视节目等，并据此提供个性化的服务。

多功能集成：除了基本的家务功能，机器人还可以集成如安全监控、健康检测、儿童教育等多种功能，真正实现全方位的家庭服务。

3. 实践操作建议

硬件选型：选择适用于家庭环境的轻便、低噪声、高效能的硬件组件，如高清摄像头、多方位麦克风、强劲电机等。

软件开发：基于现有的开源人工智能和机器人操作系统（如 ROS），开发家庭助手机器人的控制和交互软件。

实地测试：邀请家庭成员进行实际测试，收集他们的反馈和建议，并根据实际需求进行调整和优化。

产品迭代：随着技术的进步和用户需求的变化，定期对产品进行更新和升级，确保其始终满足家庭成员的需求。

通过家庭助手机器人，家庭成员可以更为轻松地完成日常家务，享受高质量的家庭生活。

9.4.3　智能导盲机器人

在日常生活中，视障人群面临着许多行走的困难和挑战。传统的导盲犬虽然得到了广泛的应用，但仍然存在训练时间长、维护成本高等问题。因此，智能导盲机器人作为一种现代化的解决方案应运而生，为视障人群提供更为便利和安全的出行体验。

1. 建议方案描述

智能导盲机器人是一款专门为视障人群设计的高度集成化设备。它配备了多种传感器，如摄像头、红外传感器、超声波雷达等，能够实时监测周围环境，识别障碍物、行人、车辆等。机器人通过深度学习技术，能够理解和判断各种复杂场景，并为用户提供最安全、最便捷的行走路线。此外，机器人还具有与用户语音交互的功能，可以响应用户的指令，并为其提供实时的导航信息。

2. 创新亮点建议

深度学习技术：利用深度学习模型，如卷积神经网络（Convolutional Neural Networks，CNN），机器人可以实时处理和分析摄像头捕捉到的图像，从而准确判断前方的障碍物和路况。

多传感器数据融合：通过多种传感器的数据融合，机器人可以更为准确地感知周围环境，提高导盲的精确性。

人机交互设计：机器人具有语音识别和反馈功能，可以与用户进行简单的对话，提供即时的导航和提醒信息。

3. 实践操作建议

模型训练：利用大量的真实场景数据，对深度学习模型进行训练，确保机器人在各种复杂环境中都能正常工作。

硬件调试：选择适合的传感器和执行器，确保机器人的行动灵活、稳定，并具有足够的续航能力。

场景测试：在真实的道路和室内环境中，对机器人进行测试，验证其导盲能力和安全性。

用户反馈：邀请视障人群参与测试，收集他们的使用体验和意见，根据实际需求进行调整和优化。

智能导盲机器人为视障人群提供了一种新的导盲方式，让他们在出行时更为自信和安全。

9.4.4　无人工地监测机器人

建筑工地是充满各种复杂元素的环境，从机械设备、建材堆放到工人活动，任何一个环节出现问题都可能导致安全事故。传统的安全监测方式往往依赖于人力，而人的观察和判断可能受到许多因素的影响。因此，无人工地监测机器人应运而生，其目标是提供一个更为高效、准确的工地安全检测方法。

1. 建议方案描述

无人工地监测机器人是一款专为建筑工地安全监测设计的机器人。它配备了高清摄像头、红外传感器、超声波雷达等先进传感器，能够 24 小时不间断地对工地进行巡逻监测。通过深度学习技术，机器人能够识别工地上的各种安全隐患，如堆放不稳的建材、机械设备的异常工作状态、未按规定穿戴安全装备的工人等，并及时发出警报。

2. 创新亮点建议

实时视频流分析：利用深度学习模型，机器人可以实时分析摄像头捕捉到的视频流，识别出工地上的安全隐患。

多传感器数据融合：结合红外传感器和超声波雷达的数据，机器人可以在各种环境下，如雨天、夜晚、浓雾等环境下正常工作。

自主导航系统：通过建立工地的三维地图，机器人可以自主规划路线，避开障碍物进行巡逻。

3. 实践操作建议

数据收集与模型训练：在不同的工地环境下收集大量数据，用于训练深度学习模型，确保机器人能够识别各种安全隐患。

硬件选择与调试：选择适合工地环境的传感器和执行器，保证机器人的行动稳定、快速。

场地测试：在实际的建筑工地上进行测试，验证机器人的监测效果和稳定性。

持续优化：根据测试结果和工人反馈，不断优化机器人的功能和性能，以满足更高的安全监测要求。

无人工地监测机器人为建筑工地提供了一种现代化的安全检测方式，大大提高了工地的安全性和工作效率。

9.4.5　智能植物养护机器人

随着都市化的进程，越来越多的城市居民选择在家中种植绿植，以增加生活中的绿色元素。然而，由于工作和生活的忙碌，很多人无法经常关注和维护这些植物。智能植物养护机器人应运而生，它能自主判断植物的种类和养护需求，为繁忙的现代人提供一键式的植物养护解决方案。

1. 建议方案描述

智能植物养护机器人是一个移动式的小型机器人，其核心功能是通过视觉识别技术识别家中的植物种类，然后根据预设的农业知识库为植物提供相应的养护。机器人配备了水箱、施肥装置和修剪工具，能够根据植物的养护需求进行浇水、施肥或修剪。用户只需要简单设置一次，机器人就可以定期进行养护工作，确保植物的健康成长。

2. 创新亮点建议

深度学习视觉识别：机器人能通过深度学习技术识别多种家居常见植物，自动调整养护策略。

环境感知技术：配备湿度、温度和光照传感器，使机器人能根据环境调整浇水和施肥的量。

远程操控与监控：通过 App 或其他移动设备，用户可以远程查看植物的状态和调整机器人的工作模式。

自主学习与推荐：机器人可以根据植物的生长状态和用户的习惯，推荐更适合的养护策略。

3. 实践操作建议

数据采集与模型训练：采集各种常见植物的图像数据，并用于训练深度学习的视觉识别模型。

　　传感器调试与优化：确保机器人的传感器可以准确地感知环境条件，如湿度、温度和光照。

　　用户测试与反馈：在真实的家庭环境中进行测试，根据用户的反馈优化机器人的功能和性能。

　　知识库更新与拓展：随着时间的推移，持续更新和拓展农业知识库，确保机器人可以识别更多的植物种类并提供正确的养护建议。

　　智能植物养护机器人是现代科技与绿色生活的完美结合，它不仅为人们提供了便捷的植物养护服务，还增强了人们与植物之间的连接，使生活更加绿色、健康和美好。

9.4.6　自动化医疗辅助机器人

　　医疗行业的发展需要在提高治疗效果和降低患者风险之间找到平衡。随着技术的进步，机器人技术在医疗领域的应用逐渐得到关注。自动化医疗辅助机器人通过结合高端技术与医学专业知识，为医生提供了一种新的手术和护理方式，使得许多复杂的医疗程序变得更为简单、安全和准确。

　　1. 建议方案描述

　　自动化医疗辅助机器人是一款专为医疗场景设计的机器人。在外科手术中，医生可以通过遥控机器人进行精细、高精度的操作，从而降低患者的术中风险和提高手术成功率。除此之外，机器人还能为患者提供日常护理，如给予药物、测量生命体征、协助康复训练等，大大降低医务人员的工作强度。

　　2. 创新亮点建议

　　实时反馈系统：机器人在手术中能够实时反馈手术区域的详细情况，帮助医生做出更准确的决策。

　　灵活的机械臂设计：多关节的机械臂设计使机器人能够进行多角度、多方向的操作，大大增加手术的灵活性。

　　深度学习支持：机器人可以通过深度学习技术自主学习和判断，从而更好地辅助医生进行手术或护理。

　　无线远程控制：医生可以在远离手术区域的位置，通过无线遥控技术操作机器人，确保医生自身的安全。

　　3. 实践操作建议

　　临床测试：在初步设计完成后，与医院合作进行真实的临床测试，确保机器人的操作安全、准确。

　　多学科合作：与医学、机械、计算机等多个学科的专家进行交流和合作，获取更多的反馈和建议。

　　持续更新：根据医疗行业的发展和技术的进步，持续更新机器人的功能和性能，确保其始终处于行业前沿。

　　培训与教育：对医务人员进行专门的机器人操作培训，确保他们能够熟练地使用机器人进行手术或护理。

　　自动化医疗辅助机器人不仅能够提高医疗效果，还能为医生和患者提供更安全、更舒适的医疗环境，是医疗行业未来发展的重要方向。

9.4.7　无人超市货架整理机器人

　　随着技术的发展，无人超市逐渐变多。然而，货架管理仍然是一个时间和人力消耗的大问题。传统的货架整理需要人工进行，不仅效率低下，而且容易出错。无人超市货架整理机器人的出现，为超市提供了一种高效、准确的货架管理解决方案。

1. 建议方案描述

无人超市货架整理机器人是一款专为超市货架管理设计的机器人。它能够自主移动到超市的任何位置，通过图像识别技术快速识别货架上的商品情况，并使用精确的机械手对货架上的商品进行整理和补货。此外，机器人还可以实时检测货架上商品的存货情况，并向后台系统发送补货请求。

2. 创新亮点建议

智能图像识别：机器人使用先进的图像识别技术，能够识别各种商品的形态、大小和位置，确保整理的准确性。

灵活的机械手设计：机器人配备多关节的机械手，可以进行多角度、多方向的操作，满足各种货架整理需求。

实时库存管理：机器人能够实时检测货架上商品的存货情况，并与后台系统实时同步，提高库存管理的效率。

自主避障和路径规划：结合多种传感技术，机器人能够自主避开障碍物，并规划最优路径，提高工作效率。

3. 实践操作建议

多场景测试：在不同类型的超市和货架配置中进行测试，确保机器人在各种场景下都能高效工作。

持续更新：随着技术的进步和市场需求的变化，持续更新机器人的功能和性能，确保其始终满足超市的需求。

与超市系统集成：与超市的后台系统进行集成，实现商品信息的实时同步和库存的自动管理。

培训与教育：为超市员工提供机器人操作和维护的培训，确保机器人得到正确和高效的使用。

无人超市货架整理机器人不仅提高了超市的运营效率，还为顾客提供了更好的购物体验，是现代超市未来发展的重要方向。

9.4.8 智能垃圾分类与回收机器人

随着人们环境保护意识的逐渐增强，垃圾分类已经成为全球性的议题。但是，由于缺乏有效的垃圾分类教育和机制，大部分人仍然未能正确地进行垃圾分类。智能垃圾分类与回收机器人正是为了解决这一问题而设计的。

1. 建议方案描述

智能垃圾分类与回收机器人是一个配备有高精度摄像头和多功能机械臂的移动机器人。用户只需将垃圾放入机器人的投放口，机器人便可以通过物体识别技术自动识别垃圾的类型，并将其分类放入相应的垃圾桶中。对于那些正确分类的用户，机器人会提供一定的奖励，如积分、优惠券等，以激励更多的人参与到垃圾分类中来。

2. 创新亮点建议

高精度物体识别：利用深度学习算法，机器人可以准确识别各种不同的垃圾，包括塑料、纸张、玻璃等，并进行正确的分类。

用户交互界面：机器人配备有友好的用户界面，可以实时显示垃圾的分类结果，并为用户提供反馈。

社会激励机制：结合社会化的奖励系统，激励公众进行垃圾分类。例如，通过积累一定的积分，用户可以兑换商品或服务。

环境适应性：机器人能够在各种环境下工作，无论是户外的公园还是室内的商场，都能高效完成任务。

3. 实践操作建议

公众教育活动：组织公众教育活动，宣传垃圾分类的重要性，同时展示机器人的工作原理和优势。

数据收集与优化：持续收集机器人在实际操作中的数据，用于进一步优化深度学习算法，提高分类准确率。

合作与推广：与各大商场、学校和社区合作，推广机器人的使用，鼓励更多的人参与到垃圾分类中来。

持续更新技术：随着技术的发展，定期更新机器人的硬件和软件，确保其始终处于行业领先水平。

通过智能垃圾分类与回收机器人，我们不仅可以提高垃圾分类的准确率，还可以鼓励更多的人参与到垃圾分类中来，为建设更美好的环境做出贡献。

9.4.9　智能仓库管理机器人

随着电子商务和物流行业的飞速发展，高效率的仓库管理已经变得越来越重要。智能仓库管理机器人正是为了满足这一需求而诞生的，旨在提高仓库的作业效率和准确性。

1. 建议方案描述

智能仓库管理机器人是一个结构坚固、动作灵活的移动机器人，配备了先进的 RFID 扫描仪和精确的自主导航系统，机器人可以根据系统的指令在仓库中自由移动，对货物进行快速的搬运、上架和下架。用户只需要在仓库管理系统中输入相关的指令，机器人就可以自动完成相应的任务，大大提高了仓库的作业效率。

2. 创新亮点建议

RFID 技术集成：通过 RFID 技术，机器人可以快速识别货物的信息，如产地、过期日期等，并根据这些信息进行合理的货架分配。

自主导航系统：机器人配备了高精度的传感器和先进的算法，可以在仓库中自由导航，避开障碍物，并精确地到达目的地。

多任务并行处理：机器人可以同时执行多个任务，如同时搬运不同的货物、进行货物的盘点等，提高工作效率。

实时数据同步：机器人可以与仓库管理系统实时同步数据，确保货物的数量、位置等信息始终是最新的。

3. 实践操作建议

系统培训：对仓库管理人员进行系统的培训，确保他们能够熟练操作机器人和仓库管理系统。

持续维护与更新：定期对机器人进行维护，确保其正常工作，并随着技术的发展，定期更新软、硬件，确保机器人始终处于最佳状态。

安全措施：在仓库中设置安全区域，确保机器人和人员不会发生碰撞，确保作业安全。

反馈机制：建立反馈机制，收集机器人在实际操作中的数据和问题，以便进行后续的优化和调整。

智能仓库管理机器人将仓库管理引入了一个新的时代，通过先进的技术和智能化的管理，为企业提供了更高效、更准确的仓库解决方案。

9.4.10 交互式餐厅服务机器人

随着餐饮行业对自动化和智能化的需求日益增长，交互式餐厅服务机器人应运而生，为餐厅提供了高效、个性化的服务体验。

1. 建议方案描述

交互式餐厅服务机器人是一款专为餐饮环境设计的高度互动的机器人。它不仅可以自由地在餐厅内移动，还可以通过先进的视觉识别系统识别顾客、记住顾客的喜好，以及准确地接收和处理订单。当顾客入座后，机器人可以主动前往并使用自然语言处理技术与顾客进行交流，为顾客提供点餐建议、接受订单，并将餐食准确送达到顾客的桌前。

2. 创新亮点建议

视觉识别：机器人配备了高清摄像头和深度学习算法，可以识别并记住顾客的面孔，为回头客提供个性化的服务。

自然语言处理：通过自然语言处理技术，机器人可以理解并回应顾客的语言，提供流畅的交互体验。

自主导航：机器人配备了传感器和导航系统，能够在繁忙的餐厅环境中避开障碍物，安全地为顾客送餐。

个性化推荐：机器人可以根据顾客的历史订单和喜好，为顾客提供菜品建议。

3. 实践操作建议

定期更新菜单：确保机器人的数据库中的菜单信息始终是最新的。

培训服务人员：对餐厅服务人员进行培训，确保他们知道如何与机器人合作，以及在需要时提供手动干预。

维护与升级：定期对机器人进行维护和升级，确保其性能始终处于最佳状态。

客户反馈收集：建立一个反馈机制，收集顾客对机器人服务的意见和建议，不断优化服务体验。

交互式餐厅服务机器人不仅提高了餐厅的服务效率，还为顾客提供了全新的用餐体验，是餐饮行业未来发展的重要趋势。

第10章　仿生学在智能机械设计中的应用

10.1　自然界中的智能机制及其在机械设计中的启示

在自然界中,生物为了适应环境和生存,经过长期的演化,形成了一系列精妙的智能机制。这些机制为现代机械设计提供了丰富的启示。

10.1.1　动物的运动与定位机制

动物们为了捕食、防御和繁衍后代,在复杂的环境中,不断地优化其移动和定位方式。以下是两个例子及它们为机械设计带来的启示:

1. 鱼类的流线型身体

启示:鱼类的身体形态经过长时间的自然选择,形成了流线型的外观,这种外观可以有效地减少流体阻力,使鱼类能够在水中快速、灵活地移动。

在机械设计中的应用:对于需要在流体中移动的机械,如水下机器人或飞机,借鉴鱼类的流线型设计,可以提高其在流体中的运动效率,降低能耗。

2. 蝙蝠的回声定位

启示:蝙蝠在夜间或黑暗环境中,会发出高频的声波,然后依据反射回来的声波来判断物体的位置和距离。

在机械设计中的应用:超声波传感技术已广泛应用于各种传感器和设备中,如停车辅助系统、无人机障碍物检测等。这种技术可以使机器在各种环境下都能准确地定位和导航。

这些自然界中的现象为现代机械设计提供了宝贵的灵感和方向。通过深入研究这些机制,并将其应用于实际问题,我们可以设计出更为先进、高效和智能的机器。

10.1.2　动植物的自适应与响应机制

动植物为了适应外部环境和自我保护,进化出了一系列与环境互动的自适应与响应机制。以下是两个明显的例子,以及它们为机械设计带来的启示:

1. 纳米级的莲叶自洁效应

启示:莲叶表面的纳米结构使其具有超疏水性质,使得水滴在其上滚动时能带走黏附的杂质,实现自我清洁的效果。

在机械设计中的应用:超疏水材料的设计启示可以应用于各种设备和构建物的外部涂层,如飞机、汽车、太阳能板等,以实现自我清洁和防污效果,降低维护成本和提高效率。

2. 触角的快速反应

启示:许多昆虫的触角具有高度的灵敏度,能够迅速地对外部刺激做出反应,如察觉风向、温度和化学物质等,为其提供重要的环境信息。

在机械设计中的应用：模仿触角的高度灵敏和快速反应性质，可以设计出高灵敏度的传感器，用于工业、医疗和环境监测等场合，以实现对微小变化的快速检测和响应。

自然界的这些自适应与响应机制为机械设计带来了深刻的启示，指引我们走向更高效、智能和持久的设计方向。通过对这些机制的研究和模仿，我们有可能在机械和材料设计中实现前所未有的功能和性能。

10.1.3　生物的能量转化与利用机制

自然界的生物体为了生存和繁衍后代，演变出了一系列高效的能量转化与利用机制。以下是两个具体的例子及它们对机械设计的启示：

1. 萤火虫的光生产机制

启示：萤火虫能够通过化学反应，将化学能量高效转换为可见光，而这一过程的能量损失极小，因此萤火虫发出的光几乎没有热量产生。

在机械设计中的应用：此机制为我们提供了设计高效、低能耗和低热产出的光源的启示，这在某些需要避免热量产生的应用中尤为重要，如医疗仪器、低能耗显示技术或特定环境下的照明系统。

2. 植物的光合作用

启示：植物通过光合作用，可以将太阳光的能量转化为化学能量，并储存在其体内，为其提供所需的能量和营养。这一过程在能量转换的效率上非常高。

在机械设计中的应用：模仿植物的光合作用，科学家们正在研究如何更高效地利用太阳能。光合作用的原理可以启示我们如何设计更加高效的太阳能电池板、生物能源转换系统和其他可再生能源技术。

这些生物的能量转化与利用机制为我们提供了珍贵的启示，帮助我们在能源转换和利用上寻找更为高效、可持续的方法。通过模仿和应用这些自然界的机制，我们可以在现代技术和机械设计中实现更好的能量利用效率。

10.2　仿生机械设计的原理与方法

仿生学是研究生物结构和功能的学科，同时也探讨如何将这些知识应用到人造系统和技术中。当我们谈论仿生机械设计时，意味着我们在设计过程中从生物中获得启示，以解决工程上的问题。以下是关于仿生机械设计的原理与方法的详细描述。

10.2.1　观察与分析自然界的结构

1. 微观结构的扫描电子显微镜分析

描述：扫描电子显微镜（Scanning Electron Microscope，SEM）提供了对生物体微观结构的高分辨率视图，使得科学家可以深入研究生物体的微观表面和结构。

在机械设计中的应用：通过对生物体微观结构的 SEM 分析，设计师可以理解其功能性如何与其结构相关联。例如，莲叶表面的超疏水性结构或昆虫翅膀的微纹理都可以为新材料或表面涂层的设计提供启示。

2. 功能与形态的相关性研究

描述：在自然界中，生物的形态往往与其功能紧密相关。这种形态与功能之间的关系是经过长时间演化的结果，使生物能够在其所处的环境中最大限度地提高生存机会。

在机械设计中的应用：研究生物形态与功能的关系，可以为机器或器件的设计提供指导。例如，鲸鱼的鳍端的凸起结构为其提供了优越的流动性和操控性，这种设计被用于提高风力涡轮机叶片的效率。

观察和分析自然界中生物的结构和功能为机械设计师提供了丰富的启示。通过模仿这些生物特性，我们可以设计出更高效、更持久和更适应其工作环境的机器和系统。

10.2.2 从生物功能转化为机械设计

仿生学不仅是对生物形态的模仿，更重要的是理解生物的功能，并将这些功能转化为机械设计的创新。下面将详细描述如何将生物的功能转化为实际的机械设计：

1. 功能参数化：如何量化生物功能

描述：为了在机械设计中实现生物的功能，首先需要将这些功能参数化。这涉及将生物的复杂功能简化为可衡量的参数，这些参数可以直接在设计过程中使用。

在机械设计中的应用：例如，鸟类的翅膀在飞行中的摆动频率、角度和振幅可以参数化，从而为无人机或其他飞行器的翅膀设计提供指导。通过准确量化这些参数，设计师可以确保模仿的功能与原始生物功能尽可能接近。

2. 生物机械的模拟与仿真

描述：在将生物功能转化为机械设计之前，经常需要使用计算机仿真和模拟工具对其进行测试。这些工具可以模拟生物在其自然环境中的行为，并预测仿生设计在实际应用中的性能。

在机械设计中的应用：例如，通过模拟蜘蛛丝的弹性和强度，可以为高性能纤维的设计提供指导。这种仿真不仅可以验证设计的可行性，还可以在实际制造之前对其进行优化。

为了成功地将生物功能转化为机械设计，关键在于深入理解生物如何在其环境中工作，并将这些知识与现代工程原理结合起来。只有这样，机械设计才能真正实现其潜在的革命性改进，并为未来的技术发展提供新的方向。

10.2.3 评估与优化仿生设计

在将自然界的设计应用于机械领域后，评估和优化这些设计至关重要。这不仅可以确保设计达到预期的效果，还可以进一步改进和完善其性能。

1. 对比自然界与机械设计的性能差异

描述：虽然自然界的解决方案在生物体中非常有效，但当这些解决方案被应用于机械设计时，可能不会达到相同的效果。这需要对自然界和机械设计的性能进行比较，以识别任何的差异或缺陷。

在机械设计中的应用：例如，如果仿生飞机的翅膀设计不能产生与真实鸟类相同的飞行稳定性，那么就需要评估为什么会出现这种情况。这可能涉及对原始生物功能的重新分析，或者对机械设计的结构和材料进行进一步的研究。

2. 采用迭代方法对设计进行优化

描述：仿生设计通常需要多次迭代和调整才能达到理想的性能。每次迭代都应基于评估的结果，对设计进行优化，以更接近理想的性能。

在机械设计中的应用：继续上面的飞机例子，一旦确定了造成性能差异的原因，设计师就可以对飞机的翅膀结构进行调整，或者选择不同的材料进行测试。每次改进后，都需要重新评估飞机的飞行性能，直到达到理想的效果。

评估与优化是仿生设计中不可或缺的步骤。通过持续的迭代和改进，设计师可以确保他们的机械设计充分利用了自然界中的创新解决方案，从而获得最佳的性能和效益。

10.3 仿生机器人：水下、飞行、陆地等领域应用方案

仿生学为机器人技术带来了革命性的创新，使得机器人能够更好地适应各种环境，从水下到天空，再到陆地。

10.3.1 水下仿生机器人

1. 模仿鱼类的机器人

描述：通过模仿鱼类的身体结构和运动方式，机器人可以更有效地在水中移动。

应用：这种机器人可以用于深海勘探、水污染检测或渔业研究。

技术特点：流线型的身体可以减少在水中的阻力，而模仿鱼鳍的推进系统可以提供高效的移动方式。

2. 模仿章鱼的机器人

描述：章鱼是著名的多功能生物，它们的柔软身体和多功能触手使它们成为水下机器人设计的理想原型。

应用：柔性机械臂设计的机器人特别适合在复杂的水下环境中进行工作，如水下结构的检修、物体的抓取和搬运等。

技术特点：章鱼机器人使用柔性材料制成，可以模仿章鱼的抓取和移动方式，具有高度的机动性和适应性。

10.3.2 飞行仿生机器人

飞行机器人的设计往往从自然界中的鸟类和昆虫中寻找灵感。这些生物展示了如何在空中高效、稳定且灵活地飞行。

1. 模仿鸟类的机器人

描述：鸟类的飞行机理包括其翅膀的动态扑打、羽毛的排列和尾巴的方向控制，这些都为飞行机器人设计提供了重要的参考。

应用：这种机器人可以用于城市空中监测、野生动物追踪或空中摄影等。

技术特点：模仿鸟类的翅膀设计，可以实现更加灵活和自然的飞行方式。气流控制技术使得机器人在空中的稳定性得到增强。

2. 模仿昆虫的机器人

描述：昆虫，如蜜蜂和蜻蜓，尽管体积小，但它们展示了高效和灵活的飞行技巧。其轻量级的身体和快速的翅膀振动频率为微型飞行机器人设计提供了参考。

应用：由于其小型化的特点，这类机器人适用于在密闭或狭窄的空间进行探测，如建筑物内部、管道检测或农作物中的害虫控制。

技术特点：模仿昆虫的飞行机理，可以实现轻量化设计和高效的能量转换。此外，昆虫的快速反应和飞行稳定性也为飞行机器人的控制算法提供了启示。

10.3.3 陆地仿生机器人

陆地机器人通常需要在多种地形中灵活移动，包括平坦的道路、崎岖的山地和密集的森林。为了适应这些复杂的地形，科研人员常常从自然界的昆虫和哺乳动物中寻找设计灵感。

1. 模仿昆虫的六足机器人

描述：六足的昆虫，如蚂蚁，在复杂的地形上都能稳定行走。其六足的设计使它们在粗糙和不稳定的表面上也能保持稳定。

应用：适用于灾难救援、农业、野外勘查等领域，特别是在不规则和崎岖的地形中。

技术特点：多腿设计增加了稳定性和灵活性，使机器人能够适应多种地形。其高度的传感器集成使其能够实时感知环境并作出快速反应，避开障碍物。

2. 模仿哺乳动物的机器人

描述：哺乳动物，如猫和狗，有强大的平衡能力和卓越的运动协调性。它们的骨骼和关节特性使得这些动物在快速移动或跳跃时都能保持平衡。

应用：可以用于包裹分拣、快递配送、家庭娱乐、健康监测和辅助老人或残疾人等。

技术特点：模仿哺乳动物的灵活关节和平衡系统，这类机器人不仅可以在各种地形上高效移动，而且可以快速调整身体姿态来适应突然的外界变化或障碍。

10.4　大学生创新应用实践方案

10.4.1　仿生蜻蜓飞行机器人

1. 建议方案描述

蜻蜓以其独特的飞行方式而著称，它们能够在空中停滞、快速变向，甚至后退飞行。基于这一观察，提议大学生设计一款模仿蜻蜓飞行方式的飞行机器人。此机器人的主要应用是在小范围内进行侦察和数据收集，如环境监测、农业检测或者搜索与救援活动中的实时侦察。

2. 创新亮点建议

蜻蜓翅膀模拟设计：借鉴蜻蜓翅膀的结构，设计机器人的翅膀，这不仅使得飞行更加稳定，而且在转向或改变飞行方向时更加灵活。

节能飞行模式：通过模仿蜻蜓的飞行模式，机器人的能量消耗可以最小化，从而延长电池续航时间。

高度集成的传感器：装备高分辨率的摄像头和其他传感器，确保机器人可以在复杂环境中收集高质量的数据。

AI 辅助导航系统：结合深度学习算法，使机器人能够自主避障、识别目标并完成任务。

3. 实践操作建议

原型制作：建议学生使用 3D 打印技术来创建机器人的外壳和翅膀原型。

传感器集成：在机器人体内集成所需的传感器，如摄像头、温度传感器和湿度传感器等。

飞行控制系统开发：编写控制机器人飞行的程序，模拟蜻蜓的飞行模式，使其在飞行中更加稳定。

场地测试：在开阔场地进行飞行测试，观察机器人的飞行稳定性、避障能力及数据收集效果。

持续优化：根据测试结果，不断优化机器人的结构和程序，提高其在实际环境中的应用性能。

10.4.2　仿章鱼软体机械臂

1. 建议方案描述

章鱼以其无骨的触须而著称，这些触须可以在水下灵活移动，轻松通过各种狭窄的空间，并精确地抓取各种形状的物体。借鉴这一自然界的奇妙设计，提议设计一个软体机械臂。这种机械臂不依赖硬性的骨架或关节，而是使用软材料和智能控制系统，使其能在复杂的环境中灵活操作，如在狭窄的空间中工作或在水下执行任务。

2. 创新亮点建议

无骨软体结构：机械臂没有传统的硬骨架，这使其可以灵活地移动并通过狭窄的空间。

智能材料：使用特殊的软材料，如液态金属或形状记忆合金，使机械臂在受到电流或温度变化的刺激时形状发生变化。

高度集成的传感器：装备压力、温度和位置传感器，使机械臂可以精确感知周围的环境并做出响应。

自适应抓取系统：结合视觉传感器和 AI 算法，机械臂可以识别目标物体的形状和位置，并自适应地调整其抓取策略。

3. 实践操作建议

材料选择与测试：研究和测试各种软材料，确定最适合机械臂应用的材料。

设计与制造：使用 3D 打印或模具成型技术制造机械臂的各部分，并组装成完整的机械臂。

控制系统开发：编写控制软体机械臂的程序，使其能够响应传感器的信号并执行相应的动作。

功能测试：在实际环境中测试机械臂的灵活性、抓取能力和操作准确性。

持续优化：根据测试结果和用户反馈，不断优化机械臂的设计和程序，提高其性能和可靠性。

10.4.3　仿生蜘蛛机器人

1. 建议方案描述

蜘蛛以其八足行走方式和对各种地形的适应性而著称。这种行走方式使它们在复杂的地形上能够保持稳定和高效。仿生蜘蛛机器人采用八腿设计，模仿蜘蛛的步态和爬行技巧，旨在在崎岖、不规则或滑动的地面上提供最大的稳定性和机动性。

2. 创新亮点建议

多腿行走机械结构：通过模仿蜘蛛的行走方式，机器人可以在各种地形上稳定行走，从而适应多种环境。

自适应足部设计：足部装备有传感器，可以自动调整角度和力度以适应不同的地形。

协调行走算法：使用先进的算法确保八腿同步运动，从而达到流畅且稳定的行走效果。

灵活的关节设计：模仿蜘蛛关节的灵活性，机器人可以在狭窄或复杂的空间中行走。

高度集成的传感器：配备高精度的地形识别传感器和导航系统，使其能够自主避开障碍物并规划路线。

3. 实践操作建议

研究蜘蛛的生物学特性：详细了解蜘蛛的行走、攀爬和平衡技巧。

设计与建造：使用 3D 建模软件设计仿生蜘蛛机器人的结构，并使用 3D 打印、模具铸造或 CNC 机床制造部件。

集成控制系统：为机器人安装微控制器和传感器，并编写软件以实现其功能。

场地测试：在各种地形上测试机器人的性能，如沙地、泥地、岩石地形等。

持续优化与改进：根据测试反馈，对机器人的设计、材料或控制算法进行调整和优化。

10.4.4　仿鱼类水下探测机器人

1. 建议方案描述

水下环境对机器人提出了特殊的挑战，包括阻力、噪声和复杂的流体力学。仿鱼类水下探测机器人的设计灵感来源于鱼类的游动方式，尤其是其通过鱼鳍进行高效且灵活的推进。此类机器人尤其适合在珊瑚礁、沉船或其他复杂水下环境中进行探测。

2. 创新亮点建议

仿鱼鳍推进系统：采用仿生材料和设计，模拟鱼类的游动机制，提供流畅、灵活的推进方式。

低噪声输出：由于仿鱼鳍的自然推进方式，机器人在水下产生的噪声大大减少，有助于不干扰水下生物。

高效的能源利用：模仿鱼类的游动，机器人在推进过程中能量消耗更为高效。

集成先进的传感器：机器人装备有高分辨率的摄像头、水温和水质传感器，使其能够在水下进行详细的数据收集。

模块化设计：机器人部件可根据任务需求进行替换或升级。

3. 实践操作建议

生物学研究：深入研究鱼类的鳍和身体结构，了解其如何在水中高效游动。

材料选择：选择合适的材料来模拟鱼鳍的柔韧性和弹性。

机械和软件设计：使用 3D 建模工具设计机器人结构，并编写软件来控制机器人的游动和导航。

水池测试：在水池中进行初步测试，测试机器人的浮力、推进效果和导航准确性。

真实环境试验：在河流、湖泊或海洋中测试机器人的性能，评估其在实际环境中的表现。

数据分析与优化：根据实验结果，对机器人的设计进行迭代优化，以提高其性能和可靠性。

10.4.5　仿生蚁群协同机器人

1. 建议方案描述

蚂蚁凭借其出色的团队合作能力在复杂环境中完成各种任务。仿生蚁群协同机器人的设计灵感来源于蚂蚁的协同工作模式，包括寻找食物、建筑巢穴和防御敌人等。这些机器人将组成一个网络，彼此之间可以进行通信和协作，共同完成复杂的任务。

2. 创新亮点建议

动态任务分配：根据当前的环境和任务需求，机器人之间能够动态分配任务，分别收集资源、建设或者探索。

无中央控制：没有一个主导的机器人，所有的决策都基于局部信息和相互之间的通信。

鲁棒性和适应性：即使某些机器人发生故障或被隔离，整个系统仍然能够正常运行并调整策略。

信息素通信：模仿蚂蚁利用信息素进行导航和通信的方式，机器人之间通过无线方式传递关键信息，指导其他机器人。

能源效率：通过模仿蚂蚁的工作方式，这些机器人在完成任务时能够节省能源，进而可以长时间工作。

3. 实践操作建议

行为研究：深入研究蚂蚁的行为和通信方式，理解其如何进行任务分配和协作。

开发通信协议：设计一个能够模拟蚂蚁信息素通信方式的协议。

设计和制造：制造小型、灵活的机器人，装备有传感器和通信模块。

编写协同算法：根据蚂蚁的协作模式，编写适用于机器人的协同工作算法。

实验与测试：在实际环境中进行测试，评估机器人的协同效率、鲁棒性和适应性。

迭代和优化：根据测试结果，不断优化机器人的硬件设计和软件算法，提高其性能和协同效果。

10.4.6　仿生蝙蝠探测机器人

1. 建议方案描述

蝙蝠作为夜行性生物，依靠其特殊的回声定位能力在暗夜中猎食和导航。仿生蝙蝠探测机器人的设计灵感来源于这种独特的生物特征，能够在夜晚或光线不足的环境中，通过发射超声波并接收其回声，准确探测和定位障碍物和目标。

2. 创新亮点建议

高灵敏声呐系统：采用高精度的超声波发射和接收模块，可以探测到微小的物体或细微的变化。

实时数据处理：结合先进的信号处理算法，快速分析回声数据，为机器人提供实时导航信息。

3D建模能力：通过声呐的数据，机器人能够为其探测范围内的环境从而构建精确的3D模型。

自适应环境：机器人可以根据周围环境的变化，自动调整超声波的频率和强度，以优化探测效果。

静音飞行设计：模仿蝙蝠的飞翔方式，机器人飞行时产生的噪声较低，不易被侦测。

3. 实践操作建议

生物研究：对蝙蝠的回声定位方式进行深入研究，以获取设计灵感。

声呐技术应用：研究当前的声呐技术和算法，寻找适用于小型机器人的解决方案。

机械设计：确保机器人体积小巧，能够模仿蝙蝠的飞行方式，并配备有足够的能源供应。

软件开发：开发处理回声数据的算法，确保机器人能够实时解析环境信息并作出响应。

实地测试：在各种环境条件下进行测试，评估机器人的探测能力、导航精度和反应速度。

持续优化：根据测试反馈，不断优化机器人的硬件设计和软件算法，提高其在复杂环境中的性能。

10.4.7 仿生草地行走机器人

1. 建议方案描述

草原是一个复杂的地形，充满了各种植被和不均匀的地面。仿生草地行走机器人受到草原上的动物如羚羊、鹿和兔子等的启发，它们能够在这种环境中行走迅速且不损伤植被。机器人的设计旨在模仿这些动物的优点，使其能够在杂草丛生的地形中高效移动。

2. 创新亮点建议

适应性脚掌设计：模仿动物的脚掌结构，增加机器人在不均匀地面上的稳定性和抓地力。

柔软的足垫材料：使用高弹性和耐磨材料，确保机器人在行走过程中对植被的冲击最小化。

智能地形识别：通过传感器检测地面条件，并实时调整行走策略，避开陷阱或其他障碍物。

节能机制：模仿动物在草地上经济的行走方式，优化机器人的能源利用率。

低噪声：在杂草丛生的地形中，低噪声设计确保机器人不会吓跑野生动物或干扰生态系统。

3. 实践操作建议

生态研究：研究草原动物的行走习惯，观察其与环境的互动方式。

足部机械结构设计：模拟动物的脚掌和腿部结构，进行多次实验，确保机器人的稳定性。

传感器与算法：结合地形传感器和计算机视觉技术，开发出能够实时识别地形的算法。

能源管理：研究和选择最佳的能源解决方案，确保机器人能够长时间运行而不需频繁充电或更换电池。

实地测试：在不同的草地环境中对机器人进行测试，观察其行走效果并进行调整。

与生态学家合作：确保机器人在真实环境中的使用不会对草原生态系统造成破坏或干扰。

10.4.8 仿生摆尾鱼机器人

1. 建议方案描述

鱼类通过摆动其尾巴来推进自身前进，这种方式不仅允许它们在水下环境中灵活移动，还能实现快速和突发的加速。仿生摆尾鱼机器人旨在模仿这种自然的运动方式，为水下测绘、环境监测、物种研究或者工业检查提供一个高效的机械解决方案。

2. 创新亮点建议

灵活的摆尾设计：通过模拟鱼类的尾巴结构和运动方式，机器人能够实现多向的机动性，如侧向移动、上下浮动等。

流线型体形：模仿鱼类的体形，降低水下阻力，提高行进效率。

感知与导航系统：配备先进的声呐传感器，帮助机器人在模糊或黑暗的水下环境中导航。

节能机制：通过摆尾运动，机器人可以实现更经济的能源利用，减少能源消耗。

环境适应性：机器人材料的选择和设计使其可以在各种水质和温度下工作，从淡水到盐水，从温暖到寒冷。

数据收集与传输：机器人内部集成各种传感器，用于测量水温、盐度、深度等环境参数，并可以实时或定期发送到控制中心。

3. 实践操作建议

生物力学研究：深入研究鱼类的尾部结构和摆动机理。

机器人尾部的原型设计：创建多个设计方案并进行实验，选择最佳的摆尾原型。

水下传感器与通信：研究和选择最佳的水下通信技术，确保数据传输的稳定性和准确性。

机器人能源系统：选择和设计能源系统，如电池或太阳能，确保长时间作业。

实地测试：在真实的水下环境中对机器人进行测试，如湖泊、河流或海洋，评估其性能。

与海洋学家或生态学家合作：确保机器人的使用不会对水下生态系统造成破坏或干扰，并可以用于有价值的科学研究。

10.4.9 仿生眼球追踪机器人

1. 建议方案描述

人类的眼睛拥有出色的追踪能力，能够快速且准确地锁定并跟踪移动的目标。仿生眼球追踪机器人的设计旨在模仿这一自然的能力，创建一个机械化的"眼球"，它能够精确、迅速地对焦并追踪目标，无论目标如何移动。

2. 创新亮点建议

高动态范围摄像头：能够适应各种光线条件，从明亮到昏暗，确保目标始终清晰可见。

高速伺服马达：确保眼球迅速且平滑地移动，无论目标如何变动。

先进的图像处理算法：实时分析摄像头的输入，准确识别并锁定目标。

自适应焦距调整：模仿人眼的调焦机制，能够根据目标的远近自动调整焦距。

立体追踪：通过双摄像头设计，实现三维空间中的目标追踪，模仿人类的立体视觉。

学习与记忆功能：机器人能够学习和记忆特定的目标特征，增加追踪的准确性。

3. 实践操作建议

眼球机械设计：研究人眼的结构，设计能够模仿眼球运动的机械系统。

传感器集成：集成高动态范围摄像头、距离传感器等，为机器人提供所需的输入数据。

软件开发：开发图像处理、目标追踪、自适应调焦等功能的算法。

实地测试：在不同的环境和光线条件下测试机器人的性能。

与生物学家合作：深入研究眼睛的工作机制，获取更多的生物学启示，以优化设计。

应用领域扩展：考虑将仿生眼球追踪技术应用于其他领域，如安防监控、体育赛事追踪、医疗手术辅助等。

10.4.10 仿生植物光追踪系统

1. 背景介绍

向日葵是最著名的能够进行光追踪的植物，其能够实时调整自身的位置使其花朵始终面向阳光。这一现象被称为"日照移动"或"光追踪"，能够使植物最大化地吸收阳光，从而提高光合作用的效率。

2. 建议方案描述

设计一个仿生植物光追踪系统，该系统通过模拟向日葵等植物的日照移动机制，能够自动追踪和定位太阳光或光源。这种系统可以应用于太阳能板，使其始终朝向太阳，从而增加太阳能的吸收率和转换效率。

3. 创新亮点建议

高灵敏度光传感器：实时检测光源的方向和强度。

自适应算法：根据日出和日落的时间自动调整追踪策略，考虑到季节和地理位置的变化。

节能设计：系统的运作不需要额外的能源，而是利用太阳能板自身产生的电能。

多向追踪：除了垂直和水平方向，还能在多个角度上进行微调，以确保最佳的阳光接收角度。

机械结构优化：模仿向日葵的结构，设计出稳定、灵活、耐用的旋转机制。

集成智能气象数据：系统能够根据预测的天气状况自适应调整，例如在多云或雨天时减少调整频率。

4. 实践操作建议

进行光学研究：深入了解植物如何检测和反应光源，以及如何模拟这些机制。

设计原型：基于研究结果，设计光追踪系统的原型。

软件开发：编写控制算法和自适应策略，实现高效的光追踪。

测试与验证：在不同的环境和季节下测试系统的效率和稳定性。

优化和迭代：根据测试结果进行优化，进一步提高系统的稳定性和效率。

应用领域扩展：考虑将仿生植物光追踪技术应用于其他领域，如智能窗户、农业、室内光照设计等。

第11章 现代智能制造技术

11.1 3D打印与增材制造技术

11.1.1 3D打印技术的基础

3D打印，也被称为增材制造，是一种创建三维实体物体的过程。这是通过逐层添加材料来完成的，与传统的切削和雕刻制造方法截然不同。

1. 3D打印的工作原理与核心组件

工作原理：3D打印机根据数字模型文件来创建物体。打印机首先将物体分解为数千个薄层。之后，它从底部开始逐层打印，直到完成整个物体。

核心组件：

打印头：负责将打印材料（如塑料丝）挤出并加热到适当的温度。

打印床：物体在这上面被打印。一些打印床可以加热，有助于改善模型的附着性。

X、Y、Z轴电机：控制打印头和打印床的位置。

控制器：管理3D打印机的所有操作，通常由微控制器和用户界面组成。

2. 常用的3D打印材料

塑料：这是最常用的3D打印材料，常见的类型包括ABS、PLA、PETG等。

金属：使用激光或电子束熔化金属粉末制成。常见的金属包括钛、铝、不锈钢等。

生物材料：这些是用于生物打印的材料，如细胞、凝胶和其他生物相容性材料。它们用于打印如器官、组织等生物结构。

陶瓷：与金属3D打印类似，但使用陶瓷粉末。

复合材料：如碳纤维增强的塑料，结合了多种材料的特性。

此外，随着技术的发展，越来越多的材料正在被研发和测试，以适应各种各样的3D打印需求。

11.1.2 增材制造技术的发展

增材制造，从其诞生之初的原型制造，逐渐发展到满足各种实际应用的大规模生产技术。以下为其发展的主要方向：

1. 从原型制造到大规模生产的转变

原型制造：在增材制造刚开始的时候，它主要用于快速原型制造。设计师和工程师使用3D打印技术快速制作原型，从而评估和改进设计。

定制生产：随着技术的进步，3D打印开始用于定制的小批量生产。例如，定制的鞋垫、牙齿矫正器、珠宝等。

大规模生产：近年来，随着3D打印速度的提高和材料成本的降低，3D打印开始被视为大规模生产的一种可行技术。尤其在航空航天、汽车和医疗领域，其应用已经从制造零部件到整体组件。

2. 特殊材料与复合材料的 3D 打印

特殊材料：如电导塑料、热敏材料或具有特定机械或热特性的材料，都在 3D 打印中找到了应用。例如，某些特殊的墨水可以用于 3D 打印电子电路。

复合材料：复合材料的 3D 打印结合了两种或更多的材料以获得特定的性质。例如，碳纤维增强的塑料可以提供比纯塑料更好的强度和刚度。

生物打印：使用细胞和生物兼容材料进行打印，为组织工程和器官移植提供了新的可能性。

这些发展不仅为制造业提供了新的生产方法，还为各种领域提供了先前无法想象的创新解决方案。

11.1.3　3D 打印在医疗、航空航天、汽车等领域的应用

1. 医疗领域

个性化的医疗器械：3D 打印技术可以根据患者的具体需要定制医疗器械，如义肢、矫形器、助听器壳体等，使得患者能够得到更为舒适的使用体验。

生物打印与移植器官：研究者正在尝试使用 3D 生物打印技术制造人体组织和器官。虽然这一技术仍处于初步阶段，但其在器官移植和组织工程中的潜力巨大，可能解决等待器官移植的患者的问题。

牙齿和颌骨打印：3D 打印技术也被用于牙科，如制作牙齿、矫正器和牙齿种植。

2. 航空航天领域

轻量化飞机零件：3D 打印允许设计师制造出传统方法难以制造的轻量化结构，如蜂窝结构和复杂的内部通道，从而大大减轻飞机的重量。

复杂零件一体化生产：一些飞机零件具有高度复杂的结构，传统的生产方法可能需要多个步骤和组装过程，而 3D 打印可以一次性完成。

3. 汽车领域

复杂汽车部件的打印：像引擎部分、冷却系统和机械组件等复杂部件，通过 3D 打印可以更为精确地制造，同时减少生产的步骤和降低成本。

汽车设计原型：在新产品的设计和开发阶段，3D 打印可以快速制造汽车零部件原型，从而缩短产品研发周期。

定制化汽车配件：为满足特定客户或市场需求，汽车制造商可以提供通过 3D 打印技术制造的定制化汽车配件。

这些应用示例突显了 3D 打印技术在各个领域的革命性潜力，它不仅可以提供更为高效和经济的生产方法，还可以为客户提供更为个性化的产品和解决方案。

11.2　CNC 高精度加工与智能优化

11.2.1　CNC 加工的基本原理与设备

1. CNC 机床的工作方式

CNC（Computer Numerical Control）机床是一种利用数字指令驱动工作装置进行各种精确的机械加工的自动化机床。这些数字指令是由计算机按照预先编制好的加工程序输入的。

工作流程：首先，通过 CAD（计算机辅助设计）软件创建一个零件的设计图。然后，CAM（计算机辅助制造）软件将设计图转化为机床可以识别的 G 代码或 M 代码。

控制方式：当机床接收到这些代码后，其控制系统将驱动机床的运动部件（如刀具、主轴、

工作台）按照代码的指示进行精确的位置移动，从而实现对工件的加工。

2. CNC 机床的主要组件

控制器：也被称为 CNC 控制器，是机床的"大脑"，负责解读 G 代码和 M 代码，并转化为电机的实际运动。

主轴：用于驱动刀具旋转的部件，有不同的转速可供选择，以满足不同的加工需求。

刀库和刀臂：用于存放和更换刀具，使得机床可以在不同的加工步骤中自动更换刀具。

工作台：支撑工件的平台，通常可以在 X、Y、Z 三个方向上移动。

伺服电机与驱动系统：用于驱动机床的运动部件，并确保它们能够精确地移动到指定位置。

3. G 代码与 M 代码：CNC 编程的基础

G 代码：是"几何代码"的缩写，用于控制机床的实际运动，如线性移动、圆弧插补等。

M 代码：是"辅助功能代码"的缩写，用于控制机床的其他功能，如刀具更换、冷却液的开启/关闭等。

编写好的 G 代码和 M 代码会被输入到 CNC 机床中，指导机床进行加工操作。尽管现在有许多先进的 CAM 软件可以自动生成这些代码，但对 G 代码和 M 代码的理解仍然是 CNC 操作员和程序员的基本技能之一。

11.2.2　高精度加工技术

1. 超精度研磨与微米级加工

定义与应用：超精度研磨是一种在研磨过程中能够达到纳米级精度的技术。这种技术主要用于那些需要高度精确的表面质量和尺寸公差的应用，如光学元件、精密轴承和某些半导体部件。

技术特点：超精度研磨通常使用特殊的研磨轮，具有高度精制的刀具路径和极低的进给速率，以及高度稳定的机床系统，以确保达到所需的精度。

微米级加工：这是一种利用微米大小的刀具对工件进行加工的技术。它可以生成微小的部件，如微型齿轮、微针和其他微型部件。

2. 高速切削与冷却技术

定义与应用：高速切削是指在加工过程中刀具和/或工件的相对速度远高于传统切削速度的技术。它可以提高材料的去除率，缩短生产周期，并提供更好的表面质量。

技术特点：高速切削需要特殊的刀具、机床和控制技术来管理和补偿由于高速运动产生的热、振动和其他因素。此外，这种切削方式还需要高度的刚性和精度。

冷却技术：在高速切削中，冷却技术起到了至关重要的作用。有效的冷却可以减少刀具和工件之间的摩擦，延长刀具的使用寿命，减少热量产生，从而提供更好的加工效果和部件的尺寸稳定性。常用的冷却方法包括喷雾冷却、冷却液洪射和最近的冷空气冷却技术。

高精度加工技术旨在实现更精确、更快速和更高效的制造过程，同时还要确保满足严格的质量标准。

11.2.3　智能优化与自适应控制

1. 切削参数的自动优化与调整

定义与应用：通过集成传感器、数据分析和机器学习算法，自动优化切削参数，以实现最优的加工效率、表面质量和刀具寿命。应用领域包括高精度加工、高速切削和硬切削。

技术特点：利用传感器收集的数据，如切削力、振动、温度和声学信号，实时分析切削过程。然后，算法根据预设的目标，如最大化刀具寿命或最大化材料去除率，自动调整切削速度、进给率和刀具深度。

2. 工件与工具的智能监测与预防性维护

定义与应用：通过持续监测工件和工具的状态，预测潜在的故障或磨损，并提前进行维护或替换，以避免生产中断和质量降低。这种技术在复杂和高价值的生产过程中，如航空零件制造和精密模具制造中，尤为重要。

技术特点：传感器集成，即使用各种传感器，如加速度计、温度传感器、声学传感器和光学传感器，持续监测机床、工具和工件的状态。

数据分析：通过实时或离线数据分析，识别出与正常工作条件偏离的模式，这可能是工具磨损、故障或加工参数不正确的迹象。

预测与警报：通过机器学习和统计分析，预测工具或机床可能的故障，提前发出警报，使操作员或维护人员能够进行干预。

决策支持：基于预测的数据，为维护团队提供决策支持，例如，如何进行维护，何时更换工具或零件等。

通过集成智能优化和自适应控制技术，现代制造业不仅可以提高生产效率和产品质量，还可以降低维护成本，延长机床和工具的使用寿命。

11.3 云制造与工厂的数字化转型

11.3.1 云制造的基本概念与应用

1. 从传统制造到云制造的发展

传统制造：传统制造是基于物理资产和人工操作的。这些操作大多是固定的，不容易改变，且需要在现场进行。工作流程和生产线的改进大多是基于人工经验。

数字制造：随着计算技术和自动化技术的进步，制造业开始引入计算机辅助设计（CAD）、计算机辅助制造（CAM）和计算机集成制造（CIM）。这标志着制造业向数字化转型的第一步。

智能制造：进一步地，采用物联网（IoT）、机器学习、人工智能（AI）和大数据技术来自动化和优化制造过程，实现智能制造。

云制造：这是制造业数字化转型的最新阶段，它结合了云计算、大数据、AI和IoT技术，使制造业变得更加灵活、个性化和分布式。生产资源、能力和数据存储在云中，可以在任何地方被任何人访问和利用。

2. 云制造平台的结构与核心技术

结构：

数据层：存储工厂、机器、产品和用户的数据。

平台层：提供各种服务，如数据处理、分析、仿真和优化。

应用层：根据不同用户和工业需求，提供定制的应用程序和解决方案。

接入层：负责与工厂、供应链和市场的物理设备连接和数据交换。

核心技术：

云计算：提供计算资源、存储和服务，支持大规模并行处理和实时数据分析。

物联网（IoT）：连接机器、设备和传感器，收集实时数据。

人工智能与机器学习：用于数据分析、预测、优化和决策。

大数据：用于存储、处理和分析大量的数据，提取有价值的信息和知识。

边缘计算：处理在数据源（如机器或传感器）附近的数据，减少数据传输的延迟和带宽需求。

安全技术：确保数据的安全和隐私，防止未经授权的访问和篡改。

云制造代表了制造业的未来方向，它不仅能够提高生产效率和产品质量，还能满足客户的个性化需求，实现更绿色和可持续的生产。

11.3.2　数字孪生与虚拟工厂

1. 数字孪生的定义、工作原理与应用

定义：数字孪生是一个虚拟的数字副本或镜像，代表一个真实的物理对象或系统。它是通过传感器、物联网和其他数据来源收集的数据创建的，并能够在实时或近实时中反映其物理"兄弟"的状态和行为。

工作原理：

数据采集：传感器和物联网设备在物理对象上收集数据。

数据上传：数据被上传到云或其他计算平台。

模型更新：用收集的数据更新数字孪生的模型。

分析与反馈：对模型进行分析，生成见解，并将反馈应用于实际物体，以进行优化或预测维护。

应用：

生产监控：使用数字孪生监控生产线的状态和效率。

预测性维护：分析设备的数据以预测未来可能出现的故障。

产品设计与优化：在产品设计阶段使用数字孪生测试和优化设计。

训练与仿真：在没有风险的环境中测试新的操作或策略。

2. 虚拟工厂的建模、仿真与优化

建模：使用 CAD 工具、三维扫描和其他技术创建工厂的详细数字模型，包括机器、工作站、人员和流程。

仿真：

流程仿真：测试不同的生产策略和流程，看看它们如何影响生产效率和产品质量。

设备仿真：在引入新设备或改变设备配置之前，看看它们如何影响整体生产。

人员仿真：模拟人员的行为和决策，以找到最佳的工作方式或培训需求。

优化：

流程优化：通过仿真找到最佳的生产流程，以最大化效率。

资源优化：确保资源（如材料、人员和机器）得到最佳利用。

成本优化：分析成本数据，找到节省成本的机会，同时保持或提高产品质量。

虚拟工厂和数字孪生为制造业提供了一个无风险的环境，可以测试和优化各种策略和配置。通过这些技术，企业可以提高生产效率、减少浪费，并更快地应对市场变化和挑战。

11.3.3　工业 4.0 与智能制造

1. 工业 4.0 的四大技术支柱

物联网（IoT）：

描述：IoT 允许设备、机器和工厂与云或其他系统连接，实时分享和接收数据。

优势：提高生产效率、改进预测性维护、提供实时质量控制。

大数据与分析：

描述：分析工厂收集的巨量数据来提供见解和推动决策。

优势：通过对生产数据、供应链数据、产品数据等进行深入分析，优化生产流程、减少浪费、提高产品质量。

增强现实与虚拟现实（AR/VR）：

描述：这些技术提供了新的方式来训练工人、设计产品、模拟生产流程，甚至远程维护。

优势：减少错误、提高生产效率、降低训练成本。

云计算与边缘计算：

描述：数据存储、分析和分享变得更加集中，边缘计算允许数据处理更接近数据来源，如工厂地面。

优势：提供更高的数据处理速度、增强数据安全性、降低 IT 成本。

2. IoT、AI 与大数据在智能制造中的角色

IoT：

角色：连接工厂内的设备、机器和系统，收集生产线上的实时数据。

重要性：为实时监视、优化生产流程和自动化决策提供了基础，使生产更为高效和灵活。

AI：

角色：从收集的数据中学习并做出决策，从自动化流程到产品质量控制。

重要性：AI 能够分析复杂的数据集，预测设备故障、优化生产流程和自动化决策。

大数据：

角色：处理、存储和分析工厂生产的大量数据。

重要性：大数据分析提供了对生产效率、质量控制和供应链管理的深入见解，从而驱动优化和创新。

工业 4.0 与智能制造利用先进的技术，如 IoT、AI 和大数据，彻底改变了制造业。这些技术使企业能够更加灵活地响应市场需求，提高生产效率，并创新产品和服务。

11.4　大学生创新应用实践方案

11.4.1　定制化鞋履的 3D 打印

1. 方案描述

针对鞋履行业，3D 打印技术为消费者提供了前所未有的定制化服务。通过融合数字化技术与制造技术，消费者可以获取完美贴合其脚部结构的鞋履，不仅可以提高舒适度，还可以彰显个性。

2. 实施步骤

脚部扫描：利用高精度 3D 扫描设备，扫描消费者的脚部，获取脚部的详细三维数据。

设计调整：在专用软件中加载 3D 脚部模型，根据消费者的要求（如材料、颜色、设计元素等）进行设计调整。

模拟试穿：利用虚拟现实或增强现实技术，允许消费者在实际打印之前"试穿"鞋子，进行必要的调整。

3D 打印：选择合适的材料（如柔韧的 TPU 塑料、透气的网眼材料等）进行 3D 打印。

后处理：打印完成后，进行必要的后处理，如打磨、上色等，确保鞋履的外观和舒适度。

邮寄/提取：消费者可以选择到店提取或直接邮寄。

3. 创新亮点

个性化设计：与传统的鞋履生产不同，消费者可以根据自己的喜好和需求进行设计，确保

独一无二。

快速反馈与调整：利用数字化技术，消费者可以即时查看设计效果，并进行快速调整，避免了多次试穿的麻烦。

环保与可持续：3D 打印减少了材料的浪费，同时，当鞋履损坏时，部分材料可以回收再利用。

4. 应用前景

随着 3D 打印技术的不断成熟，未来定制化鞋履的生产成本将进一步降低，可满足更广大消费者的需求。同时，这种模式还可以应用于其他个人消费品，如眼镜、帽子、服装等，为消费者提供更广泛的个性化选择。

11.4.2　CNC 创意艺术品加工

1. 方案描述

CNC 机床技术提供了一种革命性的方式来制造艺术品。传统的手工雕刻需要多年的技能和实践，而 CNC 机床技术可以在短时间内制作精确和复杂的艺术品。结合现代设计软件，艺术家和设计师可以创造出前所未有的创意作品，然后利用 CNC 机床将这些设计转化为现实。

2. 实施步骤

设计阶段：利用专业的 CAD 或 3D 建模软件进行艺术品设计，考虑作品的尺寸、材料及预期效果。

材料选择：选择适当的木材或金属，考虑其颜色、纹理和工艺特性。

CNC 编程：根据设计模型，生成相应的 G 代码或 M 代码，以指导 CNC 机床的操作。

机床设置：根据材料的特性，设置适当的切削速度、进给速度和冷却方法。

加工：CNC 机床开始按照编程指令进行加工、切削、雕刻和成型。

后处理：完成加工后，对艺术品进行打磨、清洁、上色或涂层处理，增强外观和保护作品。

展示与销售：制成的艺术品可以展览出售或作为礼品提供。

3. 创新亮点

精确度与复杂性：CNC 机床可以实现非常精细的细节和高度复杂的设计，远超传统手工雕刻的能力。

快速生产：一旦设计完成，CNC 机床可以在短时间内完成加工，大大缩短制作时间。

材料多样性：CNC 加工不仅限于木材，还可以处理各种金属、合成材料，甚至某些塑料，为艺术品创造提供了广泛的选择。

4. 应用前景

随着数字技术和制造技术的结合，未来的艺术制造可能更加依赖于这类技术。CNC 机床技术不仅为艺术家打开了新的可能性，还为普通人提供了实现其创意设计的机会，使艺术制作更加平民化。

11.4.3　云制造平台开发

1. 方案描述

云制造平台将制造资源、设计工具、生产能力和市场接入整合到一个在线环境中，为小型制造企业提供一站式的解决方案。大学生可以利用其在信息技术、制造技术和商业策略方面的知识，开发一个创新的云制造平台，为这些企业提供更有效、更便捷的数字化制造服务。

2. 实施步骤

需求分析：与小型制造企业合作，了解他们在制造、设计、销售和服务方面的需求。

平台设计：设计一个友好、高效的用户界面，确保易于使用并满足制造业的专业需求。

资源整合：与各种制造资源和服务提供商合作，例如 CNC 机床服务、3D 打印服务、材料供应商等。

软件开发：利用现代云计算技术和开发工具，创建一个稳定、安全、可扩展的在线平台。

测试与反馈：邀请小型制造企业进行测试，收集他们的反馈，不断完善平台功能。

推广与营销：通过线上和线下活动，让更多的制造企业了解和使用这个平台。

3. 创新亮点

低门槛接入：平台特别为小型制造企业设计，使其无需大量投资就可以享受数字化制造的便利。

模块化服务：平台提供模块化的服务，企业可以根据需求选择合适的模块。

实时优化：利用大数据和人工智能技术，实时分析用户行为和反馈，为他们提供优化建议。

社区支持：建立一个用户社区，让企业之间可以分享经验、资源和机会。

4. 应用前景

随着制造业的数字化趋势加强，小型制造企业需要更多的支持来适应这一趋势。一个专为他们设计的云制造平台可以为他们提供强大的支持，帮助他们提高生产效率、降低成本并提供更好的产品和服务。

11.4.4　3D 打印医疗辅助器械

1. 方案描述

随着 3D 打印技术的成熟，医疗领域有了巨大的应用空间。对于残障人士，个性化的需求常常难以满足。3D 打印可以为他们提供量身定制的助行器和生活辅助工具，从而改善他们的生活质量。

2. 实施步骤

需求分析：与医疗机构、残障人士及其家庭进行沟通，明确他们的具体需求。

设计开发：根据需求，进行 3D 模型设计。确保设计既满足功能要求，也符合人体工程学原则。

材料选择：选择适用于医疗辅助器械的 3D 打印材料，如生物相容性塑料、柔性塑料等。

打印与测试：使用 3D 打印机进行打印，然后进行功能和耐用性测试。

反馈与迭代：让用户试用，并根据他们的反馈对产品进行改进。

推广与合作：与医疗机构和相关机构合作，将这些辅助器械推广到更多需要的人群中。

3. 创新亮点

个性化定制：每个人的需求都是独特的，3D 打印能够提供完全根据个体需求定制的解决方案。

快速迭代：3D 打印可以快速修改和重新打印，使产品迭代周期大大缩短。

多材料打印：使用多种材料进行 3D 打印，比如软硬结合，使产品更加舒适和耐用。

成本效益：对于小批量的定制产品，3D 打印具有明显的成本优势。

4. 应用前景

随着社会对残障人士的关心和支持日益增强，个性化的医疗辅助器械将会有巨大的市场需求。此外，3D 打印技术的进一步发展将使这种定制化服务更加普及和便捷。

11.4.5　CNC 制作微型无人机

1. 方案描述

随着航模爱好者和科研机构对微型飞行器越来越高的需求，传统的制造方法已经不能满足精度和效率的要求。CNC 技术提供了一个新的解决方案。此项目旨在使用 CNC 技术制作微型无人机的各种结构部件，并探索适用于这种无人机的新飞行动力学模型。

2. 实施步骤

设计与建模：针对所要研发的微型无人机，进行结构和动力系统的设计。使用 CAD 软件建立无人机的 3D 模型。

材料选择：根据设计需求，选择轻质、高强度材料，如碳纤维、铝合金等。

CNC 加工：使用 CNC 机床进行无人机部件的精确切割和加工。

组装与测试：将 CNC 加工好的部件进行组装，并进行初步的地面测试。

飞行模拟与实验：在模拟环境中进行飞行测试，优化动力学模型。

实际飞行测试：在开放空域进行无人机的实际飞行测试。

反馈与迭代：根据测试结果，对结构和飞行模型进行进一步的优化。

3. 创新亮点

高精度制造：利用 CNC 机床的高精度特性，确保部件的精确度和质量。

灵活的设计：通过 CNC 制造，可以轻松实现复杂的部件设计，从而开发出新型的飞行模型。

快速迭代：与传统制造方法相比，CNC 可以快速修改和制造新的部件，大大加快产品的迭代速度。

4. 应用前景

微型无人机在农业、环境监测、影视摄影等领域有着广泛的应用。此项目不仅可以满足这些实际需求，还可以为无人机的研究和开发提供有力的技术支撑。

11.4.6 基于数字孪生的智能种植系统

1. 方案描述

随着现代农业的发展和城市化进程，如何有效地提高农作物产量并确保食品质量成为一个关键问题。数字孪生技术提供了一个解决方案，它可以模拟植物生长的真实环境，并在此基础上优化种植策略。此项目旨在利用数字孪生技术，开发一个智能种植系统，通过模拟和实时监测，优化植物的生长环境，从而提高农作物的产量和质量。

2. 实施步骤

数据收集：通过各种传感器收集土壤湿度、温度、光照、二氧化碳浓度等环境数据。

数字孪生模型构建：利用收集的数据，构建植物生长的数字孪生模型。

环境模拟：在数字孪生模型中模拟不同的种植环境，观察其对植物生长的影响。

种植策略优化：根据模拟结果，优化种植策略，如灌溉、施肥、病虫害防治等。

实时监测与调整：在实际种植过程中，实时监测植物的生长状况，并根据需要调整种植策略。

数据反馈：将实际种植结果反馈到数字孪生模型中，进一步优化模型。

3. 创新亮点

实时优化：通过数字孪生模型的实时模拟，可以快速响应环境变化，实时优化种植策略。

减少资源浪费：通过精确的种植策略，减少水、肥料、农药等资源的浪费。

提高产量与质量：通过优化种植环境，确保植物在最佳条件下生长，从而提高农作物的产量和质量。

4. 应用前景

基于数字孪生的智能种植系统不仅可以应用于大型农田，还可以应用于城市农业、垂直农业等新型农业模式。随着数字化和智能化技术的发展，此种系统将在现代农业中发挥越来越重要的作用。

11.4.7　3D 打印食品技术

1. 方案描述

随着 3D 打印技术的日益成熟，其在制造业的应用也逐渐拓展到餐饮领域。3D 打印食品技术开辟了一种全新的制造食物的方式，通过精确地添加食材，可以实现独特的美食设计和口感体验。此技术不仅能够满足个性化的饮食需求，还可以在食品安全、营养定制和食材利用等方面发挥重要作用。

2. 实施步骤

食材准备：根据所需的食品类型选择合适的食材，如巧克力、面团、果泥等，并将其转化为适合 3D 打印的形态。

食品设计：使用专门的 3D 食品设计软件，创建食品的 3D 模型。

3D 打印：使用专门的 3D 食品打印机，按照设计的模型进行打印。在打印过程中，打印头会按照预设的路径释放食材，形成所需的食品形状。

后处理：根据需要，对打印出的食品进行烘焙、冷冻或其他处理。

品尝与优化：对打印出的食品进行品尝，根据口感和形态进行相应的优化。

3. 创新亮点

个性化定制：可以根据消费者的个人喜好，定制独特的食品形状、口感和营养成分。

食品艺术：通过 3D 打印，可以创造出前所未有的食品艺术作品。

食材利用：对于一些难以利用的食材，如果皮、蔬菜茎等，可以通过 3D 食品打印技术转化为有吸引力的食品。

营养定制：对于特定人群，如糖尿病患者、运动员等，可以根据其营养需求进行食品的 3D 打印。

4. 应用前景

随着 3D 打印技术的进步和消费者对食品个性化的追求，3D 打印食品技术在餐饮、健康食品和食品艺术等领域具有广阔的应用前景。未来，这种技术可能会与传统的餐饮方式相结合，为消费者提供更加丰富和个性化的饮食体验。

11.4.8　智能监测的 CNC 工具

1. 方案描述

为了实现更高的生产效率和加工精度，设计一个集成传感器的 CNC 机床。这些传感器可以实时监测切削状态，包括切削力、温度、振动等参数。当这些参数超出预设范围时，系统将自动调整 CNC 机床的操作参数（如进给速度、转速等），以确保加工质量并减少工具磨损。

2. 实施步骤

选择和集成传感器：根据需要监测的参数选择合适的传感器，并将其安装在 CNC 机床的关键位置。

数据收集和处理：设计一个数据处理单元，实时收集传感器的数据，并进行初步的处理和分析。

智能控制算法：开发一个智能控制算法，该算法可以根据实时数据自动调整 CNC 机床的操作参数。

用户界面：设计一个用户界面，使操作员可以轻松地设置监测参数、查看实时数据和接收警报。

测试和优化：在实际生产环境中测试该系统，并根据实际效果进行进一步优化。

3. 创新亮点

自动调整：无需人工干预，系统可以自动调整操作参数，确保加工质量。

预测性维护：通过实时监测工具的状态，可以预测工具的磨损和可能的故障，从而实现预测性维护。

提高生产效率：通过自动调整操作参数，可以减少加工时间，提高生产效率。

延长工具寿命：通过实时监测和自动调整，可以减少工具的磨损，从而延长其使用寿命。

4. 应用前景

随着制造业对生产效率和加工质量的不断追求，智能监测的 CNC 工具在机械加工、航空航天、汽车和其他高精度制造领域具有广阔的应用前景。此外，随着 IoT、AI 和大数据技术的发展，该系统可以进一步完善，为智能制造和工业 4.0 提供强有力的技术支持。

11.4.9　虚拟现实在制造培训中的应用

1. 方案描述

为了提高制造行业新员工的培训效率和质量，我们提议使用虚拟现实（VR）技术来模拟真实的制造环境和流程。新员工可以在风险较低的虚拟环境中实践各种操作，从而更快地掌握所需技能。

2. 实施步骤

需求分析：与制造行业专家合作，确定培训中的关键环节和技能。

创建 3D 模型：创建高质量的 3D 模型，这些模型应能够准确地反映真实的机器、设备和工作环境。

开发 VR 应用：利用专业的 VR 开发工具和框架，为每个培训环节创建虚拟现实场景。

集成交互式元素：为 VR 环境添加交互元素，如虚拟工具、控制面板等，以提供实践操作的机会。

培训与反馈：让新员工使用 VR 系统进行培训，收集他们的反馈，并根据反馈优化应用。

3. 创新亮点

安全性：在虚拟环境中，学员可以无风险地尝试各种操作，这对于高风险或复杂的操作尤为重要。

灵活性：与传统的实体培训设备相比，VR 培训系统更加灵活，可以随时更新和调整内容。

成本效益：虽然初次投资可能较高，但从长期来看，VR 培训可以大大降低培训成本，例如设备维护、物料消耗等。

实时反馈：VR 培训系统可以实时跟踪学员的表现，为他们提供即时的反馈和建议。

4. 应用前景

随着 VR 技术的不断进步和成本的降低，我们预期虚拟现实技术在制造培训中的应用将变得越来越普遍。不仅仅是制造行业，其他行业如医疗、建筑、航空航天等也都可以从 VR 培训中受益。

11.4.10　开源硬件在智能制造中的应用

1. 方案描述

随着开源运动在软件领域的成功，开源硬件逐渐成为一个不可忽视的力量。开源硬件为用户提供了物理产品的设计、结构和组成信息，使他们可以自由地复制、修改和再发行。本方案旨在开发一个基于开源硬件的智能监测设备，为制造业提供实时的数据分析，以优化生产流程、提高产品质量并减少浪费。

2. 实施步骤

确定监测需求：与制造商合作，确定所需监测的关键参数，如温度、压力、湿度、机器状态等。

选择合适的开源硬件平台：基于项目需求，对如 Arduino、Raspberry Pi 或其他开源硬件平台进行开发。

集成传感器：根据监测需求选择并集成相关传感器。

开发固件：编写固件来读取传感器数据，分析并将其发送到中央控制系统或云平台。

数据分析与优化：利用收集的数据，采用先进的数据分析技术为制造过程提供实时反馈，以实现自动化调整和优化。

社区参与：鼓励社区参与改进和优化硬件设计和固件。

3. 创新亮点

低成本：利用开源硬件平台可以大大降低研发和生产成本。

高度可定制：用户可以根据自己的具体需求对设备进行定制。

快速迭代：基于社区的反馈和建议，可以快速地进行产品的迭代和优化。

普及性与共享：开源的理念鼓励知识和技术的分享，从而加速了技术的发展和应用。

4. 应用前景

开源硬件在智能制造中的应用有着广泛的前景。随着开源硬件的成本降低和性能提高，它们将被越来越多的制造商采纳，从而推动整个制造业的数字化和智能化进程。

第12章 机械与互联网的智能结合

12.1 工业物联网与智能生产线

12.1.1 工业物联网的基本概念

1. 定义

工业物联网（Industrial Internet of Things，IIoT）指的是通过将各种传感器、设备和机器连接到互联网，再结合先进的数据分析技术，以实现工业设备的实时监控、预测性维护和智能优化的技术和系统。

2. 核心组成

设备与传感器：位于生产线上的设备，以及为其配备的传感器，用于实时收集数据。

通信网络：将设备和传感器连接起来的网络结构，可以是有线的，也可以是无线的。

数据处理中心：负责接收、存储、处理和分析从各个设备和传感器发送来的数据。

云平台与应用程序：提供数据可视化、报告、分析和其他高级功能的软件解决方案。

3. 功能与应用

实时监控：通过实时收集的数据，可以对生产过程进行监控，确保其正常运行。

预测性维护：通过对设备数据的分析，可以预测设备可能出现的故障，并在故障发生前进行维护。

生产优化：分析生产数据，找出瓶颈或低效环节，并进行优化。

能源管理：监控和优化工厂的能源使用，降低能源成本。

4. 优势

提高生产效率：通过对生产线的实时监控和数据分析，可以实时发现并解决问题，提高生产效率。

降低维护成本：预测性维护可以减少设备的停机时间和降低维护成本。

提高产品质量：通过数据分析，可以对生产过程进行优化，提高产品的质量和一致性。

提高资源利用率：通过对资源的实时监控和分析，可以提高资源的利用率，减少浪费。

未来发展：随着传感器技术、通信技术和数据分析技术的不断进步，工业物联网将进一步促进智能制造的发展，实现工厂的全面自动化和智能化。

12.1.2 IoT设备在智能生产线中的应用

1. 简介

随着物联网（IoT）技术的迅速发展，越来越多的设备和机器被连接到互联网，为工业制造带来了革命性的变化。在智能生产线上，IoT设备不仅可以实时监控生产过程，还可以根据实时数据进行智能决策和自我调整，提高生产效率和质量。

2．主要应用

实时监控与数据采集：传感器、摄像头和其他 IoT 设备可以实时监测生产线上的各种参数，如温度、湿度、压力、速度等，并将数据发送到云平台进行存储和分析。

预测性维护：通过对设备运行数据进行分析，可以预测设备可能出现的故障或磨损，提前进行维护或更换，避免生产中断。

智能优化：根据生产数据，系统可以自动调整生产参数，如温度、速度等，以保证生产质量和效率。

远程控制：生产线上的设备可以通过互联网远程控制，方便工程师在任何地方对生产进行监控和管理。

能源管理：IoT 设备可以实时监测生产线的能源消耗，根据实际需要进行调整，降低能源成本。

质量检测：通过摄像头和其他传感器对生产的产品进行实时质量检测，确保产品质量符合标准。

物流与仓储：IoT 设备还可以应用在生产后的物流和仓储中，如智能货架、自动化叉车等，实现库存的实时监控和自动化管理。

3．挑战与前景

虽然 IoT 设备在智能生产线上的应用带来了许多好处，但也存在一些挑战，如数据安全、设备兼容性、网络稳定性等。为了克服这些挑战，相关技术还需要进一步发展和完善。

随着技术的进步，未来 IoT 设备在智能生产线上的应用将更加广泛，将进一步推动制造业的数字化、智能化和自动化发展。

12.1.3　数据收集、处理与实时决策

1．简介

在工业物联网的背景下，数据从生产线的每个环节被收集并传输。经过处理和分析，这些数据转化为有用的信息，为决策者或自动化系统提供指导，从而优化生产过程。

2．数据收集

传感器：传感器是数据收集的核心。温度、压力、湿度、速度、振动等参数通过不同的传感器实时监测。

设备状态监控：通过集成的传感器，设备的运行状态、效率、维护需求等都可以实时监控。

摄像头与视觉系统：这些系统能够监控生产线的物理状态，检测产品质量并收集其他视觉数据。

3．数据处理

数据预处理：初步清洗数据，去除噪声，填补缺失值，并进行格式转换。

数据存储：使用数据库或其他数据存储解决方案，如时间序列数据库、分布式存储系统等。

数据分析：运用统计学、机器学习等方法，对数据进行深入分析，从中提取有价值的信息。

4．实时决策

自动控制：基于收集的数据，自动控制系统可以调整生产参数，如速度、温度等，以优化生产效果。

预测性维护：通过对设备状态的实时监控和历史数据分析，系统可以预测设备何时需要维护或更换。

质量保证：通过实时监测产品质量，系统可以自动拒绝不合格产品并调整生产参数以优化

质量。

资源分配：基于生产需求和实际数据，系统可以自动分配资源，如人力、原材料、能源等。

5. 展望

数据的收集、处理和实时决策是工业物联网中的核心环节，可以大大提高生产效率、质量和灵活性。随着技术的发展，未来的生产决策将更加智能化、自动化，工厂将更加绿色、高效和可持续。

12.1.4 智能生产线的优点与挑战

1. 优点

提高生产效率：智能生产线可以自动调整生产参数，减少停机时间，从而提高生产效率。

质量保证：实时监控和自动检测可以确保产品质量，及时发现并纠正生产中的错误。

资源优化：智能生产线可以根据实际需求自动分配资源，从而减少资源浪费。

预测性维护：通过对设备的实时监测，可以预测设备何时需要维护，避免突发性的设备故障。

灵活生产：可以根据市场需求快速调整生产计划，满足个性化和定制化的需求。

成本降低：从长期来看，自动化和优化可以降低人工和资源成本。

2. 挑战

初期投资高：建设智能生产线需要高额的初期投资，对于部分企业可能是一个负担。

技术更新快速：技术的迅速更新可能导致现有的设备和系统迅速过时。

数据安全与隐私：大量的数据传输和存储带来数据泄露和被攻击的风险。

技能要求提高：操作和维护智能生产线需要更高级别的技能，这要求对员工进行更多的培训。

系统复杂性增加：智能生产线的系统更加复杂，一旦出现故障，可能导致整个生产线停滞。

人工岗位减少：自动化可能导致某些人工岗位的消失，这需要社会和企业共同面对和解决。

虽然智能生产线带来了诸多优点，但也存在一系列挑战。为了充分利用智能生产线的潜力，企业需要进行持续的投资和培训，并时刻关注技术的发展和更新。同时，社会和政府也需要为由此产生的就业和安全问题提供相应的解决方案。

12.2　机械设备的远程监控系统与预测性维护

12.2.1　远程监控系统的组成与运行

1. 远程监控系统的组成

传感器：这些是物理设备的接口，负责收集数据。它们可以是温度传感器、压力传感器、湿度传感器等，根据所监测的设备的类型和需求来选择。

连接设备：这包括网关、路由器和其他通信设备，它们确保从传感器收集到的数据可以被传输到中央处理系统。

通信网络：这是一个将数据从现场设备传输到中央数据库的通道。这可以是有线或无线网络，如 Wi-Fi、4G/5G、卫星通信等。

中央处理系统：通常是云服务器或数据中心，它接收、存储和处理来自各个设备的数据。

分析软件：一旦数据被收集并存储，这些软件工具就可以对其进行分析，以产生有意义的信息和见解。

用户界面：为操作人员和决策者提供一个平台，通过图形界面、仪表板和报告来查看和解释数据。

2. 远程监控系统的运行

数据收集：传感器实时监测机械设备的运行状态，并收集相关数据。

数据传输：通过连接设备和通信网络，将收集到的数据传输到中央处理系统。

数据存储：中央处理系统将接收到的数据存储在数据库中，以备后续分析。

数据处理与分析：分析软件对存储的数据进行处理，应用算法和模型，提供有关设备健康状况、效率和潜在问题的见解。

报警与通知：系统会自动检测与预设阈值不符的数据，并向操作人员发出警报或通知，以便及时采取行动。

用户访问：操作人员和决策者可以通过用户界面实时访问设备的数据和分析结果来做出明智的决策。

通过这种方式，远程监控系统为企业提供了一个完整的解决方案，使他们能够实时监测和管理其设备，从而提高生产效率、降低成本，并确保设备的长期健康和稳定运行。

12.2.2　预测性维护的原理与方法

1. 原理

预测性维护（Predictive Maintenance，PdM）的基本原理是使用数据分析技术来预测机械设备何时会失败或需要维修，从而能够提前进行维护，以防止突发的停机和相关损失。与传统的预防性维护（按时间或使用量进行的固定维护）相比，预测性维护更加智能，可以根据实际设备的健康状况来进行维护。

2. 方法

数据收集：使用传感器和监控系统定期或持续收集设备的运行数据，例如温度、压力、震动、声音等。

数据处理：初步处理数据，如清洗、规范化和标准化，以准备进行分析。

3. 数据分析

统计分析：使用统计方法，如回归分析、时间序列分析等，来确定设备健康状况的趋势和异常。

机器学习：使用算法，如决策树、神经网络、支持向量机等，训练模型来预测设备的失败或维护需求。

频谱分析：对于振动和声音数据，可以使用频谱分析来检测设备的异常或即将发生的故障。

健康评估与故障预测：基于分析结果，评估设备的健康状况，并预测可能发生的故障或维护需求的时间。

维护决策：基于预测结果，计划并执行维护活动。这可能是一个简单的调整、更换部件或进行更深入的维修。

持续监控与反馈：即使在维护活动后，也需要继续监控设备，并根据实际的维护效果调整预测模型和策略。

预测性维护通过减少突发故障和不必要的维护活动，可以为企业带来巨大的经济效益。随着传感器技术、大数据和机器学习的发展，预测性维护的准确性和效率将进一步提高，成为智能制造中不可或缺的一部分。

12.2.3　传感器技术在远程监控中的应用

传感器技术是远程监控系统的核心，它们不仅可以实时收集设备和系统的各种运行数据，还可以通过无线技术将这些数据传输到集中的数据中心或云平台进行进一步分析。以下是传感器技术在远程监控中的主要应用。

1. 状态监控

温度传感器：监测设备、电机或系统的温度，以预防过热或其他与温度相关的问题。

振动传感器：检测设备的振动，这通常是许多机械问题的早期迹象。

压力传感器：监测管道、容器或系统的压力，以确保其在安全范围内。

2.能量消耗监控

电流和电压传感器：测量设备的电力消耗，帮助分析设备的运行效率和健康状况。

3. 安全监控

红外传感器和摄像头：用于安全监视和入侵检测。

气体传感器：检测有毒或易燃气体泄漏。

4. 流量和流速监控

流量传感器：监测液体或气体的流量，应用于供水、供气或工业流程控制。

5. 环境监控

湿度传感器：测量环境的湿度，以保证生产过程的最佳条件或设备的长寿命。

光照传感器：测量环境光线，用于自动控制照明系统。

6. 结构健康监控

应力/应变传感器：用于桥梁、建筑或大型机械的结构健康监控。

7. 定位和导航

GPS 和 IMU（惯性测量单元）传感器：用于远程资产的位置跟踪和导航。

无线数据传输：大多数现代传感器都配备有无线通信功能，使得数据能够在远程监控系统中实时传输。

智能分析与预测：一些高级传感器内置有处理能力，能够在数据收集时进行初步分析，减少数据传输需求并提高系统的响应速度。

随着物联网技术的发展，传感器不仅变得更加小型化、智能化，而且成本也大大降低。这使得设备和系统能够更加广泛地部署传感器，从而实现更加精确和实时的远程监控。

12.2.4　数据分析在设备维护中的角色

数据分析在设备维护中扮演着至关重要的角色，尤其在今天这个数字化和自动化快速发展的时代。通过对设备生成的大量数据进行深入分析，企业可以从中获取有价值的见解，从而做出更加明智的决策。以下是数据分析在设备维护中的几个核心应用。

预测性维护：通过对设备数据的持续分析，可以预测潜在的故障和设备失效。这种分析可以帮助维护团队在故障发生前进行干预，减少停机时间并节省维护成本。

设备性能优化：数据分析可以揭示设备的运行模式和性能瓶颈。通过这些见解，操作员和工程师可以调整参数或改变操作方式，从而优化设备的效率和产量。

根本原因分析：当设备发生故障或异常时，数据分析可以帮助确定问题的根本原因，从而确保问题得到彻底解决并防止将来再次发生。

能效分析：对设备的能耗数据进行分析，可以确定哪些设备或操作不够节能，从而采取措施减少能源消耗。

维护日程规划：通过对历史维护数据和设备状态的分析，维护团队可以更加科学地规划维护日程，确保资源得到最佳利用。

寿命评估：数据分析可以提供设备的使用情况和健康状态，从而帮助评估其预期寿命和决定何时进行更换或升级。

库存管理：基于数据分析的预测性维护可以更准确地预测哪些备件在未来可能会需要，从而优化库存，减少过度库存和缺货风险。

安全与合规性：通过对设备的运行数据和环境数据进行分析，企业可以确保设备始终在安全和合规的范围内运行。

数据分析为设备维护提供了前所未有的视角和工具，使企业能够更加高效、经济和可靠地管理其资产。在未来，随着人工智能和机器学习技术的进一步发展，数据分析在设备维护中的角色将变得更加重要。

12.3　基于数据的机械产品与服务创新

12.3.1　数据驱动的设计方法

数据驱动的设计方法是一个以数据为中心，利用数据分析和数据可视化技术来驱动产品和服务设计的方法。这种方法主要是基于真实的用户数据和其他相关数据来提供有价值的设计见解和决策支持。以下是数据驱动的设计方法的核心内容。

数据收集：首先，需要收集与设计问题相关的数据。这可能包括用户行为数据、市场调查数据、传感器数据等。有效的数据收集需要明确的目标和适当的数据收集工具。

数据清洗与预处理：原始数据通常包含噪声、缺失值和其他不一致性。数据清洗与预处理是确保数据的质量和可靠性的关键步骤。

数据分析与挖掘：一旦数据被处理与清洗，接下来就是通过各种数据分析技术（如统计分析、聚类、关联规则挖掘等）来提取有价值的信息和模式。

设计见解的生成：基于数据分析的结果，设计师可以识别出潜在的设计机会、挑战和趋势。这些见解为设计团队提供了明确的方向和启示。

原型与测试：基于上述见解，设计团队可以创建原型并进行用户测试。收集的测试数据再次为设计提供反馈，形成一个迭代的设计循环。

数据可视化：通过将数据转化为图形、图表和其他可视化元素，设计师可以更容易地理解和解释数据，从而做出更明智的设计决策。

持续优化：设计并不是一个一次性的过程。通过持续地收集和分析数据，设计团队可以不断地优化和改进产品或服务，确保它们始终满足用户的需要。

数据驱动的设计方法是一个结合了数据科学与设计思维的方法，它强调在设计决策中使用真实、客观和量化的数据，从而提高设计的效率和有效性。

12.3.2　从数据中洞察用户需求与反馈

从数据中洞察用户需求与反馈是创新产品和服务的关键。这种方法依赖于多种数据来源，如用户行为分析、用户满意度调查、在线评论与反馈等，来获取深入的用户见解。

用户行为分析：这通常涉及网站或应用中的用户交互数据，例如点击率、浏览时间、购买历史等。这些数据可以揭示用户的偏好、痛点和行为模式。

用户满意度调查：通过问卷调查、电话访问或面对面访谈，企业可以直接获取用户的感受和意见，从而更好地了解他们的需求和期望。

在线评论与反馈：消费者经常在购买后通过社交媒体、电商平台或其他在线渠道分享他们的体验。这些评论为企业提供了关于产品或服务的优点和缺点的直接反馈。

社交媒体监听：工具如 Hootsuite 或 Brandwatch 可以帮助企业追踪和分析与其品牌或产品相关的社交媒体讨论，从而获取用户的态度、情感和看法。

用户日志和错误报告：尤其是在软件和应用开发中，用户日志和错误报告可以为开发者提供关于哪些功能出现问题或不符合用户预期的明确指示。

用户参与度指标：这些指标，如净推荐值（Net Promoter Score，NPS）、满意度评分或再购买率，提供了关于用户满意度和忠诚度的定量数据。

用户旅程映射：通过图形化表示用户与产品或服务的所有互动点，企业可以更清楚地了解用户在不同阶段的需求和感受。

A/B 测试：通过比较两个或多个版本的网页或应用来看哪个版本的表现更好，从而获取关于用户偏好的实际数据。

从数据中获取的用户需求和反馈为企业提供了宝贵的见解，使它们能够更好地满足用户的需求，优化产品或服务，并加强与用户的联系。这不仅增强了产品的市场竞争力，还有助于建立品牌的忠诚度和声誉。

12.3.3 基于数据的产品优化策略

随着数据的可获取性和分析工具的进步，企业越来越多地依赖数据来优化其产品和服务。以下是一些基于数据的产品优化策略。

用户行为分析：通过对用户如何与产品或应用互动的深入分析，可以识别产品的热门功能、用户的流失点和潜在的用户痛点。

分割用户群体：通过对用户数据的分割，企业可以识别不同的用户群体，了解他们的特定需求和行为，并针对性地优化产品功能。

A/B 测试：在实际环境中测试不同的产品版本或特性来看哪一个更受用户喜欢或能带来更高的转化率。

持续的性能监控：使用工具来监控产品的性能，如加载时间、错误率等，确保用户得到最佳的体验。

实时反馈机制：通过产品内部的实时反馈工具，快速收集用户的意见和建议，并据此进行迅速的迭代。

预测分析：使用先进的数据分析技术，如机器学习，预测用户可能的行为和需求，提前进行产品优化。

竞品分析：定期收集和分析竞争对手的数据，了解其产品的优势和弱点，据此优化自己的产品。

用户流失分析：深入研究为什么用户停止使用产品或服务，找出潜在的问题，并进行相应的改进。

生命周期价值分析：通过对用户在整个生命周期中的行为和费用的分析，找出最有价值的用户群体和产品功能，据此进行资源的重新分配。

数据驱动的敏捷开发：结合敏捷开发方法，利用实时的用户数据快速迭代和优化产品。

基于数据的产品优化策略需要企业在收集、分析和执行数据上投入大量的资源。但是，随着时间的推移，这种策略将帮助企业更好地满足用户的需求，提高用户满意度和忠诚度，最终实现更高的收入和市场份额。

12.3.4 数据与服务创新的案例

1. 支付宝的芝麻信用（Sesame Credit）

概述：支付宝作为中国一个领先的移动支付平台，不仅提供支付解决方案，还进入了信用评分领域。其"芝麻信用"服务通过用户在支付宝和其关联平台上的交易记录、社交网络等数据来为用户生成一个信用分数。

创新：传统的信用评估通常需要大量的手续和时间。芝麻信用利用大数据技术快速地为用户提供信用评分，而且这个评分还可以被用于许多线上和线下服务中，如租房、借款等。这种方法不仅提高了用户的便利性，也为商家提供了一个更快速、更精确的信用评估工具。

2．滴滴出行的智能调度系统

概述：作为中国的主要网约车平台，滴滴出行使用大数据技术优化其调度系统，确保乘客与司机之间的匹配更为高效。

创新：通过分析用户的乘车记录、地理位置数据，以及交通状况等信息，滴滴出行能够准确预测在某个时间和地点的出行需求，并据此进行智能调度，减少乘客的等待时间。此外，它还可以为司机提供最优路线建议，以减少拥堵和提高运营效率。

3．阿里云的边缘计算

概述：阿里云推出了边缘计算技术，旨在处理在物联网设备上生成的大量数据。

创新：传统的云计算模型需要将数据传输到远程数据中心进行处理。但随着物联网设备的普及，数据处理的需求也日益增加。阿里云的边缘计算允许数据在生成地进行部分处理，只将需要的信息发送到云端，从而提高了数据处理速度并降低了传输成本。

12.4　大学生创新应用实践方案

12.4.1　基于物联网的智能制冷系统

1．方案描述

随着智能家居和工业自动化的发展，制冷系统也需与时俱进。传统的制冷系统主要基于设定的温度进行运作，但现代制冷系统可通过物联网进行远程控制、优化和维护。大学生可以考虑开发一个基于物联网的智能制冷系统，实现远程监控、自动调节和能源管理等功能。

2．方案实施

传感器集成：在制冷系统中部署各种传感器，如温度传感器、湿度传感器和电流传感器，实时监测制冷状态。

建立数据连接：使用 Wi-Fi、蓝牙或其他无线技术将制冷系统与中央控制平台或云平台连接。

开发应用程序：设计一个用户友好的应用程序或 Web 界面，让用户能够远程查看制冷系统的状态、设置温度、查看能源消耗等。

自动调节：根据环境条件和用户需求，智能制冷系统可以自动调节工作模式，如省电模式、高效模式等。

能源管理：分析用户的使用习惯和能源消耗，为用户提供节能建议，并在低电价时段自动运行。

故障检测与远程维护：系统能够自动检测潜在故障，并及时通知用户或维护人员。

3．预期效果

提高能效：智能制冷系统可以在确保舒适度的同时减少能源消耗。

增加用户便利性：用户可以随时随地通过移动设备远程控制和监控制冷系统。

延长设备寿命：通过实时监测和维护，可以避免因使用不当或故障延误而造成的设备损坏。

通过此项目，大学生可以学习到物联网技术、数据分析、能源管理等多方面的知识，为未来的创新和研究打下坚实基础。

12.4.2　3D 打印机远程监控平台

1. 方案描述

3D 打印技术正在全球范围内快速发展，已被广泛用于工业制造、医学、艺术等领域。然而，3D 打印过程通常需要较长时间，且可能出现各种不可预测的问题。大学生可以考虑开发一个远程监控平台，不仅能够实时查看 3D 打印进度，还可以及时发现并纠正潜在问题。

2. 方案实施

集成摄像头：在 3D 打印机上安装摄像头，允许用户实时观看打印过程并进行截图或视频记录。

建立数据连接：使用 Wi-Fi 或其他无线技术确保 3D 打印机与远程监控平台之间的稳定连接。

开发应用程序：设计一个用户友好的应用程序，使用户可以在任何设备上（如智能手机、平板电脑或计算机）远程查看 3D 打印进度。

实时反馈与警报：集成传感器以监测 3D 打印机的工作状态（例如温度、打印材料耗尽等），并在检测到异常时通过应用程序发送警报。

远程控制功能：在确保安全的前提下，允许用户远程调整某些打印参数或停止打印过程。

数据与统计：记录每次打印的详细数据，并为用户提供历史打印记录和统计分析，帮助他们优化打印效果和提高效率。

3. 预期效果

提高打印效率：及时发现并处理打印问题，减少材料浪费和打印失败的次数。

增加用户便利性：用户无需亲临现场监控，可以远程查看和控制打印过程。

扩大应用范围：借助远程监控，学校和企业可以更加灵活地部署和使用 3D 打印机。

通过此项目，大学生不仅可以深入了解 3D 打印技术，还可以学习到远程通信、数据分析和用户界面设计等多种技术，为其后续研究和职业生涯积攒宝贵经验。

12.4.3　智能机械臂的远程操作与维护

1. 方案描述

随着现代工业技术的快速发展，智能机械臂在生产线、研究和日常生活中都有广泛应用。然而，其维护和操作常常需要专业的技术人员亲临现场进行。大学生可以尝试开发一个基于远程技术的系统，使得机械臂可以在任何地点被操作和维护，无论操作员身处何地。

2. 方案实施

建立通信框架：使用现有的 IoT 技术建立一个稳定、高效的数据传输框架，确保远程操作与机械臂之间的实时同步。

开发用户界面：设计并开发一个直观的用户界面，使得操作员可以轻松地远程控制机械臂的各项功能。

安全机制：为防止非法入侵和操控，实施强大的加密技术和验证系统。

传感器整合：在机械臂上安装各种传感器（如温度、压力、位置传感器等）以实时监测其状态，并通过远程系统向操作员提供反馈。

自动化故障检测：利用机器学习技术，自动识别潜在的故障或性能下降，并为操作员提供维护建议。

在线培训模块：为初学者提供在线教程和模拟器，使他们能够迅速掌握远程控制机械臂的技巧。

3. 预期效果

提高效率：无需等待现场技术人员，可以实时远程解决问题或进行操作。

降低成本：通过预测性维护和及时的远程干预，可以降低长期的维护成本。

普及化应用：简单易用的用户界面和在线培训模块，使更多的用户能够操作和使用机械臂。

此项目不仅能增强大学生对于先进机械技术的认识，还可以让他们体验到 IoT、远程通信和机器学习等多种现代技术的融合应用，为其未来职业生涯打下坚实基础。

12.4.4　机械设备故障预警系统

1. 方案描述

随着工业自动化和智能制造的发展，如何提前预测和避免机械设备故障变得尤为重要。大学生可以尝试开发一个基于数据分析的机械设备故障预警系统，该系统能够通过对设备运行数据的持续监测，实时发现异常，从而预测可能出现的故障。

2. 方案实施

数据采集：使用传感器和控制器收集机械设备的运行数据，如温度、振动、声音等。

数据预处理：对原始数据进行清洗、标准化和归一化，使其适用于后续的数据分析。

故障模式识别：基于历史故障数据，使用机器学习算法识别和分类不同的故障模式。

预警模型开发：利用机器学习或深度学习框架，如 TensorFlow 或 PyTorch，开发故障预测模型。

实时监测与预警：当系统检测到与已知故障模式相似的数据模式时，立即向操作员或维护人员发出预警。

系统优化：根据实际应用情况，定期对预警模型进行更新和优化。

3. 预期效果

减少停机时间：通过提前预警，可以及时进行维护，从而避免长时间的停机和生产中断。

降低维修成本：及时的预测性维护可以避免严重的机械损坏，从而降低维修成本。

延长设备寿命：通过持续的数据监测和维护，可以延长机械设备的使用寿命。

此项目不仅可以让大学生学习到机械设备的运行和维护知识，还可以让他们学习到数据处理、机器学习和预测模型开发等先进技术，对于未来的职业发展大有裨益。

12.4.5　工业相机在质检中的智能应用

1. 方案描述

工业相机为制造业的自动化与智能化提供了前所未有的机会。尤其在质量检测领域，利用工业相机结合先进的图像处理技术可以大大提高产品的质量控制精度和效率。大学生们可以探索如何使用工业相机实现产品的自动质检，从而减少人为错误，提高生产质量。

2. 方案实施

需求评估：对特定生产线的产品进行分析，确定质量检测的关键点和标准。

选择合适的工业相机：根据需求选择分辨率、帧率、光学特性等参数适中的工业相机。

图像处理算法开发：利用编程语言（如 Python）结合图像处理库（如 OpenCV）开发适用于产品质检的算法。

自动化集成：将工业相机与自动化设备（如机器人臂）集成，确保在生产过程中能够实时捕获产品图像。

实时分析与反馈：当工业相机捕捉到的图像不满足预设的质量标准时，系统会自动将不合格产品分拣出来，并给予操作员实时反馈。

系统优化：根据实际运行情况不断优化图像处理算法，提高检测准确性。

3．预期效果

提高质检速度：与人工检测相比，机器视觉系统可以持续、高速地进行工作，大大加快了质检速度。

减少人为错误：自动化的机器视觉检测减少了人为因素，从而减少错误。

数据收集：通过收集和分析质检数据，生产商可以更好地理解生产过程中的问题，从而进行改进。

通过此项目，大学生可以了解到工业相机在智能制造中的重要作用，同时也能掌握图像处理和机器视觉的基础知识和应用。

12.4.6　基于数据的生产线效率优化

1．方案描述

随着现代生产线的复杂性的日益增加，优化其效率成为一个持续的挑战。借助数据科学和先进的传感器技术，我们可以深入了解生产过程的每一个环节，从而制定更为科学和高效的生产策略。

2．大学生可以尝试的创新途径

数据收集：通过在生产线上安装各种传感器（如温度、压力、速度、振动传感器等）来收集关键参数数据。

数据分析：使用数据分析工具和技术（如时间序列分析、回归分析、机器学习等）来分析收集到的数据，识别生产中的瓶颈和低效环节。

实时监控与反馈：建立一个实时监控系统，将数据转化为可视化的仪表板，从而允许操作员快速响应并优化生产流程。

持续改进：基于数据分析的结果，不断对生产线进行细微调整，以实现最佳效率。

3．方案实施

需求评估：与生产线人员进行沟通，了解当前生产线的运行状况和存在的问题。

传感器安装与集成：根据需求，选择并安装合适的传感器，并确保数据可以实时上传至中央数据库或云平台。

数据分析模型开发：使用编程语言（如 Python、R 等）开发数据分析模型，对收集到的数据进行深入分析。

实施优化策略：根据数据分析的结果，制定并实施优化策略。

反馈与迭代：在实际应用中收集反馈，不断调整和完善优化策略。

通过这个项目，大学生不仅可以学习如何使用现代技术来优化生产线效率，还可以培养他们的团队合作和实际操作能力。

12.4.7　智能磨床的优化与控制

1．方案描述

传统的磨床操作需要工人具备丰富的经验以确保零件的精度和质量。但随着技术的进步，通过集成传感器和 AI 技术，磨床可以实现自动化和智能化操作，从而提高效率、减少浪费并保证产品质量。

2．大学生可以尝试的创新方式

传感器集成：在磨床上集成温度、压力、振动等传感器，实时监控磨削过程的各个参数。

实时数据处理：利用 AI 技术分析传感器数据，实时调整磨削参数，确保产品的精度和质量。

预测性维护：通过分析磨床的工作数据，预测潜在的故障，从而实现预测性维护，减少停机时间。

操作员界面优化：设计一个直观的操作员界面，使操作员可以轻松监控磨削过程并做出必要的调整。

3. 方案实施

需求分析：分析磨床的工作流程，确定可以优化的环节。

传感器选择与集成：根据需求选择合适的传感器，并将其集成到磨床上。

软件开发：开发 AI 算法，实现实时数据处理和预测性维护功能。

系统测试：在实际生产环境中测试系统的稳定性和准确性。

培训与推广：对操作员进行培训，确保他们能够熟练使用新系统，并向其他制造企业推广该解决方案。

通过这个项目，大学生可以学习到机械工程和 AI 技术的知识，培养他们的创新能力和实际操作经验。

12.4.8　基于 AI 的机械零件检测系统

1. 方案描述

随着工业领域的迅速发展，对机械零件的精确性和质量要求也越来越高。人工检测方式费时费力，且准确率不尽如人意。利用 AI 技术，可以快速、准确地检测零件的质量和尺寸，及时发现生产中的问题并做出调整。

2. 大学生可以采用的创新方式

图像识别技术：利用图像识别技术识别零件上的裂纹、瑕疵或其他问题。

实时反馈系统：一旦 AI 系统检测到问题，可以实时向生产线发出警告，以便及时调整。

数据收集与分析：AI 系统还可以收集数据，帮助工程师分析零件生产中的潜在问题，并提出改进建议。

模型持续优化：随着数据的增加，可以持续优化模型，提高检测的准确率。

3. 方案实施

数据收集：从生产线上收集大量的零件图片，包括正常零件和有问题的零件。

模型训练：使用深度学习框架，如 TensorFlow 或 PyTorch，训练模型识别零件的瑕疵。

集成硬件：在生产线上安装高清摄像头，并与 AI 系统连接，实现实时检测。

系统测试：在实际生产环境中测试系统的准确性和稳定性。

反馈机制：建立一个用户界面，向操作员实时展示检测结果，并提供必要的反馈。

通过此项目，大学生不仅可以深入了解 AI 和机械制造的结合，还可以培养他们项目实施和团队合作的能力，为未来的工作做好充分准备。

12.4.9　工业 4.0 下的自动仓储系统

1. 方案描述

在工业 4.0 的背景下，自动化和数据驱动的解决方案在制造业中变得至关重要。自动仓储系统作为这一转型的一部分，是实现高效、快速和准确存储和检索物料的关键。下面是大学生如何利用现代技术为自动仓储系统带来创新的方法。

设计自动存储检索系统（AS/RS）：利用机器人技术和计算机控制，自动存储和检索物料，减少人工错误并提高效率。

物料追踪技术：使用 RFID 或条形码技术，确保每个物料都能被准确地追踪和定位。

集成物联网：通过安装传感器，收集仓库的实时数据，如温度、湿度、货架存量等，确保存储条件始终达到最佳状态。

数据分析与优化：收集的数据不仅用于监控，更可以通过分析来优化存储策略、减少浪费和提高仓库空间利用率。

2. 方案实施

原型设计：基于实际的仓库环境，设计一个小型的自动仓储系统模型，明确机器人路径和货架设计。

选材与组装：根据设计选择适当的材料和电子元件。使用 3D 打印和其他工具制造部分零件，并进行组装。

系统编程：使用适当的编程语言和平台，如 Python 或 Arduino，为自动存储检索系统编写控制代码。

集成传感技术：为仓储系统添加温度、湿度和其他传感器，以及 RFID 或条形码扫描设备。

数据分析：建立一个简单的数据仪表板，实时展示仓储状态，并使用统计和分析工具找出存储和检索中的效率瓶颈。

测试与调整：在实验室环境中对系统进行全面测试，调整机器人路径、编程逻辑或其他方面，以确保系统的高效运行。

通过这种自动仓储系统项目，大学生可以实践工业 4.0 的理念，培养他们的技术和项目管理能力，并为未来的职业生涯做好准备。

12.4.10　无人工厂的设计与实现

1. 方案描述

无人工厂的概念在制造业中逐渐兴起，对于有创意、勇于创新的大学生来说，这是一个巨大的机会。他们可以利用自己所学知识，结合最新技术，设计并实现简化版的无人工厂模型。以下是大学生从零开始设计和实施无人工厂的步骤：

原型设计：在纸上或计算机上设计一个简化的无人生产线原型，确定机器的位置和生产流程。

模块选择：基于预算，选择合适的迷你机器人、传感器和控制器。可以选择一些开源硬件和软件进行集成。

编程与控制：使用编程语言，如 Python 或 C++，为机器人和传感器编写控制代码。确保它们按照预期的方式运行。

实时监控：利用开源工具或应用，如 RaspberryPi 或 Arduino，设计一个简单的监控系统，实时查看生产线状态。

数据收集与优化：收集运行数据，分析哪些环节可能出现效率低下或错误，然后对代码或设计进行优化。

2. 方案实施

资源筹集：通过众筹、学校赞助或自筹资金，购买必要的材料和设备。

团队协作：组建一个多技能的团队，包括编程、机械设计和数据分析等专长的学生。

原型搭建：在实验室或工作室搭建无人生产线原型，并进行初步测试。

持续调试：在实际操作中，可能会遇到许多预期之外的问题。团队需要根据实际情况调整和完善设计。

展示与推广：通过在学校的科技展或竞赛中展示该项目，并与其他团队交流经验，既可以提升项目的知名度，也可以吸引投资或合作机会。

对于大学生来说，无人工厂项目不仅可以锻炼他们的实践能力，还可以帮助他们在未来的职业生涯中奠定一个重要的技术基础。

第 4 部分

智能机械创新与其他
学科的融合

第13章 智能机械与计算机及电子工程的融合

13.1 嵌入式系统在智能机械中的应用

13.1.1 嵌入式系统的基本概念

1. 定义

嵌入式系统是一种为特定应用设计的计算机系统，它不同于通用计算机系统。嵌入式系统往往需要满足特定的功能、性能、功耗和成本要求。它是由硬件和固定功能的软件组成的。

2. 特点

专用性：嵌入式系统通常是为特定应用或特定部分的应用而设计的。

实时性：很多嵌入式系统必须在严格的时间限制内完成其任务。

资源有限：与通用计算机系统相比，嵌入式系统通常有更少的存储空间和更弱的处理能力。

长周期运行：一些嵌入式系统需要在不重启的情况下连续运行数年。

3. 应用领域

由于嵌入式系统的专用性和效率，它们广泛应用于各种领域，如消费电子、医疗设备、交通工具、工业自动化、家居自动化等。

4. 与智能机械的关系

嵌入式系统为智能机械提供了"大脑"和"神经系统"，使其能够实时响应外部刺激、进行决策和执行任务。通过将计算机技术和电子工程与机械结构相结合，嵌入式系统使机械设备更加智能和自适应。

13.1.2 微控制器和微处理器在智能机械中的角色

1. 微控制器

定义：微控制器（Microcontroller Unit，MCU）是一种集成了处理器、内存和输入/输出端口的小型计算机，通常用于特定的控制应用，如家用电器、自动化设备和其他嵌入式系统。

在智能机械中的应用：

控制器：微控制器可以被编程来执行特定的任务，例如驱动电机、读取传感器数据或控制LED。

接口：微控制器可以作为智能机械与其他设备或系统之间的接口，如通信模块或用户界面。

能源效率：由于 MCU 的低功耗特性，它们特别适合于需要长时间运行或在受限电源条件下工作的应用。

2. 微处理器

定义：微处理器（Microprocessor Unit，MPU）是一个集成了算术和逻辑运算功能的中央处理单元。与微控制器不同，微处理器通常没有内置的 I/O、RAM 或存储功能，需要与外部组件配合使用。

在智能机械中的应用：

高性能计算：对于需要高度计算能力的任务，如图像处理、机器学习或复杂的算法运算，微处理器是首选。

多任务处理：微处理器通常运行操作系统，允许并发处理多个任务。

数据分析与决策：在智能机械中，微处理器可以用于数据分析、决策支持和预测。

3．在智能机械中的角色

决策中心：MCU 和 MPU 在智能机械中起到"大脑"的作用，处理数据、做出决策并控制执行。

连接性：它们也支持各种通信协议，使机械设备能够与外部环境或其他设备交互。

适应性：通过对 MCU 和 MPU 进行编程，智能机械可以适应不同的工作环境和需求。

13.1.3　嵌入式系统的软硬件设计原则

嵌入式系统是为特定功能而设计的计算机系统，通常不需要被用户编程。由于其特定性和有限的资源，设计嵌入式系统时必须遵循一些基本原则，以确保系统的性能、可靠性和效率。

1．硬件设计原则

资源优化：嵌入式系统的硬件资源（如内存、存储和处理能力）通常有限，所以设计时必须优化这些资源的使用。

功耗管理：嵌入式设备常常依赖于电池供电，因此应设计低功耗硬件，并实施有效的功耗管理策略。

模块化设计：通过模块化设计，可以确保系统的可扩展性和可维护性。

选择适当的微控制器/微处理器：根据应用需求，选择具有必要功能和足够处理能力的芯片。

可靠性与稳定性：选择高质量的组件，并进行充分的测试，确保系统在各种条件下的可靠性与稳定性。

2．软件设计原则

实时性：许多嵌入式应用都有实时性要求，因此应选择支持实时操作的操作系统或框架。

模块化与可重用：代码应模块化和可重用，以提高开发效率和减少错误。

优化性能：由于资源限制，软件应经过优化，确保快速响应和高效运行。

稳定性与错误处理：设计应考虑到异常和错误条件，并提供合适的错误处理机制。

安全性：随着 IoT 设备的增多，嵌入式系统的安全性变得越来越重要。设计时应考虑到可能的安全威胁，并实施相应的安全措施。

3．整合软硬件设计原则

紧密协同：软硬件设计应该紧密协同，确保最大化地利用软硬件资源。

早期验证：通过原型设计和模拟，早期验证硬件和软件的交互和性能。

考虑未来扩展：在设计时，考虑到系统可能的未来扩展，预留必要的接口和资源。

持续迭代：嵌入式系统的设计应是迭代的，持续优化和完善，以应对不断变化的需求和技术。

遵循上述原则，设计师可以确保嵌入式系统既能满足当前的功能需求，又具有高效、稳定和可靠的性能。

13.1.4　嵌入式系统在机械控制中的典型应用

嵌入式系统已经广泛应用于各种机械控制领域，由于其小型化、高效和特定功能的特点，嵌入式系统为机械设备提供了更智能、更精确的控制能力。以下是嵌入式系统在机械控制中的一些典型应用。

工业机器人控制：嵌入式系统是现代工业机器人的核心，它可以实时响应传感器的数据，精确控制机器人的运动轨迹和速度。

数控机床：嵌入式系统控制数控机床的各个轴的运动，实现复杂的零件加工。

汽车电子控制：从发动机控制、防抱死制动系统到先进的驾驶辅助系统，嵌入式系统在汽车行业中的应用是非常广泛的。

电梯控制系统：嵌入式系统监控电梯的运行状态，确保电梯的安全、平稳和高效运行。

无人机控制：嵌入式系统对无人机的飞行进行控制，包括定位、导航、稳定和避障。

智能家居：例如，自动窗帘、智能门锁等，都是基于嵌入式系统进行控制的。

医疗设备控制：包括心电图机、呼吸机、输液泵等，它们都需要嵌入式系统进行精确控制。

自动导引车（AGV）：在现代仓库和生产线中，AGV 需要嵌入式系统进行路径规划和障碍物避让。

电池管理系统：在电动车和可充电设备中，嵌入式系统用于监控和管理电池的状态，确保其安全和高效运行。

智能穿戴设备：像智能手表、健身追踪器等设备都依赖嵌入式系统进行各种功能的控制和数据处理。

嵌入式系统在机械控制中的应用已经渗透到各个领域，随着技术的进步，我们可以预见，未来将有更多的机械设备和系统采用嵌入式技术，实现更高的自动化和智能化水平。

13.2 物联网技术与智能机械

13.2.1 物联网的定义与组成

1. 定义

物联网（Internet of Things，IoT）是指通过信息传感设备，如射频识别、红外感应器、全球定位系统、激光扫描器等，按照协定的协议，连接任何物品与互联网进行信息交换和通信，以实现智能化的识别、定位、跟踪、监控和管理的网络。

2. 组成

传感器和执行器：这是物联网的感知层。通过各种传感器，如温度、湿度、位置、振动、声音等传感器，物联网系统可以收集来自现实世界的数据。执行器则可以根据数据和分析结果对物体执行特定操作。

网络连接：包括各种有线和无线技术，如 Wi-Fi、蜂窝网络、蓝牙、LoRa、NFC 等，用于将传感器、执行器和其他设备连接到中央服务器或云。

数据处理和存储：数据通常会发送到中央服务器或云进行存储和分析。这里使用的技术可以包括大数据、机器学习和 AI 算法，以从收集的数据中提取有用的信息。

应用和服务：一旦数据被分析和解释，它们就可以用于各种应用，从智能家居的控制到工业生产线的优化，再到城市基础设施的管理。

用户界面：用户可以通过各种设备，如智能手机、平板电脑或 PC，访问物联网系统，查看数据、接收警报或控制联网的设备。

安全：由于物联网设备通常与互联网连接，因此需要特定的安全措施来保护数据和设备不受攻击。

在智能机械领域，物联网技术可以实现远程监控、预测性维护、实时数据收集与分析、设备优化等功能，极大提高了设备的效率和可靠性。

13.2.2 通信协议与标准在物联网中的应用

在物联网领域，通信协议与标准是至关重要的，因为它们确保了设备之间的无缝通信。以下是物联网中广泛使用的一些主要协议和标准，以及它们的特点和应用情境。

1. MQTT（Message Queuing Telemetry Transport）

描述：这是一个轻量级的消息协议，专门为低带宽、高延迟或不稳定的网络环境设计。

应用：广泛应用于家居自动化、监控和传感器网络。

2. CoAP（Constrained Application Protocol）

描述：一个简单的协议，为资源受限的设备设计，基于 UDP 协议运行。

应用：主要用于低功率和低带宽的设备。

3. HTTP/HTTPS

描述：这是最常用的 Web 协议。

应用：主要用于物联网设备和云之间的通信，尤其是数据上传和下载。

4. ZigBee

描述：一个基于 IEEE 802.15.4 标准的低功耗无线通信协议。

应用：应用于智能家居、工业自动化和医疗健康领域。

5. 蓝牙（Bluetooth Low Energy，BLE）

描述：蓝牙是一个短距离无线通信标准，而 BLE 为低功耗设备提供了优化。

应用：用于健康监测、健身追踪、家居自动化。

6. LoRa（Long Range）

描述：一种长距离、低功耗的无线通信协议。

应用：用于农业、智能城市和远程传感器网络。

7. NB-IoT（Narrow Band Internet of Things）

描述：一种低功耗广域网（LPWAN）技术，为物联网设备提供简单、有效的长距离连接。

应用：用于智能计量、物流跟踪、城市停车。

这些协议和标准允许智能机械设备与其他设备、云服务和用户界面无缝地交互。在实际应用中，选择特定的通信协议通常取决于特定的应用需求，例如数据传输速度、距离、功耗和网络覆盖范围。

13.2.3 物联网在智能机械自动化中的角色

物联网在智能机械自动化中扮演着至关重要的角色，它为现代制造业、运输、能源等多个行业的数字化转型提供了动力。以下是物联网在智能机械自动化中的几个关键作用。

实时数据收集与监控：物联网设备，如传感器和控制器，可以实时监测机器的工作状态、温度、湿度、压力等关键指标。这为企业提供了即时的设备性能数据，帮助他们及时做出决策。

预测性维护：通过对设备数据的实时分析，物联网可以预测设备可能出现的故障或性能下降。这样，企业可以提前进行维护或更换部件，减少停机时间和生产损失。

远程控制和操作：借助物联网技术，操作者可以远程控制机器和设备，甚至在全球范围内进行集中管理，从而提高生产效率。

供应链和物流优化：通过物联网技术，企业可以实时跟踪原材料、产品和物流，确保生产线的连续运行，并及时响应需求变化。

能源管理和优化：物联网技术可以实时监控设备的能源消耗，帮助企业优化能源使用，降低成本并减少碳足迹。

安全与合规：物联网可以监控设备和工作环境的安全性，确保其符合各种工业标准和法规要求。

个性化生产：物联网和其他相关技术的结合，如 AI 和大数据，可以实现生产线的快速切换和个性化生产，满足客户的特定需求。

提高产品质量：实时监测和数据分析可以帮助企业及时发现生产过程中的偏差或不足，从而持续改进并确保产品质量。

综上所述，物联网在智能机械自动化中起到了桥梁作用，连接了设备、数据和人。它帮助企业实现更高的生产效率、更低的运营成本，同时也为企业提供了更大的创新和优化空间。随着"中国制造 2025"的战略部署，物联网在智能制造和工业 4.0 中的应用将进一步加深，为中国的制造业带来深刻的变革。

13.2.4　安全性和隐私问题在物联网中的重要性

随着物联网（IoT）设备的广泛应用，安全性和隐私成了其中不可忽视的重要问题。物联网设备大多连接到互联网，这为黑客和恶意攻击者提供了大量的目标。不仅如此，由于这些设备收集、存储和传输大量用户数据，它们也成了隐私泄露的风险所在。

攻击面的扩大：与传统的计算机网络相比，物联网设备扩大了网络的攻击面。很多设备可能缺乏足够的安全措施，如固件更新、强密码和加密技术，从而容易受到攻击。

数据泄露：许多物联网设备不断地收集用户数据，如位置、健康状况、消费习惯等。如果这些设备的安全措施不足或配置不当，可能导致这些数据被未经授权的第三方访问或利用。

设备劫持：黑客可能劫持物联网设备并使其加入"僵尸网络"，用于发动大规模的分布式拒绝服务攻击（Distributed Denial of Service，DDoS）。

生命安全威胁：一些关联到人们生命的物联网设备，如医疗设备、智能车辆和家庭安全系统，如果受到攻击，那么可能对人们的生命安全造成直接威胁。

隐私侵犯：除了数据泄露，未经用户同意的数据收集和使用也是一个重要的隐私问题。企业可能会使用这些数据进行广告定向，或者将数据出售给第三方。

法律和合规问题：随着物联网的应用越来越广泛，很多国家都开始出台相关的法律和规定，要求企业确保物联网设备的安全和用户数据的隐私。

在中国，随着物联网市场的快速增长，政府和相关机构也越来越重视物联网的安全性和隐私问题。例如，中国政府已经出台了一系列关于网络安全和个人数据保护的法律和规定，确保企业和用户的权益得到保障。

为了应对这些安全性和隐私挑战，企业需要采取一系列措施，如定期更新固件、使用强密码和加密技术、提供用户隐私设置选项等。同时，政府和行业组织也需要加强监管和制定更加明确的安全和隐私标准，以确保物联网设备的安全和用户数据的隐私得到有效保护。

13.3　机器视觉、AI 与机械控制的整合

13.3.1　机器视觉的基本原理与技术

1. 机器视觉的基本原理

机器视觉是一种模拟人类视觉系统，使机器能够通过摄像头或其他传感器捕捉和解析图像信息的技术。这种技术主要是基于计算机视觉，一个涉及使用数字图像处理来增强、解释和理解图像的复杂领域。

图像采集：机器视觉系统首先需要通过摄像头或其他光学传感器来捕获图像。

预处理：图像常常需要进行预处理，例如去噪、调整对比度和亮度、颜色变换等，以提高图像的质量和可解释性。

特征提取：从预处理后的图像中提取有意义的信息或特征，如边缘、角点、纹理等。

图像识别：根据提取的特征，使用各种算法（如模式匹配、机器学习等）来识别图像中的物体、模式或其他有关的属性。

后处理：识别后的数据可能需要进一步的分析和解释，以确定下一步的操作或决策。

在中国，随着人工智能和机器学习技术的快速发展，机器视觉已经在许多产业中得到广泛应用，例如，在制造业中用于产品质量检测，在医疗领域用于疾病诊断，在安全领域用于面部识别等。

2. 机器视觉的主要技术

光学和照明技术：选择合适的摄像头和照明系统是机器视觉应用的关键。

图像处理算法：如边缘检测、分割、滤波等。

模式识别技术：如模板匹配、特征匹配等。

机器学习与深度学习：如卷积神经网络（CNN）在图像分类中的应用。

机器视觉是一个跨学科的领域，涉及光学、电子、计算机科学、机器学习等多个领域，为各种应用提供了强大的视觉识别能力。

13.3.2 AI 技术在图像处理和模式识别中的应用

AI（人工智能）已经成为现代图像处理和模式识别领域的核心技术，尤其是深度学习技术。这些技术已经在许多应用中实现了人类级别甚至超越人类的性能。

1. 卷积神经网络（CNN）

CNN 是最早用于图像分类任务的深度学习模型。它通过使用卷积层来自动学习图像的特征表示。

CNN 被广泛用于面部识别、图像分类、对象检测等任务。

2. 物体检测和实例分割

如 RCNN、Fast RCNN、Faster RCNN 和 Mask RCNN 等模型可以识别图像中的多个物体并对其进行分割。

YOLO（You Only Look Once）和 SSD（Single Shot MultiBox Detector）提供了实时物体检测的能力。

3. 生成对抗网络

生成对抗网络（Generates Adversary Network，GAN）可以生成逼真的图像、音频和视频。

在图像处理中，GAN 被用于图像生成、图像到图像的转换、超分辨率等任务。

4. 迁移学习

迁移学习允许开发者利用预训练的模型（例如，训练在大规模图像数据集上的模型）来加速和优化特定任务的学习过程。

例如，可以使用在 ImageNet 上预训练的模型来进行医学图像分析或卫星图像分类。

5. 增强学习在图像中的应用

增强学习已经被应用于视觉导航、游戏玩家策略优化等任务。

在中国，人工智能技术已在许多行业中得到广泛应用，例如：

医疗：AI 辅助诊断、医学图像分析和预测疾病的发展。

零售业：自动结账系统、智能库存管理和面部支付。

安全与监控：智能视频分析、异常检测和面部识别。

通过 AI，图像处理和模式识别已经实现了前所未有的进步，从而为各种应用开辟了新的可能性。

13.3.3　机械控制与机器视觉的实时整合技术

机械控制与机器视觉的实时整合技术是工业自动化、机器人技术和许多其他应用中的关键部分。它们的整合为各种自动任务提供了增强的功能和精确性，从简单的零件检测到高度复杂的机器人导航。

1. 实时图像处理

采用高速摄像机和专门的图像处理硬件，如 GPU 和 FPGA，可以快速捕捉并处理图像数据。实时边缘检测、特征提取和物体识别算法使系统可以快速响应环境变化。

2. 传感器融合

除了传统的视觉传感器，还可以整合深度摄像机、激光雷达（LiDAR）和红外摄像机等其他类型的传感器。

数据融合算法可以结合这些传感器提供的数据，为机器人或机械系统提供全面的环境感知。

3. 闭环控制系统

通过机器视觉得到的信息可以被用作反馈，以调整机械控制策略。例如，如果一个机器人臂试图抓取一个移动的物体，摄像机可以持续跟踪该物体并调整机器人臂的移动轨迹。

4. 机器学习与 AI 的整合

机器学习算法可以使机器视觉系统在复杂环境中进行自我调整和优化。

例如，通过持续学习，系统可以识别新的物体或适应不同的光线条件。

5. 低延迟通信

为了实时控制，数据传输的延迟必须最小化。使用低延迟的通信协议和有线连接可以确保快速的数据交换。

6. 实时控制算法与优化

为了确保精确和稳定的操作，控制系统需要实时调整其参数。

PID 控制、模糊逻辑和其他现代控制算法可以确保机械系统的快速响应和精确动作。

在中国，机械控制与机器视觉的实时整合技术在各种领域都有广泛应用，如：

制造业：用于自动化生产线上的质量控制和零件检测。

物流：在自动化仓库中使用机器人进行货物搬运和排序。

服务业：如餐饮业中的服务机器人和清洁机器人。

13.3.4　AI 在高级机械控制中的实际方案

随着 AI 技术的快速发展，它已经在高级机械控制中找到了广泛的应用，不仅提高了机械系统的效率，还增强了其智能性和适应性。以下是 AI 在高级机械控制中的一些实际方案。

1. 自适应控制

传统的机械控制策略通常是预先设计的，并且对于特定的任务或操作环境进行了优化。然而，当环境或任务参数发生变化时，这些策略可能不再是最佳选择。

通过 AI 和机器学习，控制系统可以实时地学习并调整自己的策略，以适应新的条件，从而实现自适应控制。

2. 预测性维护

使用 AI 技术，如深度学习和时间序列分析，可以预测机械系统的潜在故障，从而减少停机时间并提高生产效率。

例如，通过分析机械设备的振动、温度和声音数据，AI 算法可以提前检测出即将发生的故障，并提前采取措施。

3. 机器人路径规划

在复杂环境中导航是机器人的一大挑战。通过 AI 和强化学习技术，机器人可以学习如何在多变的环境中找到最佳的路径，同时避开障碍物。

4. 复杂任务自动化

例如，使用机器学习的手部机械臂可以学习复杂的装配任务，如插入和旋转螺栓，或精细的搬运任务，如捡起一个玻璃珠。

5. 智能监控与决策支持

通过实时分析大量的传感器数据，AI 系统可以为操作员提供决策支持，指导他们进行更优的机械操作或控制。

6. 动态系统优化

在复杂的生产线或机械系统中，通过 AI 技术实时分析系统的性能数据，可以动态地调整参数，以达到最佳的生产效率和质量。

在中国，许多先进的制造企业和研究机构已经在探索 AI 在机械控制中的应用。其中一些知名的公司，如华为、阿里巴巴和大疆，都在其产品和解决方案中融入了这些先进的技术。

13.4 大学生创新应用实践方案

13.4.1 基于嵌入式系统的智能农业设备

1. 背景

随着现代农业技术的发展，智能农业设备的需求日益增长。为了满足这一需求，我们可以考虑使用嵌入式系统为农业设备赋予智能功能，使之更加高效、自动化。

2. 方案描述

智能水肥一体化设备：

使用土壤湿度传感器和温度传感器，根据农作物的需要实时调整灌溉和施肥的量。

嵌入式控制器可以根据预先设定的算法或用户的输入，自动控制水泵和施肥设备。

智能植保无人机：

利用 GPS 和图像识别技术，自动检测病虫害并进行精确喷洒农药。

嵌入式系统可以控制无人机的飞行路径，确保覆盖整个农田，并在必要时进行避障。

智能气象站：

利用各种气象传感器收集数据，如温度、湿度、风速等，预测天气变化，为农作物的生长提供参考。

嵌入式系统可以实时处理这些数据，并通过无线方式将预测结果发送到农民的手机或电脑上。

3. 实施步骤

需求分析：与当地农民交流，了解他们在农业生产中的具体需求和痛点。

硬件选择：根据需求选择合适的传感器、执行器和嵌入式控制器。

软件开发：编写控制算法和用户界面，使设备易于操作和维护。

原型测试：在实际农田中测试设备的性能，根据测试结果进行调整。

推广应用：与当地的农业合作社或政府部门合作，推广这些智能农业设备。

4．预期效果

提高农作物的产量和质量。

降低农业生产的成本，如水、肥料、农药等的用量。

减轻农民的劳动强度，提高生产效率。

5．适用性

此方案尤其适合于大学生，因为它既可以锻炼他们的技术能力，也可以培养他们的创新精神和团队合作精神。此外，这个方案还有助于解决实际的农业问题，为社会创造价值。

13.4.2　物联网驱动的自动化温室监控系统

1．背景

随着农业现代化的发展，自动化温室已经成为农业生产的一部分。通过使用物联网技术，我们可以实时地监测和调整温室内的环境参数，以确保作物的最佳生长条件。

2．方案描述

环境参数监测：

使用各种传感器实时监测温室内的温度、湿度、光照强度和二氧化碳浓度等。

通过物联网技术将收集到的数据实时传输到云端。

自动化控制：

根据传感器收集的数据，通过预先设置的算法或用户输入，自动调整温室的暖气、灌溉系统、遮阳网和通风系统。

使用物联网设备，如智能插座或继电器控制温室内的设备。

远程监控与操作：

用户可以通过手机或电脑应用远程查看温室内的环境参数。

如果有必要，用户还可以远程控制温室内的设备。

3．实施步骤

需求分析：与温室农场主交流，了解他们的具体需求和当前使用的技术。

硬件部署：在温室内部署所需的传感器、控制器和物联网设备。

软件开发：开发云端平台和用户应用，实现数据的实时展示、分析和控制。

系统测试：在实际环境中测试系统的性能，确保其稳定性和可靠性。

推广应用：将此系统推广到其他温室农场，持续优化和升级。

4．预期效果

保证了温室内的最佳生长环境，提高了农作物的产量和质量。

减少了人工干预，降低了管理成本。

为农场主提供了远程管理的可能性，提高了工作效率。

5．适用性

此方案非常适合大学生实施，因为它涉及多个领域，如物联网、嵌入式系统、云计算和移动应用开发。大学生可以通过此项目培养自己的跨学科素养和团队合作能力，同时也能为农业领域带来实际的价值。

13.4.3 机器视觉辅助的自动化装配线

1. 背景

在现代制造业中，提高产品的质量和生产效率是企业的核心追求。利用机器视觉技术对装配线进行实时监控和反馈，不仅可以大大减少缺陷率，还可以提高生产速度和减少人工干预。

2. 方案描述

部件识别与检测：

使用高分辨率相机捕获装配部件的实时图像。

利用图像处理技术，如边缘检测和特征匹配，确保部件的正确和完整。

定位与导引：

机器视觉系统可以实时计算部件的位置和方向，为机械臂提供精确的坐标。

在需要高精度的场景中，机器视觉系统可以提供亚毫米级的定位精度。

质量检测：

在装配完成后，机器视觉系统可以对产品进行全面的检查，确保没有缺陷或瑕疵。

识别出的缺陷可以被立即纠正，大大减少了废品率。

3. 实施步骤

需求分析：与制造商交流，了解装配线的具体流程和可能的问题点。

相机与传感器部署：选择合适的机器视觉硬件，并在关键位置进行部署。

软件开发：开发图像处理算法和实时反馈系统，实现自动检测和识别。

系统测试与优化：在实际生产环境中测试系统的性能，对算法进行优化以适应不同的生产条件。

持续优化与升级：根据生产数据对系统进行持续的优化和升级，确保其长期稳定运行。

4. 预期效果

显著提高生产效率，减少人工检查和修复的时间。

大大降低缺陷率，提高产品质量。

为制造商提供了一个稳定可靠的生产工具，有助于其提高市场竞争力。

5. 适用性

此方案非常适合大学生实施，因为它结合了机械工程、电子工程和计算机科学等多个学科。大学生可以通过此项目深入了解机器视觉和自动化技术的应用，同时也能为制造业带来实际的价值。

13.4.4 AI 驱动的智能导航机器人

1. 背景

随着社会老龄化和服务业的蓬勃发展，智能导航机器人在医疗、零售和家居领域的需求日益增加。与 AI 技术的融合可以使这些机器人更加智能，更好地服务于人类。

2. 方案描述

环境感知：

使用多个传感器，如摄像头、雷达和超声波，捕获周围环境的信息。

利用深度学习算法进行物体检测和识别，使机器人可以识别出路障、人群和其他重要物体。

智能导航：

利用 AI 算法，如强化学习，使机器人能够在复杂环境中进行自主导航。

机器人能够根据实时环境数据自动规划路径，避免碰撞和危险。

人机交互：

使用自然语言处理技术，使机器人能够理解和回应人类的语言和手势。

设计友好的用户界面，使非技术人员也能轻松操作和设置机器人。

3. 实施步骤

需求分析：了解目标用户群和应用场景，确定机器人的主要功能和特性。

硬件选择与集成：选择合适的传感器、执行器和计算平台，并进行硬件集成。

软件开发：开发 AI 算法和交互界面，实现机器人的智能导航和人机交互功能。

系统测试与优化：在实际环境中测试机器人的性能，根据反馈进行优化。

用户培训与推广：组织培训活动，教育目标用户如何使用和维护机器人，并推广其应用。

4. 预期效果

机器人能够在复杂环境中稳定、安全地工作，提供高质量的服务。

用户能够轻松地与机器人交互，获得满意的使用体验。

5. 适用性

此方案非常适合大学生实施，因为它结合了机械工程、电子工程、计算机科学和 AI 等多个学科。大学生可以通过此项目掌握 AI 技术的前沿知识，同时也能对智能机器人领域的创新和发展做出贡献。

13.4.5　使用物联网技术的远程健康监控系统

1. 背景

在全球化的背景下，远程健康监控成为一种趋势，特别是在农村地区和远离医疗中心的地方。物联网技术可以帮助医生和医疗人员实时监测病人的健康状况，为他们提供即时的医疗建议。

2. 方案描述

设备和传感器：

采用可穿戴的健康监测设备，如心率监测器、血糖仪、血压计等。

这些设备内置传感器可以实时捕获健康数据，并通过物联网技术传输到云端。

数据中心：

在云端设立专门的健康数据中心，存储、处理和分析从各种设备传输来的数据。

利用 AI 和大数据技术，实时分析健康数据，发现潜在的健康问题。

用户界面：

开发一个用户友好的移动应用或网页界面，使病人和医生可以实时查看健康数据。

医生可以基于这些数据为病人提供医疗建议或调整治疗方案。

3. 实施步骤

市场调研：了解目标用户的需求和期望，确定系统的功能和特性。

设备选择与集成：选择合适的健康监测设备和传感器，并进行集成。

软件开发：开发数据中心的后端系统、数据处理算法，以及用户界面。

系统测试与优化：在实际环境中测试系统的性能和可靠性，根据反馈进行优化。

推广与服务：向医疗机构和公众推广系统，提供持续的技术支持和服务。

4. 预期效果

病人可以实时监测自己的健康状况，及时发现并处理健康问题。

医生可以更加高效地为病人提供医疗服务，提高医疗质量。

降低医疗成本，减少不必要的医疗资源浪费。

5．适用性

此方案特别适合大学生实施，因为它涉及物联网技术、医学知识、软件开发等多个学科。通过此项目，大学生可以掌握前沿技术，同时也能为社会的健康事业做出贡献。

13.4.6 嵌入式系统在智能交通中的应用

1．背景

随着城市化进程的加快和机动车数量的激增，交通拥堵、事故频发和环境污染成为许多大城市的日常。智能交通系统（Intelligent Traffic System，ITS）是解决这些问题的有效手段，而嵌入式系统作为 ITS 的核心技术之一，发挥着至关重要的作用。

2．方案描述

交通信号控制：

使用嵌入式系统自动调整红绿灯时序，基于实时的交通流量来优化交通信号，减少交通拥堵。

自动驾驶辅助系统：

在汽车上安装嵌入式传感器和摄像头，用于实时监测车辆周围的环境。

嵌入式处理器分析这些数据，为驾驶员提供碰撞预警、车道偏离预警等安全辅助功能。

电子收费系统：

使用嵌入式 RFID 或 NFC 技术，实现无人值守的高速公路和桥梁收费，提高收费效率。

公共交通管理：

在公交车和地铁上安装嵌入式 GPS 设备，实时监测其位置，并通过公交/地铁查询应用为乘客提供实时的班车信息。

3．实施步骤

需求分析：针对目标区域进行交通需求分析，确定最需要智能交通解决方案的地方。

系统设计与集成：设计嵌入式硬件和软件系统，并集成到交通设备中。

实地测试：在实际环境中测试嵌入式系统的性能和可靠性。

系统部署与维护：在更大的范围内部署系统，并提供持续的技术支持和维护服务。

4．预期效果

明显减少交通拥堵，提高交通流量。

降低交通事故率，提高道路交通安全。

优化公共交通服务，提高乘客满意度。

减少环境污染，推进绿色出行。

5．适用性

此方案非常适合大学生实施，不仅因为它涉及嵌入式系统、交通工程和软件开发等多个学科，还因为它与每个人的日常生活都密切相关。大学生可以通过此项目实践理论知识，同时也能为社会的交通事业做出贡献。

13.4.7 基于机器视觉的缺陷检测系统

1．背景

在许多制造行业，如电子、汽车和纺织等，产品质量都是至关重要的。传统的人工检测方法既低效又有可能出错。而机器视觉技术提供了一种快速、准确的自动化检测解决方案。

2. 方案描述

高分辨率摄像头：安装摄像头来实时捕获生产线上的产品图像。

图像处理算法：

使用预处理技术，如滤波和增强，以减少噪声并提高图像质量。

使用边缘检测、形态学运算等技术识别产品可能的缺陷区域。

缺陷分类：训练深度学习模型（如卷积神经网络）来分类和识别不同的缺陷类型。

实时反馈：系统将检测到的缺陷实时反馈给操作员或直接与生产线控制系统集成，自动剔除次品。

3. 实施步骤

需求分析：与制造商合作，了解生产线的具体需求和可能的缺陷类型。

硬件选择与安装：选择适合的高分辨率摄像头并在生产线关键位置进行安装。

软件开发：开发图像处理算法，并训练深度学习模型进行缺陷分类。

系统测试与调整：在实际生产环境中测试系统的准确性和稳定性，根据结果进行调整。

系统部署：全面部署系统，并进行长期的监控和维护。

4. 预期效果

提高产品质量，减少次品数量。

提高检测效率，降低人工成本。

提供对生产过程的实时反馈，有助于持续改进生产工艺。

5. 适用性

这种基于机器视觉的缺陷检测系统非常适合大学生进行创新实践。它结合了计算机视觉、深度学习和制造工程等多个领域的知识，为大学生提供了一个跨学科的项目实践平台。大学生可以与制造业合作，将最新的研究成果应用到实际生产中，为企业创造价值的同时，也为自己的学术和职业生涯积累宝贵的经验。

13.4.8　AI 优化的自动仓储管理

1. 背景

随着电子商务的迅猛发展，高效的仓库管理和物流变得尤为重要。自动化仓储管理不仅可以提高效率，还可以减少错误。结合 AI 技术，可以进一步优化仓库的存储、检索和分拣等操作。

2. 方案描述

自动化存取系统（Automated Storage and Retrieval System，AS/RS）：通过自动化机器人和移动货架实现货物的自动存储和取出。

AI 驱动的库存优化：

通过分析销售数据和趋势预测，为库存量和重新订货点提供智能建议。

识别并优化库存的长尾商品，减少过度存储。

机器视觉辅助的货物检查与分拣：

使用摄像头检查货物的完整性和质量。

通过图像识别技术自动分拣货物。

智能路径规划：利用算法为仓库机器人提供最优化的路径规划，确保高效的货物移动。

3. 实施步骤

需求分析：与仓库管理者合作，明确需求和目标。

硬件部署：在仓库中安装自动化机器人、摄像头和其他相关设备。

软件开发与集成：开发并集成 AI 算法、库存管理系统和机器人控制系统。

测试与优化：在实际环境中测试系统，根据反馈进行优化。

系统部署与培训：全面部署系统，并为仓库员工提供培训。

4. 预期效果

显著提高仓库操作的效率和准确性。

降低人工操作的成本，减少错误率。

使库存管理更加智能化，减少存储浪费。

5. 适用性

对于大学生来说，这是一个结合 AI、机器学习、机械工程和物流管理等多个领域的综合项目。通过该项目，学生可以学习到如何将 AI 技术应用到实际工作中，提高工作效率和准确性。此外，这也是一个与企业紧密合作、解决实际问题的机会，可以为学生提供宝贵的实践经验。

13.4.9 物联网与智能制造的融合应用

1. 背景

随着工业 4.0 的提出和实施，物联网技术在智能制造中的应用日益广泛。物联网技术的核心在于连接各种物理设备，实时收集数据，以实现对整个制造过程的智能监控、分析和优化。

2. 方案描述

智能生产线监控：通过传感器收集生产线上的实时数据，比如设备的工作状态、生产进度、产品质量等。

远程设备维护与控制：运用物联网技术实时监测设备的工作状态，预测和预防可能的故障，同时实现远程操作和维护。

实时库存管理：通过 RFID 技术和传感器实时监测原材料和产品的数量，与供应链系统集成，自动完成补货等操作。

产品质量检测：利用机器视觉和传感器技术对产品进行实时质量检测，确保产品的合格率。

智能能源管理：通过物联网技术监控和控制生产线上的能源消耗，实现能源的高效利用。

3. 实施步骤

需求分析与规划：根据生产线的实际情况，确定物联网技术的应用场景和目标。

设备与系统部署：选择合适的传感器和控制器，安装到生产线上，并与后台系统集成。

数据分析与优化：收集生产线上的数据，进行数据分析，找出生产过程中的瓶颈和问题，制定优化策略。

培训与推广：对员工进行培训，确保他们能够熟练操作物联网系统，同时推广物联网技术在其他生产线的应用。

4. 预期效果

提高生产效率和产品质量。

减少设备的故障率，降低维护成本。

实现实时的生产监控和管理。

5. 适用性

对于大学生来说，这是一个很好的实践机会，他们可以深入了解物联网技术在智能制造中的应用，学习如何将理论知识运用到实际生产中，提高实际操作能力和创新能力。同时，这也为学生提供了与企业紧密合作、解决实际问题的机会。

13.4.10　基于 AI 的自动驾驶农业机械设计

1. 背景

随着科技的进步，农业也逐渐进入了智能化时代。特别是在大规模农田作业中，自动驾驶的农业机械能大大提高工作效率和降低人工成本。基于 AI 技术的自动驾驶农业机械可以更好地适应复杂的农田环境，执行精准的农作操作。

2. 方案描述

感知与数据收集：在农业机械上装备各种传感器，例如摄像头、雷达、GPS 等，用于实时收集环境数据和机器状态。

路径规划与决策：AI 算法根据实时的数据分析农田的环境和农作物状态，自动规划最佳的作业路径，避开障碍物，并确定如何执行各种农作操作。

控制执行：自动驾驶系统控制农业机械的动作，如前进、后退、转弯、播种、收割等。

远程监控与干预：在某些特定情况下，例如机器遇到无法自动解决的问题时，操作员可以远程连接到农业机械，进行监控和手动干预。

学习与优化：通过机器学习，农业机械可以不断地从每次作业中学习和优化，提高作业的效率和精度。

3. 实施步骤

需求分析：首先确定农业机械的主要功能和应用场景，例如播种、耕作、收割等。

硬件选择与安装：选择合适的传感器和执行器，进行硬件设计和安装。

软件开发与调试：基于 AI 技术开发自动驾驶算法，进行模拟测试和实地调试。

培训与推广：对农民进行培训，让他们了解自动驾驶农业机械的操作和维护方法，推广到更多的农田进行作业。

4. 预期效果

提高农田作业的效率和质量。

降低农业机械操作的人工成本。

减少农作误操作造成的损失。

5. 适用性

这个方案适合大学生进行创新和实践。他们可以深入研究 AI 和自动驾驶技术在农业领域的应用，进行实地测试和调试，与农民合作，了解农业实际需求，不断优化和完善自动驾驶农业机械的设计和性能。

第 14 章　智能机械与土木工程的融合

14.1　现代建筑机械技术的智能化

14.1.1　建筑机械的发展历程及智能化趋势

1. 发展历程

手工时代：在早期的建筑领域，人们主要依赖于手工劳动和基本的工具进行建筑活动。

机械化时代：随着工业革命的到来，各种建筑机械如挖掘机、吊车、搅拌机等开始广泛应用，大大提高了建筑效率。

自动化时代：在 20 世纪下半叶，随着电子技术的发展，许多建筑机械开始采用电子控制系统，进一步提高了机械的工作效率和准确性。

信息化时代：在 21 世纪初，计算机技术和通信技术的结合使得建筑机械可以进行远程监控和操作，使得建筑过程更加智能化。

2. 智能化趋势

物联网技术的应用：借助于物联网技术，现代的建筑机械可以进行实时数据采集和远程监控，提高了工作效率和安全性。

AI 技术的融合：通过 AI 技术，建筑机械可以进行自动化的决策和操作，例如自动化地挖掘、自动化地吊装等。

3D 打印技术的引入：3D 打印技术在建筑领域的应用也日益增多，可以进行快速的原型制作和建筑部件的制造。

虚拟现实和增强现实技术的融入：这些技术可以帮助工程师和设计师在虚拟环境中模拟建筑过程，进行更加准确的计划和设计。

绿色和可持续性：随着环境保护意识的增强，建筑机械也越来越注重绿色和可持续性，如采用更加环保的燃料、更加节能的设计等。

从手工到机械化，再到自动化和信息化，建筑机械的发展经历了一个漫长但富有成果的历程。随着技术的不断进步，建筑机械的智能化趋势也越来越明显，未来的建筑机械将更加高效、智能和环保。

14.1.2　智能监控与远程操控技术在建筑机械中的应用

1. 实时监控

视频监控：现代的建筑机械经常配备高清摄像头，能够提供实时的视频流，供操作员或项目经理监控机器的工作状态和工地情况。

传感器技术：通过各种传感器（如振动传感器、温度传感器和压力传感器）收集的数据，可以实时监控机械的工作状态，预测并避免潜在的故障。

2. 远程操控

遥控操控：在某些危险或不易接近的建筑环境下，操作员可以使用无线遥控器或通过网络远程操控建筑机械，确保人员安全。

自动导航：一些高级的建筑机械，如无人驾驶的挖掘机或推土机，可以利用 GPS 和其他传感器数据进行自动导航和操作。

3. 数据分析与优化

云计算与大数据：通过收集大量的操作数据，建筑机械制造商可以利用云计算和大数据技术分析机械的使用模式，为用户提供更优化的操作建议。

预测性维护：通过分析机械的实时工作数据，可以预测潜在的故障，并提前进行维护，减少停机时间。

4. 安全增强

碰撞预防：通过安装各种传感器和高清摄像头，建筑机械可以实时检测周围的障碍物，并发出预警或自动停机以避免碰撞。

操作员辅助系统：例如，挖掘机的深度限制系统可以帮助操作员准确地控制挖掘深度，避免过度挖掘。

随着技术的进步，智能监控与远程操控技术在建筑机械中的应用越来越广泛，为建筑行业带来了更高的效率和安全性。从实时视频监控到自动导航，再到数据分析和预测性维护，这些技术都大大提高了建筑机械的工作效率和可靠性。

14.1.3　机器学习与预测性维护在建筑机械中的实施

1. 机器学习在建筑机械中的应用

机器学习，尤其是深度学习技术，近年来在众多领域都取得了显著的进展。在建筑机械领域，机器学习的应用主要集中在预测性维护、操作优化、故障检测和自动控制等方面。

2. 数据收集

为了实施机器学习，首先需要大量的数据。建筑机械上的各种传感器（例如振动传感器、温度传感器、扭矩传感器等）不断地收集数据，这些数据被传输到中央数据库或云端进行分析。

3. 数据预处理与信息提取

从原始数据中提取有用的信息是机器学习的关键步骤。这通常涉及数据清洗、归一化、特征工程等步骤，以确保输入机器学习模型的数据是有质量的。

4. 预测性维护的实施

故障预测：机器学习模型通过分析历史数据，学习机械在即将出现故障前的行为模式，从而在实际操作中预测并提前警告即将发生的故障。

维护建议：根据预测结果，系统会提供维护建议，例如更换部件、润滑或进行其他必要的保养。

5. 持续的模型优化

由于建筑环境和机械状态的持续变化，机器学习模型需要定期进行训练和优化，以适应新的情况和提高预测的准确性。

6. 实际案例

例如，某大型建筑公司使用机器学习模型分析其挖掘机的传感器数据，成功地预测了液压系统的故障，从而避免了大量的维修成本和长时间的工作中断。

机器学习和预测性维护的结合，为建筑机械领域带来了前所未有的优势。这不仅提高了设备的可用性和延长了寿命，还大大减少了因故障而导致的意外和停工时间，为建筑行业节省了巨大的成本。

14.1.4　智能建筑机械对建筑效率与安全性的影响

1. 提高建筑效率

自动化操作：智能建筑机械如自动化挖掘机和混凝土浇筑机器人可以在无需人工干预的情况下独立操作，从而加快工程进度。

实时监测与反馈：传感器和监控系统为操作者和工地管理人员提供实时数据，使他们能够及时做出决策，优化建筑流程。

资源优化：智能建筑机械通过数据分析可以更有效地利用资源，减少浪费，如准确测量混凝土用量，避免过度浇筑或浪费。

2. 增强建筑安全性

预测性维护：如前所述，通过分析数据预测机械可能的故障，从而避免因机械故障导致的事故。

自动化安全监测：机械上的摄像头和传感器可以自动监测危险区域，如盲点，从而减少操作员的错误和事故。

智能警报系统：在检测到潜在危险或异常情况时，系统会自动发出警报，确保及时采取应对措施。

3. 工人培训与协助

增强现实（AR）与虚拟现实（VR）：这些技术可以为工人提供实时的指导信息，帮助他们更准确、更安全地完成任务。

4. 环境影响与持续性

减少浪费：通过优化资源使用和准确地测量所需材料，智能建筑机械可以显著减少建筑过程中的浪费。

环境监测：传感器可以监测噪声、尘埃和其他污染物的排放，确保施工活动符合环境标准。

智能建筑机械通过提高建筑效率、确保安全性、减少浪费和负面环境影响，为建筑行业带来了革命性的变化。这些技术的应用不仅带来了经济利益，还为工人提供了更安全、更健康的工作环境。

14.2　绿色建筑机械与节能技术

14.2.1　绿色建筑机械的定义与重要性

1. 定义

绿色建筑机械指的是在设计、生产和使用过程中，都充分考虑到环境保护和资源节约的要求，力求实现低能耗、低排放、高效率和可再生循环使用的建筑设备和机械。

2. 重要性

环境保护：

绿色建筑机械减少了对环境的污染，包括减少有害物质排放和减少噪声污染。

与传统机械相比，绿色建筑机械对生态系统的破坏更小，有助于维持生态平衡。

资源节约：

绿色建筑机械在生产和操作中都要求高效使用资源，如电力、燃料和原材料，这有助于降低运营成本。

可再生循环使用的设计确保了资源的持续利用，减少了不必要的浪费。

经济效益：

节能技术可降低能源消耗，从而为企业节省资金。

绿色建筑机械的维护和更新成本相对较低，因为它们的设计是为了减少损耗和延长使用寿命。

市场需求：

当前，全球对绿色建筑和可持续发展的关注正在增加。采用绿色建筑机械的公司可能会获得更大的市场份额和更好的品牌形象。

许多政府和国际组织都提供了对采用绿色技术的项目的激励和补贴。

应对全球变暖：

绿色建筑机械减少了温室气体排放，从而帮助应对全球变暖的挑战。

技术革新：

绿色建筑机械往往采用最新的技术和创新，从而为企业带来技术竞争优势。

绿色建筑机械不仅代表了技术和创新的进步，还符合当前全球对可持续发展的要求和关注。随着全球对环境问题的日益关注，这些机械将在建筑行业中发挥越来越重要的作用。

14.2.2　电动化与混合动力系统在建筑机械中的应用

1. 电动化在建筑机械中的应用

全电动建筑机械：随着电池技术和电机技术的进步，某些小型和中型建筑设备已经开始使用全电动系统。这些机械设备在噪声和排放方面都有显著优势。

节能与减排：电动建筑机械通常比传统的燃油机械更为节能，且无排放，有助于环境保护。

维护成本降低：由于电动建筑机械具有更少的移动部件和不需要更换机油等常规维护，因此长期运行成本可能更低。

2. 混合动力系统在建筑机械中的应用

工作原理：混合动力系统结合了传统内燃机与电动马达的优势。在需要大量动力的操作中，传统内燃机与电动马达可以同时工作；在低负荷操作中，机器可能只使用电动马达。

燃油效率的提升：通过有效地管理和调度两种动力来源，混合动力建筑机械可以显著提升燃油效率。

排放减少：混合动力系统在某些操作中可以依赖其电动部分，从而减少了传统内燃机的使用时间和相关的排放。

再生制动系统：一些混合动力建筑机械利用再生制动系统，将制动时产生的能量存储回电池中。

3. 电动化和混合动力系统的挑战与机会

初步投资：虽然电动化和混合动力系统的运行和维护成本可能更低，但它们的初始购买价格可能比传统机械更高。

电池技术和续航里程：电池的重量、体积、成本和续航里程仍是电动化和混合动力系统面临的主要挑战之一。

培训和维护：工作人员可能需要对新技术进行培训，尽管长期的维护成本可能更低，但初次维护和更换部件可能需要专门知识。

市场接受度与规模化：随着电池技术的进步、成本的降低和对环境友好性的日益关注，电动化和混合动力建筑机械的市场接受度和规模化应用有望得到加速。

电动化和混合动力系统为建筑行业提供了更为环保、高效的机械选择。尽管仍存在挑战，但这些技术为建筑行业提供了向更加绿色、可持续的方向发展的机会。

14.2.3 节能技术与系统在建筑机械中的整合与优化

1. 节能技术的重要性

随着全球能源危机的加剧和环保要求的提高，节能技术在建筑机械中的应用日益受到重视。其主要目标是提高设备效率，降低能耗，从而减少排放，降低运营成本。

2. 主要的节能技术

能量回收系统：如在液压系统中应用的能量回收系统，可以收集并重新利用一些在常规操作中会被浪费的能量。

优化的驱动技术：如电子控制的连续可变传动（Continuously Variable Transmission，CVT）和电动助力系统。

高效润滑与冷却系统：适当的润滑和高效冷却可以减少能量损失和机械磨损。

3. 节能系统的整合与优化

集成节能技术：为确保各个技术之间的无缝协同，节能技术需要在设计阶段进行整合，考虑机械的整体性能。

智能控制系统：现代的控制系统可以实时监测机械的工作状态，并自动调整其工作模式，以在不影响性能的情况下实现最大化节能效果。

预测性维护：通过收集和分析数据，预测何时需要进行维护或更换部件，从而避免过早或过晚的维护，实现更高的能效。

4. 节能优化实践

运营人员培训：对于所有的建筑机械来说，机器的操作方式会对其能效产生影响。因此，为操作人员提供适当的培训，使他们了解如何以最节能的方式去操作机器是至关重要的。

实时监控与反馈：通过在设备上安装传感器和数据记录器，可以实时监控其性能和能耗，并为操作人员提供反馈，从而进行实时优化。

定期评估与升级：随着技术的进步，新的节能技术和解决方案不断涌现。因此，建筑机械应定期进行评估和升级，以确保其始终保持在最佳的能效状态。

5. 未来展望

随着科技的快速发展，在物联网、AI和大数据领域，预计将有更多的节能技术被开发并应用于建筑机械中。此外，随着社会对环境保护意识的加强，节能技术和系统的整合与优化将更加受到重视，成为建筑机械发展的重要趋势。

14.2.4 绿色建筑机械对环境与经济的双重影响

1. 环境影响

减少排放：

绿色建筑机械往往使用更加高效和清洁的动力系统，例如电动化或混合动力系统。这大大减少了有害物质和温室气体的排放，对空气质量和全球变暖产生了积极的影响。

节约资源：

通过使用高效的机械设计和节能技术，绿色建筑机械消耗更少的能源和其他资源，如水、润滑油等。

降低噪声污染：

某些绿色建筑机械，尤其是电动机械，通常在操作时产生更少的噪声，从而减少了噪声污染。

2. 经济影响

节约运营成本：

尽管绿色建筑机械的初始投资成本可能较高，但由于其高效性和资源的低消耗，从长期来看可以节约大量的运营成本。

延长设备使用寿命：

预测性维护和高效的机械设计可以减少机械的磨损，延长其使用寿命，从而减少了频繁更换零部件或维修设备的需要。

获得政府补贴和税收优惠：

许多国家和地方政府提供了补贴和税收优惠以鼓励企业采用绿色和可持续技术。因此，投资于绿色建筑机械可能会带来额外的经济利益。

增强市场竞争力：

随着消费者和企业对可持续发展的日益关注，拥有绿色资质的建筑公司可能会获得更多的合同和项目机会。

绿色建筑机械不仅可以帮助企业减少对环境的负面影响，还可以带来长期的经济利益。这种对环境和经济的双重影响使得绿色建筑机械成为未来建筑行业的一个重要趋势。

14.3　无人驾驶建筑机械与自动化施工场地

14.3.1　无人驾驶技术在建筑机械中的原理与技术基础

1. 原理

传感技术：无人驾驶建筑机械依赖于一系列传感器来感知周围的环境，如雷达、激光雷达、超声波传感器、摄像头等。这些传感器收集的数据帮助机器判断其位置、识别障碍物和了解地形等关键信息。

数据融合：从不同传感器收集的数据需要进行整合和融合，以构建一个完整、准确的环境模型。这一步骤至关重要，因为决策制定依赖于融合后的数据。

决策算法：当机械获得了环境模型后，决策算法开始工作，如路径规划、障碍物避让等。这些算法根据预先编程的逻辑或机器学习模型来决策，指导机器如何安全、高效地完成任务。

2. 技术基础

计算机视觉：使用摄像头和算法来解读图像信息，识别物体、路线和其他关键指标。

控制系统：该系统将决策转化为实际的机械动作，如启动、停车、转向等。

全球定位系统（GPS）：无人驾驶建筑机械常常依赖于 GPS 来确定自身在施工场地中的位置。高精度的 GPS 系统能够提供厘米级的定位准确度。

惯性导航系统：在 GPS 信号被遮挡或不可用的情况下，如隧道施工，惯性导航系统可以提供连续的定位和导航信息。

机器学习与人工智能：随着大量数据的收集，机械可以通过机器学习模型进行自我学习和优化，以更好地适应各种施工环境。

无人驾驶技术在建筑机械中的应用不仅提高了施工效率和安全性，还能够在特定的、对人员有害的环境下进行工作，如有毒气体或极端温度的环境。要实现这些技术的完全融合并确保其在所有情况下的可靠性，还需要进一步的研究和发展。

14.3.2　传感器、通信与决策算法在无人驾驶建筑机械中的角色

1. 传感器

传感器是无人驾驶建筑机械的"眼睛"和"耳朵"。它们捕捉周围环境的信息，帮助机械

感知其周边情况。

主要作用：

环境感知：通过雷达、激光雷达、摄像头等传感器，机械可以感知其周边的环境，包括其他机械、工人、障碍物等。

定位与导航：使用 GPS 和惯性导航系统，建筑机械可以确定其在工地上的精确位置。

2. 通信

通信是无人驾驶建筑机械的"神经系统"，负责将收集的信息发送至中央处理单元，并接收返回的命令。

主要作用：

数据交换：无人机械之间以及与中央控制台之间可以交换数据，如位置、速度、状态等。

远程控制：工程师或操作员可以从远程位置控制机械，进行特定任务或修复潜在问题。

实时反馈：通讯系统确保工地的监控人员可以实时获取机械的状态和工作进展。

3. 决策算法

决策算法是无人驾驶建筑机械的"大脑"，根据收到的数据做出决策。

主要作用：

路径规划：算法根据施工场地的地图和当前的环境数据为机械规划最佳、最安全的路径。

障碍物避让：当遇到未预料到的障碍物时，算法会重新计算路径，确保机械的安全。

优化任务执行：基于施工需求和当前条件，算法可以决定哪些任务优先执行，如何分配资源等。

传感器、通信和决策算法是无人驾驶建筑机械中不可或缺的三个关键部分。传感器为机械提供关于其环境的信息，通讯系统确保这些信息能够被准确、迅速地传输，而决策算法则基于这些信息为机械做出决策。这三者的紧密结合使得无人驾驶建筑机械在现代施工场地中能够高效、安全地工作。

14.3.3 自动化施工场地的设计与实施

在工业 4.0 和数字化时代，自动化施工场地已成为建筑行业的新趋势。这种场地侧重于利用先进的技术和设备，如无人机械、传感器网络和智能系统，提高施工效率、降低成本并增加安全性。以下是自动化施工场地的设计与实施的主要步骤和要点。

1. 需求分析

确定目标：明确自动化的目标，如提高生产效率、减少事故、优化资源利用等。

场地评估：对现有的施工场地进行评估，确定哪些区域适合自动化，哪些需要改进或升级。

2. 技术选择

设备选择：根据施工需求选择合适的无人机械、机器人和其他自动化设备。

系统集成：确保所有设备能够无缝集成，如传感器、机器人和数据处理中心。

3. 设计阶段

场地布局：设计场地的布局，考虑设备移动路径、工作区域和安全区域。

通讯网络：部署一个稳定、高速的通信网络，确保数据实时、准确传输。

安全措施：考虑到自动化设备的运行，设计必要的安全措施，如障碍物检测、紧急停车按钮等。

4. 实施阶段

设备安装：按照设计方案安装和调试所有设备。

培训：对工作人员进行培训，确保他们了解新系统的运作方式，并能够有效地使用它。

测试：在实际工作前进行测试，确保所有系统都能正常运行。

5. 运营与维护

实时监控：使用传感器和监控系统实时监控施工进度和设备状态。

数据分析：收集和分析数据，以评估自动化系统的效率和效果，并做出必要的调整。

定期维护：定期检查和维护设备，确保其长时间、高效率地运行。

6. 持续改进

技术更新：随着技术的进步，定期升级或更换设备和系统。

反馈循环：收集工作人员和管理人员的反馈，不断优化和改进自动化系统。

自动化施工场地的设计和实施需要综合考虑技术、经济和人的因素。正确的技术选择、系统集成和操作培训是成功的关键。通过持续的监控、数据分析和改进，自动化施工场地可以为建筑行业带来巨大的效益。

14.3.4 无人驾驶建筑机械对施工效率与安全性的提升

无人驾驶建筑机械已经开始在建筑现场占据一席之地，并证明其在提升施工效率和安全性方面的潜力。以下是无人驾驶建筑机械在这两个领域的主要贡献。

1. 施工效率的提升

持续作业：无人驾驶建筑机械可以以 24 小时不间断地工作，无需考虑人类驾驶员的工作时长和疲劳。

精确操作：通过先进的传感器和算法，机械能够执行精确的操作，如精确的挖掘、装载和卸载。

快速部署：无需为驾驶员进行特殊培训，机械可以根据预设程序迅速部署到工作现场。

优化路径和任务：通过数据分析，可以持续优化机械的工作路径和任务，以最大限度地提升施工效率。

2. 安全性的提升

减少事故：机器的操作不会受到人类情绪、疲劳或分心的影响，从而减少了由于人为错误造成的事故风险。

危险区域作业：无人驾驶建筑机械可以在对人类构成威胁的环境中工作，例如高温、有毒或辐射区域。

实时监控与预警系统：通过集成的传感器和摄像头，机械可以实时监测周围环境并在遇到障碍物或潜在危险时发出预警。

自动应急反应：在检测到潜在危险时，无人驾驶建筑机械可以自动停车或采取其他安全措施。

3. 其他优势

减少劳动力需求：在某些重复和单调的任务上，无人驾驶机械可以替代大量的人力。

环境友好：许多无人驾驶建筑机械采用电动或混合动力系统，从而减少了碳排放和环境污染。

无人驾驶建筑机械在提升施工效率和安全性方面具有明显优势。它们能够在复杂和危险的环境中精确、连续地工作，同时减少了由于人为因素造成的事故风险。尽管初始投资可能较高，但从长远来看，它们为建筑行业提供了巨大的价值和机会。

14.4 大学生创新应用实践方案

14.4.1 智能混凝土浇筑机器人的设计与实现

智能混凝土浇筑机器人为建筑行业带来了革命性的变革,使混凝土浇筑更加精确、高效和安全。对于大学生而言,设计和实现这种机器人是一个具有挑战性的项目,此项目旨在为他们提供实践机会,并深化他们对土木工程和智能技术的理解。

1. 项目背景

传统的混凝土浇筑需要大量的人工,效率低下且易出错。智能混凝土浇筑机器人通过集成先进的传感器和控制系统,可以实现自动、精确和均匀的混凝土浇筑。

2. 设计目标

自动化:机器人能够独立完成混凝土浇筑,无需人为干预。

精确:能够确保混凝土均匀浇筑,避免浪费。

安全:设计必须确保在施工现场的安全操作。

3. 技术方案

传感器集成:使用超声波传感器和深度摄像头来检测浇筑的深度和平坦度。

控制系统:基于嵌入式系统设计控制逻辑,确保机器人按照预定路径浇筑。

通信系统:使用无线通信模块,使得操作人员可以远程监控和控制机器人的操作。

4. 实施步骤

需求分析:明确机器人的功能和性能指标。

原型设计:设计机器人的结构和布局。

硬件选择:选择合适的传感器、控制器和执行机构。

软件开发:编写控制逻辑和用户界面。

集成与测试:将所有部件集成在一起,并在实际环境中进行测试。

优化与改进:根据测试结果进行必要的优化和改进。

5. 预期成果

成功实现的智能混凝土浇筑机器人不仅可以作为一个实践项目展示,还有望在小型建筑项目或特定场景中得到应用。此外,这种机器人也可以为大学生提供关于土木工程、机器人技术和人工智能的跨学科知识。

6. 考虑的挑战

机器人的稳定性和耐用性,特别是在苛刻的建筑现场环境中。

确保混凝土的浇筑质量,避免气泡和不均匀。

与其他施工设备和人员的协同工作。

智能混凝土浇筑机器人为大学生提供了一个实际应用的机会,使他们能够将所学知识应用于现实问题,并为建筑行业带来创新。

14.4.2 绿色电动小型挖掘机的研发

在建筑和工程领域中,小型挖掘机广泛应用于各种施工场地,尤其是在城市维护、园林建设以及小型项目中。随着全球对环境保护意识的增强,绿色、低碳和电动化设备的需求日益增加。绿色电动小型挖掘机不仅减少了排放,还在运行中更加安静,减少了噪声污染。对于大学生而言,这种设备的研发为他们提供了一个关于机械设计、电气工程和环境科学领域的跨学科项目。

1. 项目背景

传统的小型挖掘机多为柴油动力，尽管它们高效，但在运行过程中产生的尾气和噪声影响了环境和生活质量。

2. 设计目标

零排放：全电动设计，消除尾气排放。

低噪声：相较于柴油机，电机的运行更为安静。

高效能：保持与传统挖掘机相当的工作效率。

长续航：满足至少一个工作日的连续作业需求。

3. 技术方案

电池技术：采用高密度的锂离子电池或更先进的固态电池。

驱动系统：高效率电机，配备必要的冷却系统。

能源管理：智能的电池管理系统（Battery Management System，BMS）确保电池的安全和延长使用寿命。

再生制动：收回挖掘过程中的潜在能量，进一步提高能源使用效率。

4. 实施步骤

需求分析：明确项目的技术和性能要求。

概念设计：绘制初步草图，确定机器的基本结构。

选择部件：选择合适的电池、电机和控制系统。

原型组装：组装原型，进行初步测试。

性能测试：在实际场景中测试绿色电动小型挖掘机的性能和续航情况。

优化与完善：根据测试反馈进行设计的优化和完善。

5. 预期成果

研发成功的绿色电动小型挖掘机将为建筑领域带来一种更加环保、高效的施工工具。此外，这个项目也可以帮助大学生理解电动设备在重工业中的应用，并培养他们的创新和实践能力。

6. 考虑的挑战

确保电池安全，避免过热和其他潜在风险。

设备的维护和电池更换。

与其他施工设备和人员的协同工作。

这一创新项目为大学生提供了将环境科学与机械工程结合的机会，同时也为建筑领域带来更加绿色和高效的解决方案。

14.4.3　利用 AI 进行建筑场地物流优化的方案

随着建筑业的发展，建筑场地物流管理成为一个复杂且具有挑战性的任务。有效的物流管理可以显著提高施工效率、减少资源浪费并提高施工质量。利用 AI 技术对建筑场地的物流进行优化是一种前沿的解决方案，旨在为工程师、承包商和施工团队提供智能决策支持。

1. 项目背景

传统的建筑场地物流管理依赖人为的计划和判断，容易导致资源浪费、施工延误和成本超支。AI 技术提供了自动、高效和智能的解决方案，帮助施工团队在复杂的建筑环境中做出更加精确的决策。

2. 设计目标

自动化决策：利用数据驱动的方法自动化地确定物料的采购、储存和运输。

资源优化：确保物料和设备的有效利用，减少浪费。

时间效率：缩短施工周期，避免不必要的延误。

成本节约：减少由于物流问题导致的额外成本。

3. 技术方案

数据收集：安装传感器收集施工场地的实时数据，如物料存量、设备状态和人员位置。

机器学习模型：基于历史数据和实时数据训练模型，预测物流需求和可能的问题。

决策算法：利用优化算法为物流管理提供智能建议，如最佳运输路线、物料的最佳存放位置等。

交互界面：为施工团队提供易于使用的界面，显示智能建议和预警信息。

4. 实施步骤

需求分析：明确项目的技术和管理要求。

设备安装：在施工场地安装必要的传感器和数据收集设备。

数据处理：收集、清洗和整理数据，为机器学习模型提供数据支持。

模型训练：基于历史数据和专家知识训练模型。

模型部署：在施工场地实时运行模型，为施工团队提供决策支持。

持续优化：根据施工团队的反馈持续优化模型和算法。

5. 预期成果

利用 AI 进行施工场地物流优化的方案将为施工团队提供实时、准确和智能的决策支持，帮助他们更高效地管理物料和设备，从而提高施工效率、降低成本并确保项目的成功完成。

6. 考虑的挑战

数据的质量和完整性。

模型的准确性和鲁棒性。

与其他施工系统和流程的集成。

对于大学生而言，这个项目提供了一个将 AI 技术应用于实际工程问题的机会，帮助他们深入理解 AI 在现代建筑业中的潜在价值和应用前景。

14.4.4　基于物联网的建筑机械远程监控系统

在现代建筑工地上，建筑机械的有效使用和维护是提高工程效率的关键。通过物联网技术，可以实时监控建筑机械的工作状态、位置和健康状况，从而提高效率、减少停机时间、确保工人安全。

1. 项目背景

随着建筑行业的进步，对项目的完成速度和质量有了更高的要求。为了满足这些要求，必须对建筑机械进行有效的监控和管理。物联网技术为此提供了一个解决方案，能够实时远程监控各种建筑机械。

2. 设计目标

实时监控：监控建筑机械的实时状态，包括位置、运行状态和可能的故障。

远程控制：在必要时可以远程控制设备的操作。

数据分析：对收集的数据进行分析，以预测可能的故障并提前进行维护。

安全性：确保数据的安全性和隐私性。

3. 技术方案

传感器：在建筑机械上安装各种传感器，如 GPS、温度传感器、振动传感器等，用于收集实时数据。

通信模块：利用无线通信技术将数据传输到云端。

数据中心：在云端对收集的数据进行存储、处理和分析。

用户界面：为用户提供一个易于使用的界面，显示各种建筑机械的实时数据并提供远程控制功能。

4. 实施步骤

需求分析：与施工团队沟通，明确他们的需求和预期。

选择硬件：根据不同的建筑机械选择合适的传感器和通信模块。

系统搭建：搭建数据中心和开发用户界面。

系统测试：在实际工地上进行系统测试，确保其稳定性和准确性。

培训与部署：为施工团队提供培训，确保他们能够有效使用这个系统。

5. 预期成果

通过这个系统，施工团队可以实时监控所有的建筑机械，及时发现并解决问题，从而提高工程效率。同时，通过对数据的分析，也可以对机械进行预测性维护，减少停机时间。

6. 考虑的挑战

数据的完整性和准确性。

在恶劣环境下确保传感器和通信模块的稳定性。

数据的安全性和隐私性。

对于大学生而言，这个项目不仅可以让他们了解物联网技术在建筑行业中的应用，还可以培养他们的实际操作和项目管理能力。

14.4.5　无人驾驶推土机的设计与测试

对于建筑和土木工程行业，推土机是一个非常基本和关键的设备。传统上，这些机器需要经验丰富的操作员驾驶。但随着技术的进步，尤其是无人驾驶技术的快速发展，无人驾驶推土机的概念开始引起人们的兴趣。对于大学生而言，设计并测试这种机器是一个综合性、实践性强的挑战，有助于培养他们的技术和创新能力。

1. 设计目标

自主导航：使推土机能够在施工现场自主导航，避开障碍物。

任务自动化：自动执行土方作业，如挖掘、装载、平整等。

安全性：确保在无人操作下推土机的作业安全、可靠。

2. 技术方案

传感器与摄像头：使用激光雷达、超声波传感器、摄像头等来感知环境，实时检测障碍物。

GPS 与 IMU 系统：为推土机提供准确的定位和导航服务。

控制算法：基于机器学习和 AI 技术，开发自主导航和任务执行的控制算法。

用户界面：为操作员提供友好的界面，可以远程监控和控制推土机。

3. 实施步骤

系统集成：在推土机上集成所有必要的传感器、摄像头和通信设备。

算法开发：开发用于导航、避障和任务执行的算法。

场地测试：在受控的环境中测试推土机，确保其功能正常。

真实场景测试：在真实的施工现场进行测试，验证系统的稳定性和可靠性。

4. 预期成果

推土机可以在没有人为干预的情况下，自主执行土方作业。

远程监控界面，操作员可以随时查看推土机的状态和作业进度。

5. 考虑的挑战

如何确保在复杂的施工环境中推土机的操作安全？

如何处理由于传感器误差或外部因素（如天气、地形变化等）引起的导航错误？

如何提高算法的鲁棒性，确保在各种场景下都能正常工作？

对于大学生而言，这个项目可以帮助他们深入了解无人驾驶技术在工程机械领域的应用，培养他们的实践和创新能力。

14.4.6 结合虚拟现实的智能施工模拟

随着虚拟现实（VR）技术的发展，它在土木工程领域中的应用逐渐受到关注。利用 VR 进行施工模拟可以为工程师、建筑师和施工团队提供一个具有真实感的三维环境，以预先观察和评估施工流程和策略。对于大学生而言，结合 VR 的智能施工模拟是一个极具创新性和挑战性的项目。

1. 设计目标

真实模拟：创建一个高度逼真的施工环境，允许用户在 VR 中亲身体验施工流程。

交互性：用户可以与模拟环境互动，例如移动物体、更改施工策略或调整参数。

问题识别：系统能够模拟并识别潜在的施工问题，例如安全隐患或工程延误。

2. 技术方案

3D 建模：使用 3D 建模软件，如 Autodesk Revit 或 SketchUp，创建施工场地的模型。

VR 硬件与软件：使用主流的 VR 头显，如 Oculus Rift 或 HTC Vive，并结合专门的 VR 开发工具，如 Unity3D。

模拟算法：开发算法来模拟各种施工活动、物流和人员流动。

交互界面：设计直观的控制面板或手势识别功能，以增强用户交互。

3. 实施步骤

场地建模：根据实际施工现场或设计图纸，建立 3D 模型。

VR 模拟：将 3D 模型导入 VR 开发平台，并进行必要的编程，以实现 VR 模拟。

互动功能开发：为用户提供交互工具，如 VR 控制器，使其可以亲身参与模拟。

问题模拟与提示：模拟可能的施工问题，并在 VR 环境中为用户提供提示和警告。

4. 预期成果

一个具有真实感的 VR 施工模拟，用户可以在其中进行多种施工活动的预览。

能够检测并提示施工问题，帮助施工团队预先制定解决方案。

提高施工团队的决策质量和速度，降低施工风险。

5. 考虑的挑战

如何确保 VR 模拟的准确性，以及其与实际施工活动的对应关系？

如何处理大型施工项目的数据量，确保 VR 模拟流畅？

如何在 VR 中有效地表示并解决复杂的施工问题？

这个项目为大学生提供了一个结合前沿技术进行创新的机会，能够增强他们的技术能力和培养团队合作精神。

14.4.7 节能与再生能源结合的建筑机械设计

随着全球能源危机和环境问题日益凸显，节能与再生能源的结合成为建筑机械领域的一个创新方向。对于大学生而言，探索如何在建筑机械设计中集成节能和再生能源技术既具有实际意义，也是一个充满挑战的项目。

1. 设计目标

高效利用能源：设计的机械应在工作过程中消耗最小的能源。

集成再生能源：利用太阳能、风能等再生能源为机械供电或辅助供电。

减少排放：设计的机械应尽量减少或消除有害排放。

2. 技术方案

节能技术：例如采用高效的驱动系统、优化的动力传输结构和智能控制系统。

再生能源技术：集成太阳能电池板、风力涡轮机或其他可再生能源收集设备。

储能系统：使用先进的电池技术或其他储能方法，如超级电容器，来存储从再生能源中收集的电能。

3. 实施步骤

需求分析：确定建筑机械的主要功能和工作环境。

初步设计：绘制机械的结构草图，确定主要部件和工作原理。

集成节能技术：选择并应用合适的节能技术，以提高机械的工作效率。

再生能源系统设计：根据机械的工作环境和使用场景，选择合适的再生能源技术，并进行集成。

测试与优化：在实际环境中测试机械的性能，根据测试结果进行优化。

4. 预期成果

一个集成了节能与再生能源技术的高效、环保的建筑机械原型。

对比传统建筑机械，显著降低了能源消耗和有害排放。

对于不同的使用场景和工作条件，机械可以自适应调整，以实现最佳的工作性能。

5. 考虑的挑战

如何确保再生能源系统的稳定性和可靠性？

在集成了多种技术的情况下，如何确保机械的工作效率和稳定性？

如何平衡项目的成本和性能？

此项目为大学生提供了一个实践环保理念、探索高技术集成的机会，有助于培养他们的跨学科合作能力和解决实际问题的能力。

14.4.8　基于 AI 的建筑机械操作培训系统

随着建筑机械技术的进步，建筑机械的操作和维护变得越来越复杂。培训操作员成为一个挑战。基于 AI 技术开发一个建筑机械操作培训系统可以帮助新手操作员快速掌握操作技巧，同时确保施工现场的安全性和工作效率。

1. 设计目标

实时反馈：为操作员提供即时的操作反馈，帮助其快速纠正错误。

模拟真实环境：模拟真实的施工现场，帮助操作员熟悉各种可能的工作情境。

自适应学习：根据操作员的技能水平和学习进度调整培训内容。

2. 技术方案

机器学习：通过分析操作员的操作数据，让系统自动学习并提供针对性的指导。

虚拟现实：为操作员提供身临其境的模拟施工现场，增强培训的真实感。

传感器技术：检测操作员的操作和机械的状态，为 AI 系统提供实时数据。

3. 实施步骤

需求分析：确定培训系统需要覆盖的建筑机械种类和操作内容。

系统设计：设计 AI 算法和培训模块，集成虚拟现实技术。

数据收集：收集操作员的操作数据和建筑机械的状态数据，供 AI 系统学习。

系统开发：开发 AI 培训系统，进行功能测试和优化。

部署与推广：在建筑施工现场或培训学校部署和推广系统，对操作员进行培训。

4. 预期成果

操作员可以在安全的虚拟环境中学习和练习，降低真实施工现场的风险。

培训效率得到大幅提高，新手操作员的上手时间大大缩短。

通过 AI 系统的反馈，操作员可以更加明确自己的不足，有针对性地进行改进。

5. 考虑的挑战

如何确保虚拟现实环境与真实施工现场的高度一致性？

如何处理大量的实时数据，并为操作员提供及时的反馈？

如何在保证培训效果的同时，确保 AI 培训系统的易用性和亲和力？

此项目为大学生提供了一个深入了解 AI、虚拟现实和建筑机械操作的机会，同时也是他们将理论知识应用于实践，解决真实问题的好机会。

14.4.9 自适应施工环境的智能钻孔设备设计

在建筑施工现场，钻孔是一个常见的操作。传统的钻孔设备往往需要操作员根据施工环境（如墙面材质、钻头类型、钻孔深度等）调整设备参数。而自适应施工环境的智能钻孔设备可以自动感知并适应这些环境变量，从而确保钻孔质量并提高工作效率。

1. 设计目标

自动识别：能够识别不同的施工材料并自动调整钻孔速度和压力。

实时反馈：根据钻孔过程中的反馈，实时调整设备参数，确保钻孔质量。

用户友好：简化操作界面，使得非专业人员也可以轻松使用。

2. 技术方案

传感器技术：使用多种传感器（如压力传感器、超声波传感器、红外传感器等）来感知施工环境的变化。

机器学习：让设备通过大量的钻孔数据学习和优化自己的操作。

嵌入式控制系统：用于控制设备的操作并处理来自传感器的数据。

3. 实施步骤

需求分析：确定钻孔设备的基本功能和自适应能力。

硬件设计：选择合适的传感器和控制器，设计设备结构。

数据收集：在不同的施工环境中收集钻孔数据，供机器学习使用。

算法开发：基于收集的数据开发钻孔优化算法。

系统测试：在真实的施工环境中测试设备的性能并进行优化。

4. 预期成果

能够在各种施工环境中实现高质量的钻孔操作。

显著提高施工效率，降低操作员的工作强度。

通过机器学习，设备在工作过程中不断优化自己的操作。

5. 考虑的挑战

如何确保传感器在恶劣的施工环境中的稳定性和准确性？

如何处理大量的实时数据并快速做出决策？

如何确保设备的安全性，防止因自适应调整导致的操作失误？

此项目不仅为大学生提供了一个深入了解智能硬件和机器学习技术的机会，同时也是他们将理论知识应用于实践，为现实工程问题提供解决方案的好机会。

14.4.10　利用大数据分析进行建筑机械维护与管理的方案

在现代建筑施工中，各种建筑机械设备是不可或缺的工具。为确保施工进度和设备安全，及时的维护与管理变得尤为重要。利用大数据分析技术，我们可以对机械设备的运行数据进行深入分析，从而实现更加精确的预测性维护、优化设备管理，降低维护成本，并提高设备使用效率。

1. 设计目标

预测性维护：通过分析历史数据和实时数据，预测设备可能出现的故障，并提前进行维护。

优化设备使用：基于数据分析结果，合理调度设备，提高使用效率。

降低维护成本：通过大数据技术，降低不必要的维护和更换零件的频率。

2. 技术方案

数据收集：在建筑机械上安装传感器和数据记录器，收集运行数据、温度、振动、噪声等关键指标。

数据存储：使用高效可扩展的云存储解决方案存储大量数据。

数据处理与分析：采用先进的数据处理框架进行数据清洗、转换、分析，并利用机器学习模型预测设备的健康状况。

3. 实施步骤

安装设备传感器：为建筑机械安装各种传感器，确保数据的全面性与准确性。

建立数据存储平台：设计并建立稳定可靠的数据存储平台。

开发分析工具：基于现有的数据处理框架和机器学习库，开发专门的分析工具。

实施预测性维护：根据数据分析的结果，提前预测并解决可能出现的问题。

持续优化：持续收集数据，不断优化分析模型，提高预测准确性。

4. 预期成果

显著提高建筑机械的运行效率，延长使用寿命。

有效降低故障率，确保施工进度。

降低维护成本，提高施工利润。

5. 考虑的挑战

如何确保数据的实时性与准确性？

大量数据的处理和分析需要大量的计算资源，那么应该如何优化计算资源使用？

如何在众多的数据中筛选出对维护与管理真正有价值的信息？

此项目为大学生提供了一个深入了解大数据技术及其在建筑机械维护与管理中的应用的机会。这不仅有助于提高他们的实践能力，而且有助于培养他们的创新思维和解决实际问题的能力。

第15章 智能机械与生物及医学的融合

15.1 医疗器械的智能化

随着技术的发展，尤其是人工智能和机器学习领域的创新，医疗领域正经历着一次前所未有的变革。其中，智能医疗器械的出现，不仅为患者带来了更好的治疗效果，也为医生和医疗工作者提供了更精确的辅助工具。

15.1.1 手术机器人的发展历程与技术特点

1. 发展历程

20 世纪 80 年代：第一台用于手术的机器人诞生，它是一个简单的辅助工具，用于进行精确的切割和钻孔。

20 世纪 90 年代：da Vinci 手术系统的出现，使得远程机器人手术成为可能。这一系统采用了多臂设计，能够模拟手术医生的多个手指动作。

21 世纪第一个十年：随着传感技术和计算机技术的进步，手术机器人开始具备更高的灵活性和精度。

21 世纪 10 年代：增强现实和虚拟现实技术的融入，为手术医生提供了更为直观的手术视图，使复杂手术的难度大大降低。

2. 技术特点

高精度：机器人能够非常精确地模拟手术医生的操作，甚至在微观层面进行操作。

稳定性：与人手不同，机器人在长时间的手术中能保持稳定，没有因为疲劳而导致的手抖现象。

远程操作：某些手术机器人系统可以远程操控，这意味着手术医生可以在世界的另一端为患者进行手术。

数据集成：通过整合患者的医疗数据，机器人系统可以为手术医生提供全面的术前准备资料。

实时反馈：在手术过程中，机器人系统能够实时反馈手术进度，帮助手术医生做出更准确的决策。

手术机器人不仅是一个技术的革命，也是医疗领域中人与机器合作的一个典范。在未来，随着技术的进步，我们可以期待更多的创新和突破在这个领域出现。

15.1.2 远程医疗设备与远程手术技术

随着通信技术的进步，远程医疗成为现实，它不仅为那些生活在偏远地区的患者提供了高质量的医疗服务，还为远程手术带来了前所未有的机会。

1. 远程医疗设备

远程医疗咨询系统：通过视频通话，患者可以与医生进行实时的咨询，获取医学意见和建议。

可穿戴远程监测设备：如智能手环、胸带心率监测器等设备，能够实时监测患者的生理指标，并将数据上传到云端，供医生远程分析和监控。

远程影像传输系统：例如，可以将医院的 CT、MRI 等影像资料通过加密传输到其他医院或诊所，供专家远程诊断。

2. 远程手术技术

远程手术机器人：如前文提到的 da Vinci 手术系统，它允许手术医生在远离手术室的地方操控机器人进行手术。

高速数据传输：远程手术需要极低的延迟和高带宽的数据传输能力，因此 5G 等高速通信技术在这里发挥了关键作用。

高精度传感器：为了确保手术的安全和有效，手术机器人需要装备有高精度的传感器，能够实时监测手术区域的状态，如组织的压力、温度等。

虚拟现实和增强现实技术：手术医生可以使用 VR 或 AR 头盔，以更直观的方式观察手术区域，使得手术更为精确。

尽管远程手术技术带来了很多机会，但它也面临许多挑战。例如，通讯的延迟和丢包可能导致手术风险增加。此外，手术医生也需要接受新的培训，以适应这种新的手术方式。随着技术的进步，我们可以期待远程手术技术在未来得到更广泛的应用，为全球患者提供更好的医疗服务。

15.2　生物机械学与生物力学的应用

生物机械学是研究生物体运动机制的学科，而生物力学则是研究生物体受到的外部力和生物体产生的内部力的学科。两者结合，为各种医疗器械和设备提供了理论基础和实践指导。

15.2.1　仿生假肢的设计与制造

1. 基本原理与概念

仿生假肢是一种模仿真实肢体运动机制的替代设备，帮助失去肢体的人恢复正常功能。它不仅要考虑生物机械的动力学和运动学，还要考虑生物力学的影响，确保穿戴者舒适且运动自如。

2. 主要特点

感知与反馈：现代仿生假肢通过神经接口和传感器捕捉残肢的微小电信号，使假肢能够根据这些电信号执行特定的动作。

动态调节：仿生假肢可以自动调节其刚度、柔度和动作范围，以满足穿戴者的运动需求。

生物力学模拟：假肢设计师使用生物力学原理，模拟真实肢体的运动方式，确保假肢的运动流畅且自然。

材料与结构：使用轻质、高强度、与人体兼容的材料制造假肢，确保其耐用、安全且舒适。

3. 制造技术

3D 打印：快速、定制化地制造假肢零件。

微电子与神经工程：整合传感器和执行器，使假肢能够实时响应并执行复杂的动作。

模拟与优化：在设计阶段使用计算机模拟仿生假肢的运动，通过优化算法确保其最大的功能性和效率。

4. 应用与影响

生活质量的提高：使残疾人能够进行日常活动，如走路、跑步、爬山等。

职业再就业：有些失去肢体的人因为仿生假肢能够重新回到工作岗位。

心理健康：帮助残疾人恢复自信，减少心理创伤。

运动与竞技：在残疾人奥林匹克运动会中，穿戴仿生假肢的运动员表现出色，展现了与健全运动员相似的竞技水平。

在未来的发展趋势中，仿生假肢将与 AI、神经科学和生物工程更加紧密地结合，实现更高级的功能，如触觉反馈、温度感知等，为残疾人带来更多的可能性。

15.2.2 智能康复装置与康复机器人

1. 基本原理与概念

康复工程是一个跨学科的领域，旨在利用工程原理和技术来帮助和增强残疾人和老年人的身体功能。其中，智能康复装置和康复机器人是近年来迅速发展的领域，它们通过集成先进的传感器、执行器和控制算法，为患者提供定制化的康复治疗方案。

2. 主要特点

个性化训练：通过传感器捕获患者的身体状态和运动数据，智能康复装置可以为每个患者提供量身定制的治疗方案。

自适应反馈：康复机器人可以根据患者的进展和需要自动调整治疗强度和模式。

远程监测与干预：一些高级的康复装置允许医生远程监控患者的康复进展，并在需要时进行干预。

增强现实与虚拟现实：集成 VR 和 AR 技术，为患者提供沉浸式的康复训练环境，增加治疗的趣味性和效果。

3. 技术应用

神经肌肉刺激：使用电刺激帮助患者恢复神经和肌肉功能。

外骨骼机器人：穿戴在身体上，帮助残疾人行走或增强身体力量。

手部康复机器人：专为手部伤势设计，帮助患者恢复手部功能。

游戏化康复：结合游戏元素，激发患者的积极性，提高康复效果。

4. 影响与前景

效率与效果：与传统的人工康复相比，智能康复装置和机器人可以提供更连续、持续的治疗，从而提高治疗效率和效果。

普及率：随着技术的进步和成本的降低，更多的患者可以获得高质量的康复治疗。

家庭康复：未来，智能康复装置和机器人可能会更加小型化和智能化，使患者能够在家中进行自主康复。

智能康复装置和康复机器人为医疗康复领域带来了革命性的变革，为患者提供了更高效、个性化的治疗选择。随着技术的进一步进步，我们可以期待这一领域会带来更多的创新和应用。

15.3 微型机械与纳米技术在医学中的应用

15.3.1 微型机械在无创手术与治疗中的应用

1. 基本概念

微型机械，也被称为微电机械系统（Micro-Electro-Mechanical System，MEMS），是在微米尺度上制造的小型设备和结构。这些系统结合了机械、电子、流体和光学组件，以实现复杂的功能。在医学领域，微型机械的应用有助于减少手术的创伤性，提高手术的准确性和效率。

2. 主要应用

微型内窥镜：这些微小的摄像头可以被插入人体内，提供高清晰度的图像，帮助医生在手术中获得更好的视野，而无需进行大切口。

微型机器人手术：微型机器人可以进行精细的手术操作，例如单孔腹腔镜手术或眼科手术。

靶向药物输送：微型机械设备可以被用作微型针或泵，精确地将药物输送到人体的特定部位，从而减少药物的副作用和提高治疗效果。

微流控芯片：这些芯片可以模拟人体的生物系统，例如血管，以进行药物筛选或疾病诊断。

心脏支架和心脏瓣膜：微型机械技术被用于制造可以在体内扩张的支架或可植入的瓣膜。

3. 优点与挑战

减少创伤：微型机械允许医生进行微创手术，这意味着切口更小、恢复更快、感染风险更低。

提高精确性：微型机械提供了高度的精确性和控制，这在复杂和微细的手术操作中尤为重要。

成本和可用性：尽管微型机械在许多医疗程序中都很有价值，但它们的成本可能很高，并且可能不容易获得。

培训和接受度：使用这些高级技术需要专门的培训，并且需要时间使医生和医疗团队适应。

微型机械技术为医疗领域带来了巨大的潜力，特别是在进行微创手术和治疗时。随着技术的进步和成本的降低，我们可以期待微型机械在医疗领域的应用将继续扩大。

15.3.2　纳米技术与纳米机器人在医学中的应用

1. 基本概念

纳米技术是研究和应用单个原子、分子和超分子的科学和技术，尺度通常在 1～100 纳米之间。在医学领域，纳米技术为诊断、治疗和预防疾病提供了前所未有的可能性。

2. 主要应用

靶向药物输送：纳米技术可用于设计和制造能够精确传递药物的纳米级载体。例如，纳米粒子可以被设计成只攻击癌细胞，从而减少对正常细胞的伤害。

纳米级成像技术：纳米粒子，如金纳米粒子或磁性纳米粒子，可以作为对比剂用于医学成像，如 MRI、PET 或光学成像，提供更高的分辨率和对病变区域的更好识别。

纳米机器人：研究人员正在开发微小的纳米机器人，这些机器人可以在体内导航，执行如药物输送、细胞修复或移除有害物质等任务。

组织工程与再生医学：纳米材料和纳米结构被用于创建支架，它们可以促进细胞生长和组织再生。

早期诊断与生物标志物检测：纳米技术可增强对微量生物标志物的检测，从而实现疾病的早期诊断。

3. 优点与挑战

提高治疗效果：纳米技术有望减少药物的副作用、增强治疗效果并降低治疗成本。

高度个体化的医疗：纳米技术可以帮助实现高度定制的治疗方案，针对个体的特定需要。

安全性和生物相容性：尽管许多纳米材料显示出良好的生物相容性，但仍存在关于其长期效果和潜在毒性的担忧。

技术与伦理问题：纳米机器人和某些纳米应用可能引发伦理和隐私问题，尤其是当它们被用于增强人体功能或进行监视时。

15.4　大学生创新应用实践方案

15.4.1　基于 AI 的医疗影像分析系统

1. 项目背景

随着医学影像技术的发展，大量的医疗图像被生成和存储。人工分析这些图像需要大量时间，而且可能存在误诊风险。利用 AI 技术进行自动化的图像分析可以大大提高诊断的准确性和效率。

2. 项目目标

开发一个基于 AI 的医疗影像分析系统，能够自动识别图像中的异常区域并进行初步诊断。

3. 实施步骤

数据收集与预处理：

收集公开的医学图像数据集，如 MRI、CT 和 X 光图像。

对图像数据进行预处理，如缩放、增强、去噪等。

模型选择与训练：

选择适合的深度学习模型，如卷积神经网络（CNN）。

使用数据集进行模型训练，调整参数以获得最佳的训练结果。

模型验证与测试：

将数据集分为训练集和测试集，验证模型的准确性和鲁棒性。

对比人工分析与 AI 分析的结果，评估模型的实际应用价值。

用户界面（UI）设计：

设计一个友好的用户界面，使医务人员能够轻松地上传图像并获取 AI 分析结果。

提供图像可视化工具，帮助用户理解 AI 的分析过程和结果。

优化与推广：

在医院或诊所中进行实际测试，收集用户反馈并进行优化。

推广该系统，提供在线服务或与其他医疗系统集成。

4. 预期结果

该项目旨在开发一个高准确性、低成本的 AI 医疗影像分析系统，帮助医务人员快速准确地诊断疾病，提高医疗效率。

5. 适用性

大学生可以通过该项目学习深度学习模型的训练和优化、医疗影像处理技术，以及软件开发与部署。此外，由于项目重点在于 AI 和医疗影像的结合，无需高昂的硬件投入，因此非常适合大学生的创新实施。

15.4.2　仿生设计的膝关节假肢

1. 项目背景

膝关节假肢为下肢截肢者提供了行走的能力。传统的假肢功能有限，可能不太自然或不符合人体生物力学。仿生设计，模拟人体自然的运动和功能，可以为使用者提供更舒适、更自然的行走体验。

2. 项目目标

设计和制造一个模拟真实膝关节运动的仿生膝关节假肢。

3. 实施步骤

研究与分析：

深入研究正常膝关节的运动和功能。

分析截肢者在行走、跑步、跳跃等活动中的需求和挑战。

设计原理与方案选择：

确定仿生设计的基本原理，考虑如何最好地模拟自然运动。

选择合适的材料和制造技术。

原型制造与测试：

制造仿生膝关节假肢的初步原型。

在实验室环境中进行基本功能测试。

用户试验：

选择志愿者试穿原型，收集反馈。

根据反馈调整和优化设计。

技术与制造优化：

使用先进的技术和材料进一步提高假肢的性能和耐用性。

优化制造工艺，降低成本。

推广与应用：

与假肢制造商和医疗机构合作，推广这种新型仿生假肢。

继续收集用户反馈，为未来的设计提供数据支持。

4. 预期结果

该项目旨在提供一种更为自然、更为舒适的膝关节假肢选择，帮助截肢者更好地融入社会，提高其生活质量。

5. 适用性

该项目结合了生物力学、材料科学和机械设计等多个学科，为大学生提供了跨学科的学习和研究机会。同时，由于其社会影响和实际应用价值，也是一个富有吸引力的创新项目。

15.4.3　VR 技术在康复训练中的应用方案

1. 项目背景

康复训练对于伤病康复和身体功能的恢复至关重要。传统的康复方法可能单一、枯燥且效果受限。使用 VR 技术，可以为患者提供沉浸式的、有趣的和个性化的康复体验，从而提高训练效果和患者参与度。

2. 项目目标

开发一个基于 VR 技术的康复训练应用，帮助患者在虚拟环境中完成针对性的康复活动。

3. 实施步骤

需求分析：

对康复患者进行访谈，了解他们的需求和挑战。

确定具体的康复目标（如关节活动范围、力量、平衡等）。

设计与开发：

设计适合康复目的的 VR 游戏或活动。

开发互动和反馈系统，使患者能够看到他们的进步和获得实时反馈。

集成医疗设备：

如果可能，与物理治疗设备（如康复机器人、力量和运动传感器）集成。

这些设备可以提供更精确的数据和反馈，提高康复效果。

测试与优化：

邀请患者进行初步测试，收集反馈。

根据反馈优化 VR 应用的设计和功能。

应用推广：

与医院、康复中心和物理治疗师合作，推广此 VR 康复应用。

提供培训和支持，确保医疗人员能够正确使用这一新应用。

4. 预期结果

通过此项目，患者可以在一个刺激、有趣和沉浸式的虚拟环境中进行康复训练，从而提高他们的参与度、积极性和康复效果。

5. 适用性

对于大学生而言，这是一个结合医学、计算机科学、人机交互和游戏设计的跨学科项目。此项目不仅提供了技术挑战，还具有深远的社会影响，可以帮助伤病康复的人们更快地恢复身体功能。

15.4.4　基于物联网的智能药盒设计

1. 项目背景

对于慢性疾病患者、老年人或需要长期服用药物的个体，遗忘药物服用时间可能会对健康产生严重影响。智能药盒可以提供自动提醒、剂量追踪和远程监测功能，确保患者及时并正确地服用药物。

2. 项目目标

设计并制造一个基于物联网的智能药盒，能够提醒用户按时服药，并实时上传服药记录。

3. 实施步骤

需求分析：

调查目标用户群体，了解他们的需求和挑战。

了解常见的药物类型、剂量、服用时间等。

设计与制造：

设计具有多个独立隔间的药盒，用于不同时间和药物的存储。

集成传感器，检测每个隔间的开启、关闭状态，并能判断是否取出药物。

加入声音和光线提醒功能，提醒用户服药。

物联网连接：

使药盒具有 Wi-Fi 或蓝牙功能，与智能手机或其他设备连接。

开发手机 App，用户可以设置提醒、查看服药记录、与医生分享等。

药盒能够在特定时间自动上传数据到云端，以便家庭成员或医生远程监测。

测试与优化：

邀请目标用户群体进行测试，收集反馈。

根据用户反馈进行优化。

应用推广：

与医院、药店或社区合作，进行智能药盒的宣传和推广。

进一步开发增值服务，如自动药物购买提醒、医生咨询等。

4. 预期结果

通过此项目，可以有效减少患者因忘记或错误服药导致的健康风险。同时，医生和家庭成员在可以远程监测患者的服药情况，提供及时的帮助和建议。

5. 适用性

对于大学生而言，这是一个涉及医学、工程、设计和物联网技术的跨学科项目。此项目不仅为他们提供了技术和设计挑战，还有助于解决实际生活中的问题，增强社会责任感。

15.4.5　微流控技术在实验室芯片上的应用

1. 项目背景

实验室芯片（Laboratory-on-a-chip，LOC）技术利用微流控技术在一个小型化的平台上集成化学和生物实验过程。此技术广泛用于诊断、药物筛选和生物研究，因为它可以大幅减少所需样本和试剂量，加速实验流程，并提高实验的精度和灵活性。

2. 项目目标

设计并制造一个集成特定生物或化学分析功能的实验室芯片。

3. 实施步骤

需求分析：

确定目标应用，例如细胞培养、DNA 扩增或疾病检测。

分析所需的微流控元件，如微孔、微阀、微泵等。

设计与制造：

使用 CAD 工具设计微流控通道和元件。

选择适当的材料和微细加工技术，如软刻蚀、光刻或 3D 打印等，进行芯片制造。

集成所需的传感器，以监测流体的物理和化学性质。

测试与验证：

使用标准样本或实验样本，验证芯片的功能和精度。

优化流体流动、混合和反应条件，确保其高效稳定地运行。

数据分析与软件开发：

开发软件，实现自动化数据采集、处理和分析。

与其他设备，如显微镜或质谱仪，进行集成，提供完整的分析解决方案。

应用推广：

在学术和工业界展示和宣传成果。

与生物技术、制药或医疗设备公司合作，将芯片技术商业化。

4. 预期结果

此项目将推进实验室芯片技术的研究和应用，为多种生物和化学分析提供高效、精确和经济的解决方案。

5. 适用性

对于大学生而言，这是一个涉及微纳技术、生物技术、化学和工程的跨学科项目。大学生将获得前沿技术的实践经验，并有机会为解决现实世界的问题做出贡献。

15.4.6　纳米材料在骨折治疗中的创新应用

1. 项目背景

骨折治疗是医学领域的重要部分。传统的治疗方法包括使用铁钉、螺钉或其他物质固定断骨。近年来，纳米技术和纳米材料在生物医学领域的应用逐渐增多，尤其在骨骼再生和修复中。纳米材料可以模拟天然骨骼的微观结构，从而提高骨骼修复的效果。

2. 项目目标

利用纳米材料开发一种新型的骨折治疗方法或产品，如纳米支架、纳米复合材料等。

3. 实施步骤

文献调研：

研究现有的骨折治疗方法和材料。

调研纳米材料在其他医学领域的应用。

选择纳米材料：

基于生物相容性、力学性能和成本等因素，选择合适的纳米材料，如纳米羟基磷灰石、生物纳米复合材料等。

产品设计与开发：

设计适合骨折治疗的纳米材料产品，如纳米支架。

通过实验室实验验证其生物相容性、力学性能和再生能力。

动物实验：

在实验动物上测试产品的治疗效果和安全性。

数据分析与优化：

收集和分析实验结果，优化产品设计。

项目总结与推广：

撰写研究报告和论文。

在学术会议和工业展览上展示成果。

4. 预期结果

开发一种具有高效治疗效果、生物相容性好的纳米材料产品，为骨折患者提供更好的治疗选择。

5. 适用性

此项目为大学生提供了一个研究前沿技术、结合材料科学、生物学和医学的机会。大学生可以在实践中学习纳米技术在医学中的应用，并为实际的医疗问题提供解决方案。

15.4.7　自适应智能轮椅的设计与制造

1. 项目背景

对于有行动障碍的人群而言，轮椅是日常生活中必不可少的辅助工具。但传统轮椅的功能单一，可能不能满足所有用户的需求。随着智能技术和传感器技术的发展，有潜力为轮椅用户提供更多的舒适性和自主性。

2. 项目目标

开发一种能够自适应用户需求、具有智能导航和环境感知功能的轮椅。

3. 实施步骤

需求分析：

调研现有轮椅的功能与局限性。

访问轮椅用户，了解他们的需求和建议。

设计原型：

基于需求分析，设计轮椅的结构和功能。

确定所需的传感器和硬件设备，例如摄像头、超声波传感器、电机等。

系统开发：

开发智能导航系统，使轮椅能够避开障碍物和自动导航。

设计环境感知系统，使轮椅能够感知地形和环境变化，如坡度、路面情况等，并自动调整速度和行驶模式。

用户界面开发：

设计友好的用户界面，如触摸屏或语音控制。

开发个性化设置，允许用户根据自己的需求调整轮椅的设置。

测试与优化：

在实验环境中进行功能测试。

邀请轮椅用户进行现场试用，收集反馈并进行优化。

项目总结与展示：

撰写项目报告，总结所学知识和经验。

在学术会议或学校活动中展示成果。

4. 预期结果

成功开发一种具有高度自主性、能够适应多种环境和满足用户需求的智能轮椅。

5. 适用性

此项目为大学生提供了一个结合机械工程、计算机科学和用户体验设计的机会。大学生将能够应用所学知识，为真实的问题提供创新解决方案，并为行动不便的群体带来实际益处。

15.4.8　基于深度学习的疾病预测模型

1. 项目背景

随着医学界对各种疾病的研究进展，越来越多的生物标志物和数据可用于诊断和预测。深度学习技术，尤其是神经网络，已经在图像识别、自然语言处理等领域取得了显著的进展。同样，它们在医学领域也有巨大的应用潜力。

2. 项目目标

利用深度学习技术，开发一个可以从医疗数据中预测疾病风险的模型。

3. 实施步骤

数据收集与预处理：

从公开的医学数据库或合作医院中收集病人数据。

对数据进行清洗、处理缺失值、进行归一化等预处理步骤。

特征工程：

分析数据，选择或构建与疾病预测相关的特征。

使用特征选择技术，如 PCA，来降低数据维度。

模型建立与训练：

使用深度学习框架（如 TensorFlow 或 PyTorch）建立神经网络模型。

划分数据集为训练集、验证集和测试集，并进行模型训练。

模型验证与测试：

使用验证集对模型进行验证。

使用测试集测试模型的准确性和泛化能力。

模型优化与部署：

根据测试结果进一步优化模型。

将模型部署到一个友好的用户界面或与医疗系统集成。

项目总结与展示：

撰写项目报告，总结所学知识和经验。

在学术会议或学校活动中展示成果。

4. 预期结果

成功开发一个基于深度学习的疾病预测模型，具有高准确率和可靠性，能够从大量医疗数据中提取有用的信息，帮助医生提前预测和预防疾病。

5. 适用性

此项目为大学生提供了一个结合医学、数据科学和机器学习的机会。大学生将能够应用所学知识，为医疗领域的问题提供创新解决方案，从而改善病人的生活质量，提高医疗服务的效率。

15.4.9 微型机械在眼科手术中的应用方案

1. 项目背景

眼科手术往往需要极高的精度和微小的工作空间，使得传统的手工操作可能会带来风险。微型机械技术可以在此类手术中发挥关键作用，帮助医生进行更精确、更安全的手术操作。

2. 项目目标

设计并制造一种微型机械设备，用于辅助眼科手术，如白内障摘除、视网膜修复等。

3. 实施步骤

需求分析：

与眼科医生合作，了解手术的具体需求和操作难点。

设计原型：

使用 CAD 软件设计微型机械的结构和功能。

确保设计满足眼科手术的精度和安全性要求。

材料选择与制造：

选择适合眼科手术的生物相容性材料。

使用微加工技术制造微型机械部件。

集成与测试：

将微型机械部件集成到一个完整的系统中。

在模拟环境中进行测试，验证设备的功能和安全性。

与现有设备的整合：

考虑如何将新的微型机械设备与现有的眼科手术设备整合。

进行实际手术的模拟测试。

项目总结与展示：

撰写项目报告，总结所学知识和经验。

在学术会议或学校活动中展示成果。

4. 预期结果

成功开发一种微型机械设备，能够提高眼科手术的精确度和安全性，减少手术风险和术后并发症。

5. 适用性

此项目为大学生提供了一种结合医学、机械工程和微加工技术的实践机会。大学生将能为解决眼科手术中的实际问题提供创新的技术解决方案，为眼科患者提供更好的治疗效果。

15.4.10 3D 打印技术在制造定制医疗器械中的应用

1. 项目背景

随着 3D 打印技术的迅速发展，医学界开始探索如何使用这种技术来生产定制的医疗器械和植入物。由于每个患者的身体结构都是独特的，定制的医疗器械可以为患者提供更为精确和舒适的治疗方案。

2．项目目标

利用 3D 打印技术设计并制造定制的医疗器械，如矫形器、假肢和其他医疗植入物。

3．实施步骤

需求分析：

与医生和患者合作，确定需要定制的医疗器械的种类和特点。

3D 扫描与建模：

对患者受影响的部位进行 3D 扫描，获取精确的身体测量数据。

使用专业软件如 CAD，根据扫描数据创建 3D 模型。

材料选择：

选择符合生物相容性、强度和耐用性要求的 3D 打印材料。

3D 打印与后处理：

根据 3D 模型数据，使用选择的材料进行 3D 打印。

完成 3D 打印后，进行必要的后处理，如打磨、清洗和固定。

测试与优化：

在模拟环境中进行功能和舒适性测试。

根据测试结果进行调整和优化。

临床应用：

将定制的医疗器械应用于实际患者，收集使用效果和患者反馈。

项目总结与展示：

撰写项目报告，总结所学知识和经验。

在学术会议或学校活动中展示成果。

4．预期结果

成功利用 3D 打印技术制造出符合患者身体结构的定制医疗器械，为患者提供更为精确和舒适的治疗方案。

5．适用性

此项目为大学生提供了一个结合医学、3D 建模和 3D 打印技术的实践机会。大学生将有机会与医疗专家合作，解决实际医疗问题，并为患者提供创新的技术解决方案。

第 16 章　智能机械与财经的融合

16.1　智能化生产线对企业财务的影响

16.1.1　生产效率提升与成本变化

随着工业 4.0 的到来，智能化生产线在各种产业中得到了广泛的应用。从财务角度来看，智能化生产线对企业的经济状况产生了深远的影响。

1. 生产效率的提升

智能机器和自动化生产线显著提高了生产效率。传统的手工或半自动化生产过程往往涉及大量的人工，有时候会因为人为因素导致生产中断或错误。而智能化生产线则减少了这些错误，并能连续、高效地运行。

财务影响：随着生产效率的提高，单位产品的生产成本会相应降低。这可以使公司降低销售价格以吸引更多的客户，或者保持价格不变以获得更高的毛利率。

2. 成本变化

虽然初始投资可能相对较高，但智能化生产线在长期运营中可以节省大量的运营成本。

人工成本：智能化生产线减少了对劳动力的依赖，从而减少了劳动力成本。然而，需要注意的是，这可能会导致公司裁员或有重新培训的需要。

原材料成本：通过先进的传感器和数据分析，智能生产线可以更精确地使用原材料，减少浪费。

维护成本：虽然初步投资可能很高，但从长期来看，智能机器由于其自我诊断和预测性维护能力，可能会降低维护成本。

能源成本：许多现代智能机器都设计得更加节能。

财务影响：智能化生产线可能会增加初始的固定成本投资，但随着时间的推移，它的运营成本会大大降低，从而提高企业的盈利能力。

从财务角度看，智能化生产线的引入是一个长期的投资决策，需要权衡初始投资和长期收益。但是，随着技术的进步和生产规模的扩大，预计这种投资会为企业带来更多的经济效益。

16.1.2　资本支出与折旧的财务计算

资本支出与折旧是公司财务中非常重要的两个概念，尤其是在引入大量机械和技术设备的公司中。这些概念涉及如何计算、报告和预测公司的资产和财务状况。

1. 资本支出

资本支出（Capital Expenditure，CapEx）是公司为购买、升级或维护其长期资产，如建筑、机械或技术设备，所做的投资。这与运营支出不同，后者涉及日常业务运营的费用，如工资、租金和材料。

财务计算：

资本支出＝新购长期资产的费用+（升级或维修资产的费用－被卖掉或处置资产的收入）

2．折旧

折旧（Depreciation）是一个会计概念，代表了固定资产在其使用寿命内的价值减少。它是一个非现金费用，意味着公司不会因折旧而支付现金。但是，它确实减少了公司的账面利润，从而可能减少了应付的所得税。

财务计算：根据具体的折旧方法，计算方式可能有所不同。常见的折旧方法有：

• 直线法（Straight-Line Depreciation）：

$$折旧额 = \frac{资产原始成本 - 残值}{使用寿命}$$

其中，残值是资产预期在使用寿命结束时的价值。

• 双倍余额递减法（Double Declining Balance Method）：

$$折旧额 = 2 \times \frac{资产原始成本}{使用寿命} \times 账面价值$$

账面价值是每年开始时资产的价值，不考虑残值。

对于智能机械的采购，资本支出可能很高，因为这些设备通常价格昂贵。然而，它们的折旧也可能很高，因为技术进步可能使它们迅速过时。因此，正确计算和预测资本支出和折旧对于理解和管理企业的财务状况至关重要。

16.1.3　企业风险与应对策略

随着智能机械和自动化技术的引入，企业可能会面临一系列的风险。了解这些风险以及相应的应对策略可以帮助企业更好地应对不确定性和潜在的威胁。

1．技术风险

随着新技术的迅速更新和演变，投资于特定的技术可能会使企业面临过时或技术不再受支持的风险。

应对策略：

进行深入的市场调查，确保所选择的技术具有长远的发展潜力和支持。

与供应商建立长期关系，确保持续的技术支持和更新。

2．财务风险

大量的资本投入可能会使企业的财务流动性受到影响，增加破产的风险。

应对策略：

进行全面的财务规划和预测，确保有足够的现金流应对不确定性。

探索不同的融资渠道，如银行贷款、股权融资或合作伙伴关系。

3．操作风险

智能机械可能出现故障或不预期的操作错误，这可能导致生产中断或产品质量问题。

应对策略：

定期维护和检查设备，确保其正常运行。

培训员工，使他们熟悉设备的操作和故障排除。

4．安全风险

自动化设备可能带来安全风险，如机器人手臂的不预期运动或系统的不稳定。

应对策略：

在工作区域设置安全隔离区，确保员工的安全。

定期进行安全培训和演练，提高员工的安全意识。

5. 数据和网络安全风险

与互联网或其他网络连接的智能机械可能面临数据泄露或网络攻击的风险。

应对策略：

建立强大的网络安全措施，如防火墙、入侵检测系统和数据加密。

定期进行网络安全审计和评估，确保系统的完整性和安全性。

16.2　人工智能与自动化在财经分析中的应用

随着技术的发展，人工智能和自动化技术已经成为财务和经济领域的重要工具。这些技术不仅可以简化和自动化传统的财务分析过程，还可以提供更准确、更快速的数据洞察，帮助决策者做出更好的决策。

16.2.1　AI 在预测性财务分析中的角色

预测性财务分析是通过分析历史数据来预测未来的财务状况和业绩的。人工智能可以对这一过程进行革命性的改进。

数据处理与分析：AI 可以快速处理和分析大量的数据，找出其中的趋势和模式。这比传统的数据分析方法要快得多，也更为准确。

模式识别：AI 可以识别隐藏在数据中的复杂模式，这些模式可能被传统分析方法忽略。这意味着 AI 可以提供更深入、更准确的洞察。

预测模型的建立：基于机器学习的算法可以自动调整预测模型，使其更加精确。当新数据进入系统时，这些模型可以自我学习和调整，以提高预测的准确性。

风险评估：通过分析历史数据和市场趋势，AI 可以帮助决策者评估不同决策的潜在风险，从而做出更明智的投资和策略选择。

自动化报告：AI 可以自动生成财务报告和分析，为决策者提供即时的洞察和建议。

AI 在预测性财务分析中扮演着越来越重要的角色。它不仅可以提供更快、更准确的数据分析，还可以帮助决策者做出更明智、更有根据的决策。

16.2.2　自动化在会计与审计中的应用

随着技术的进步，自动化在会计和审计行业中的应用越来越广泛。这些变革不仅提高了效率和准确性，还为专业人员提供了更多的时间来进行更深入的分析和决策。

1. 自动账务录入

许多现代会计软件都具备自动导入银行交易、生成发票和匹配交易的功能。

光学字符识别（Optical Character Recognition，OCR）技术可以自动读取和录入纸质发票和收据的数据，减少人工输入的时间和错误。

2. 自动化报告

会计软件能够自动生成财务报表，如资产负债表、损益表等。

AI 和机器学习可以帮助生成更复杂的财务分析和预测报告。

3. 自动化审计流程

使用专门的工具，可以自动检测财务数据中的异常和不一致性，从而辅助审计人员进行深入分析。

数据分析工具可以帮助审计师对大量的数据进行样本检验，提高审计效率。

4. 智能合同审计

随着区块链技术的崛起，智能合同成为可能。自动化工具可以用于审计这些智能合同，确保其按照既定的规则和条款执行。

5. 预测性分析在审计中的应用

使用 AI 和机器学习，审计师可以预测哪些地方最可能存在财务误差或欺诈行为，从而优化审计流程。

6. 实时审计

借助于自动化工具和 AI，公司可以实时进行审计，而不是等到年底或季度末。这使得公司能够更快地发现和解决问题，同时也为决策者提供了更实时的财务数据。

7. 客户交互的自动化

聊天机器人和自助查询系统使客户可以随时查询自己的财务数据或提交相关问题，而无需等待真人回复。

自动化技术正在彻底改变会计和审计行业的工作方式，使其更加高效、准确和及时。然而，同时也需要专业人员持续学习和适应这些新工具和技术，确保其在数字化时代保持其专业价值。

16.3　智能硬件的经济模型与商业策略

16.3.1　成本结构与价格策略

智能硬件在近年来迅速发展，无论是消费类电子产品还是工业应用，其在市场中的份额都在迅速增长。为了在竞争激烈的市场中获得优势，企业需要仔细考虑其成本结构和价格策略。

1. 固定成本与变动成本

固定成本：智能硬件的研发、设计、原型制作等都是高昂的固定成本。

变动成本：随着生产量的增加，材料、劳动和生产过程中的其他费用。

2. 经济规模

随着生产量的增加，单位产品的平均成本通常会降低。这是因为固定成本被更多的产品分摊，而且在大规模生产时，生产效率通常会提高。

3. 价格策略

成本加成定价：基于总成本加上期望的利润率来确定价格。

价值定价：根据产品为客户带来的价值来确定价格。

竞争定价：基于竞争对手的价格来确定价格。

高低定价：开始时设置较高的价格，随着时间的推移逐步降低。

产品生命周期与价格策略：

在产品的不同生命周期阶段，如推出、增长、成熟和衰退阶段，价格策略可能会有所不同。

4. 捆绑销售与跨销售

智能硬件往往与软件、服务或其他配件一起销售，这可以提高销售额并提供更完整的用户体验。

5. 订阅与服务模型

一些智能硬件采用了订阅制的商业模型，用户不仅购买硬件，还订阅相关的软件或服务。

6. 降低初始购买门槛

通过提供分期付款或租赁选项，使更多的消费者能够负担得起高端的智能硬件产品。

智能硬件的经济模型和商业策略需要综合考虑产品特性、市场需求、竞争态势等多个因素。适当的价格策略可以增加销售额，提高市场份额并优化利润。

16.3.2 商业模式创新与变革

随着科技的迅速发展，特别是智能机械和人工智能技术的推进，传统的商业模式面临着巨大的挑战和变革的压力。智能硬件的出现为商业模式带来了新的可能性和机会。

1. 硬件即服务

传统上，企业和消费者购买硬件设备是一次性交易。而"硬件即服务"模式允许用户根据使用情况支付费用，无需预付大额支出。这种模式提供了更大的灵活性，降低了初始投资，并允许用户根据需求升级或更换设备。

2. 集成生态系统

智能硬件经常与软件、数据和云服务集成，为用户提供全方位的解决方案。通过构建封闭或半封闭的生态系统，企业可以从中获得更多的盈利点和客户黏性。

3. 数据驱动的决策

智能硬件收集的数据为企业提供了宝贵的洞察力，帮助他们更好地理解用户需求，预测市场趋势，并进行更精准的营销策略。

4. 模块化与定制化

一些智能硬件采用模块化设计，允许用户根据需求和偏好进行定制。这种商业模式能够满足个性化需求，同时保持生产的效率和规模经济。

5. 跨行业合作

为了提供更完整的解决方案，智能硬件企业常常与其他行业的企业合作，如与健康、金融或娱乐公司合作，开创全新的应用场景和盈利模式。

6. 持续的增值服务

除了硬件销售，提供持续的软件更新、训练、维护和其他增值服务为企业创造了新的收入来源。

7. 共享经济与租赁模式

不是所有用户都需要持续、长期地拥有某一硬件。共享或租赁模式满足了用户短期、灵活的使用需求，同时为企业带来了稳定的现金流。

8. 循环经济与可持续性

采用循环经济的原则，设计可以回收和再利用的智能硬件。这种商业模式不仅环保，还可以降低长期的生产成本。

16.3.3 竞争策略与市场定位

在智能机械和财经的交汇点，企业的竞争策略和市场定位尤为关键。随着技术的日益进步，企业必须持续创新并制定合适的策略以确保其在市场中的地位和竞争力。

1. 差异化策略

企业可以提供独特的产品或服务，以满足特定的客户需求。这种差异化可以基于产品特性、技术优势或其他独特的服务。

2. 成本领先策略

通过提高生产效率或采用技术创新，降低成本并以更低的价格提供产品或服务，从而在竞争中占据优势。

3. 焦点策略

针对特定的市场细分或客户群体，提供专门的产品或服务。这种策略可以帮助企业在特定市场中建立强大的品牌忠诚度。

4. 技术领先策略

投资研发，不断推出技术领先的产品，保持行业的技术领导地位。

5. 全球化与本地化策略

在全球范围内扩展业务，同时考虑到各地的特定需求和文化，提供定制化的解决方案。

6. 合作伙伴关系策略

与其他企业或研究机构建立合作伙伴关系，共同研发或销售产品，扩大市场份额和影响力。

7. 持续创新策略

为了适应不断变化的市场和技术环境，企业应始终保持创新的态度，不断研发新产品和新服务。

8. 客户导向策略

了解并满足客户的实际需求，提供超出客户期望的产品和服务。

9. 敏捷与适应性策略

在面对市场变化或竞争压力时，快速调整策略或业务模型，以应对新的挑战。

在制定竞争策略和市场定位时，企业应考虑内外部环境、竞争对手、目标客户，以及自身的核心能力。选择合适的策略和定位可以帮助企业在激烈的市场竞争中脱颖而出。

16.4　大学生创新应用实践方案

16.4.1　AI 驱动的财务助理应用

1. 项目背景

随着金融技术的快速发展，人工智能已经渗透到多个财务领域，如预测分析、交易、风险管理等。对于大多数中小型企业和个人，管理日常财务、预测未来现金流或理解复杂的金融报告可能是一大挑战。AI 驱动的财务助理应用可以为用户提供实时的财务建议、预测未来的财务健康状况并自动执行一些日常任务。

2. 功能与特点

财务数据分析：应用可以分析用户的收入、支出、投资和债务，提供全面的财务概览。

预测分析：基于历史数据和市场趋势，预测用户未来的财务状况。

自动化建议：根据用户的财务状况，提供如何节省开销、增加收入或优化投资的建议。

语音助手：通过语音命令，用户可以询问应用他们的财务状况或获取某个特定日期的账单信息。

安全与隐私：使用最新的加密技术确保用户数据的安全性，且不与第三方共享个人财务数据。

3. 实施步骤

需求分析：与潜在用户沟通，了解他们在日常财务管理中的痛点和需求。

数据收集：收集一些样本数据进行模型训练，如收入、支出、投资回报等。

模型开发：使用机器学习框架如 TensorFlow 或 PyTorch 开发预测模型。

应用开发：根据需求分析的结果，开发一个用户友好的界面。可以考虑使用开源的应用开发框架进行快速原型设计。

测试与优化：在初步用户群中进行应用测试，根据反馈进行优化。

4. 潜在益处

帮助用户实时了解其财务状况和预测未来趋势。

为用户节省时间，自动执行一些日常财务任务。

提高用户的财务知识和意识，帮助他们做出更明智的决策。

此项目为大学生提供了一个实际的问题场景，可以利用现有的 AI 技术和工具，结合财务知识，为用户提供真正有价值的服务。

16.4.2 自动化税务报告工具

1. 项目背景

随着企业运营越来越复杂，税务报告变得更为烦琐和复杂。手工完成这些报告既耗时又容易出错。使用自动化税务报告工具可以简化这一流程，确保准确性并减少人工干预。

2. 功能与特点

数据集成：工具可以与多个数据来源（例如财务软件、银行账户等）集成，自动提取相关的税务数据。

智能分类：自动识别和分类不同的收入和支出类型，如工资、利息、租金等。

自动计算：根据税法自动计算应纳税额、可抵扣税额等。

报告生成：自动生成详细的税务报告，包括所有必要的附表和说明。

法规更新：系统可以定期更新，确保其总是符合最新的税法规定。

安全与隐私：确保所有财务数据安全存储，并采取措施保护用户隐私。

3. 实施步骤

需求分析：与企业或个人用户沟通，确定他们在税务报告中的特定需求。

数据集成：与主流的财务软件和银行 API 进行集成，自动提取税务数据。

算法开发：开发算法以自动分类和计算税务数据。

报告模板：设计各种税务报告的模板，确保其满足税务机关的要求。

测试与反馈：在初步用户群中进行测试，收集反馈并优化工具。

4. 潜在益处

减少税务报告的时间和复杂性。

提高税务报告的准确性，减少因错误报告导致的罚款风险。

使非专业人员也能轻松完成税务报告。

对于大学生来说，这个项目提供了一个结合财务知识、软件开发和数据分析的机会。他们可以深入了解税务流程，同时获得实际开发自动化工具的经验。

16.4.3 智能投资策略模拟器

1. 项目背景

随着金融市场的复杂性增加，许多投资者希望通过科技手段来增强其投资决策。智能投资策略模拟器可以帮助投资者模拟不同的投资策略并预测其潜在的回报和风险。

2. 功能与特点

多种投资策略模拟：允许用户选择或组合多种投资策略（如价值投资、动量策略、宏观策略等）。

历史数据分析：利用历史股价和金融数据进行回测，评估策略在过去的表现。

风险评估：为每种策略提供预期回报、标准差和夏普比率等风险/回报指标。

实时模拟：允许用户实时模拟其策略在当前市场条件下的表现。

AI 推荐：使用机器学习算法为用户推荐最佳的投资策略组合。

3．实施步骤

需求分析：与潜在用户沟通，了解他们对投资策略模拟器的期望和需求。

数据采集：从金融数据提供商或公开数据源收集历史和实时金融数据。

算法开发：开发模拟不同投资策略的算法，并设计机器学习模型为用户推荐策略。

用户界面设计：创建直观的用户界面，允许用户轻松选择策略、输入参数并查看模拟结果。

测试与反馈：在投资者群体中进行测试，收集反馈并优化模拟器。

4．潜在益处

帮助投资者更好地理解和评估不同的投资策略。

提供一个低风险的环境让投资者模拟并优化其投资策略。

借助 AI 技术，提供更为精确和个性化的投资策略建议。

这个项目为大学生提供了一个机会，将财务、数据科学和软件开发方面的知识结合起来，为实际金融问题提供解决方案。

16.4.4　基于区块链的供应链金融平台

1．项目背景

供应链金融旨在优化供应链中的资金流动，帮助各方更有效地管理资金需求。区块链技术，以其透明度、不可篡改和分布式特性，为供应链金融提供了一个理想的技术基础。

2．功能与特点

透明化交易：所有交易都被记录在区块链上，供所有参与者查看，增加了交易的透明度。

智能合约：自动执行的合约，确保当达成某些条件时，例如货物交付，资金会自动流转。

降低欺诈风险：由于交易记录是不可篡改的，欺诈行为的风险大大降低。

实时追踪与审计：所有交易都可以实时追踪，简化了审计过程。

加速支付：减少中间环节，使得支付更快。

3．实施步骤

需求分析：与供应链各方进行交流，了解他们的需求和痛点。

选择区块链平台：根据需求选择合适的公有链或私有链。

设计智能合约：为不同的金融场景设计智能合约，例如发票融资、订单融资等。

开发用户界面：为供应商、采购商、金融机构等参与者设计易用的界面。

测试与反馈：邀请供应链的各方参与测试，并根据反馈进行优化。

4．潜在益处

提高资金效率：快速的资金流动使得供应链上的各方都能更有效地使用资金。

提高信任：透明的交易记录和智能合约提高了供应链中的信任。

降低融资成本：更高的透明度和信任度可以降低融资成本。

这个项目为大学生提供了一个机会，结合金融、区块链和软件开发方面的知识，为实际的供应链金融问题提供解决方案。

16.4.5　使用深度学习的信用评分系统

1．项目背景

传统的信用评分系统往往基于固定的金融指标和手工特征工程，这在很多情况下可能不够准确或无法捕捉到所有相关信息。深度学习，特别是神经网络模型，提供了自动提取特征并进行复杂模式识别的能力，从而可以更准确地进行信用评分。

2. 功能与特点

自动特征提取：神经网络可以自动从数据中提取关键特征，而不需要人为设计。

复杂模式识别：能够识别传统方法难以捕捉的非线性和复杂模式。

适应性强：随着更多数据的接入，模型可以持续学习和优化。

可解释性：尽管深度学习模型通常被视为"黑盒"，但现代技术和工具如 SHAP、LIME 等可以增强模型的解释性。

3. 实施步骤

数据准备：收集相关的信用数据，如财务状况、借贷记录、消费习惯等。

预处理：清洗数据、处理缺失值、进行归一化等。

模型设计：选择合适的神经网络架构，如多层感知机（Multilayer Perceptron，MLP）、卷积神经网络（CNN）或循环神经网络（Recurrent Neural Network，RNN）。

训练与验证：使用训练数据集训练模型，并在验证集上进行验证。

结果分析：评估模型的准确性，并使用上述工具进行模型解释。

4. 潜在益处

提高准确性：与传统模型相比，深度学习模型通常可以提供更准确的信用评分。

快速响应市场变化：自动学习和优化功能使得模型能够迅速适应市场和消费者行为的变化。

减少风险：更准确的信用评分可以帮助金融机构更好地管理风险。

对于大学生来说，这个项目提供了一个机会，结合金融、数据科学和深度学习方面的知识，为真实的信用评分问题提供现代化的解决方案。

16.4.6 虚拟财务顾问与教育平台

1. 项目背景

许多人在财务规划、投资策略、税务筹划和其他与金融有关的问题上缺乏知识和经验。一个虚拟财务顾问和教育平台可以为用户提供实时的财务建议，并通过教育内容增强其财务素养。

2. 功能与特点

个性化建议：根据用户的财务状况、目标和风险承受能力，提供个性化的投资、储蓄和税务建议。

教育内容：提供关于投资、税务、债务管理、退休规划等方面的教育视频、文章和教程。

模拟工具：允许用户模拟不同的财务策略和决策，以查看潜在的长期和短期影响。

社区互动：创建一个社区，用户可以分享经验、提问和交流财务策略。

3. 实施步骤

需求分析：研究目标用户群，了解他们在财务管理方面的痛点和需求。

平台设计：确定平台的架构和主要功能，为各功能模块制定详细的设计方案。

内容策划：为教育板块策划和制作高质量的内容，包括文字、视频、图表等。

开发与测试：进行平台的编码、测试和优化。

推广与运营：通过各种渠道推广平台，吸引用户，并进行持续的运营和优化。

4. 潜在益处

增强财务素养：帮助用户提高财务管理能力，做出更明智的决策。

便利性：为用户提供一个集咨询、学习和交流于一体的平台，节省时间和精力。

社区支持：构建一个财务管理爱好者的社区，鼓励分享和合作。

对于大学生来说，这个项目提供了一个机会，结合金融、教育、技术和社交网络方面的知识，为广大用户提供财务教育和顾问服务。

16.4.7　AI 优化的个人理财工具

1. 项目背景

随着社会经济的发展，越来越多的人意识到个人财务管理的重要性。然而，很多人因为缺乏合适的工具或知识而难以制定合理的预算或投资策略。一个由 AI 驱动的个人理财工具可以提供个性化的建议和预测，帮助用户更好地管理他们的财务。

2. 功能与特点

预算建议：根据用户的收入、开销和财务目标，提供预算建议。

投资策略：分析用户的风险承受能力，为其提供投资建议。

开销追踪：自动分类和追踪用户的日常支出，生成报告以帮助用户了解自己的消费习惯。

财务预测：使用 AI 预测用户的未来财务状况，帮助他们制订长远的财务计划。

安全保障：确保所有数据加密存储，且用户的个人信息和财务数据受到严格保护。

3. 实施步骤

需求分析：通过市场调查，确定目标用户群体的具体需求。

设计与开发：设计用户友好的界面，并开发所需的 AI 算法和功能模块。

数据集成：与银行和其他金融机构合作，实现数据的自动同步和分类。

测试与优化：进行多轮测试，确保工具的稳定性和准确性，并根据用户反馈进行优化。

推广与营销：策划营销活动，吸引并增加用户群。

4. 潜在益处

提高财务管理效率：自动化的数据追踪和分析减少了用户的管理时间和复杂性。

帮助制定更好的财务策略：AI 的预测和建议帮助用户更好地理解他们的财务状况并做出明智的决策。

增强用户的财务知识：教育用户如何更好地管理他们的财务，并提供有关投资和储蓄的建议。

对于大学生来说，这个项目不仅可以帮助他们锻炼技术和提高创业能力，而且可以让他们了解和实践真实的财务管理，为未来的生活和事业打下坚实的基础。

16.4.8　云端智能会计系统

1. 项目背景

随着信息化和数字化的不断发展，会计行业也正在经历一场技术变革。传统的会计方法逐渐被数字化、自动化和智能化的工具所替代。云端智能会计系统允许用户随时随地、跨设备地访问会计数据，同时 AI 技术可以自动进行大部分烦琐的数据录入、分类和分析工作。

2. 功能与特点

实时数据同步：不同设备之间的会计数据可以实时同步，支持多用户在线协作。

自动化交易匹配：系统可以自动匹配银行流水和账单，减少手动录入。

智能税务建议：基于用户的交易历史和会计数据，提供税务优化建议。

财务报表生成：一键生成各种财务报表，如利润表、资产负债表等。

安全保障：采用高级加密技术和多重身份验证确保数据的安全性。

3. 实施步骤

市场调研：理解目标市场的需求和竞争状况。

系统设计与开发：设计用户友好的界面，开发核心的 AI 算法和功能模块。

与银行及金融机构合作：实现自动化的交易数据获取和分类。

系统测试与优化：不断测试系统的性能和准确性，根据反馈进行优化。

推广与市场营销：利用多种营销策略扩大用户群和增加市场份额。

4. 潜在益处

提高会计工作效率：大大减少了数据手动录入和处理的时间，提高会计工作效率。

减少人为错误：自动化的数据处理减少了人为错误的可能性。

为中小企业节约成本：提供了一种相对廉价的会计解决方案，特别是对于那些无法雇佣专职会计人员的中小企业。

对于大学生来说，开发此类系统不仅可以提高他们的技术和项目管理能力，而且可以深入了解会计和财务管理的实际应用，为他们的未来职业生涯打下坚实的基础。

16.4.9　基于物联网的智能资产管理

1. 项目背景

随着物联网技术的不断发展，各种设备和资产都可以被连接到网络，为资产管理带来了前所未有的机会。基于物联网的智能资产管理系统可以实时追踪、监测和优化各种物理资产，从而提高资产的使用效率，降低运营成本。

2. 功能与特点

实时资产追踪：通过安装在资产上的传感器和标签，实时追踪资产的位置和状态。

预测性维护：通过收集和分析资产的使用数据，预测资产的维护需求，避免突发故障。

自动化资产调度：基于实时数据，自动调度资产，优化资产使用。

资产使用分析：收集和分析资产的使用数据，为资产购买、更换和退役提供决策支持。

安全监测：通过对资产进行实时监测，及时发现并处理安全隐患。

3. 实施步骤

需求分析：与潜在用户进行深入沟通，了解其资产管理的具体需求。

系统设计与开发：根据需求分析结果，设计并开发系统，包括硬件（如传感器、标签等）和软件（如数据分析平台、用户界面等）部分。

系统测试与优化：在真实环境中测试系统的性能和稳定性，根据测试结果进行系统优化。

系统推广与应用：与企业合作，推广系统应用，帮助其提高资产管理效率。

持续优化与更新：随着技术的发展和用户需求的变化，持续对系统进行优化和更新。

4. 潜在益处

提高资产使用效率：通过实时监测和智能调度，提高资产的使用效率，降低闲置资产的比例。

降低维护成本：预测性维护可以降低突发故障的概率，从而降低维护成本。

提高资产管理透明度：通过实时数据，企业可以清晰地了解其资产的使用情况，为管理决策提供支持。

对于大学生来说，此项目不仅可以提高他们的技术和创新能力，而且可以深入了解企业资产管理的实际需求和挑战，为他们的未来职业生涯积攒宝贵的经验。

16.4.10　智能合约与自动化支付流程设计

1. 项目背景

随着区块链技术的不断成熟和广泛应用，智能合约作为其重要组成部分，为各种商业和金融流程提供了自动化和透明化的解决方案。在这种背景下，利用智能合约实现的自动化支付流程可以大大提高支付效率，减少人为错误和欺诈风险。

2. 功能与特点

自动进行：一旦满足合约中设定的条件，支付会自动进行，无需人工干预。

透明性：所有交易都记录在区块链上，易于查询和验证。

安全性：利用区块链的加密技术，确保交易的安全性。

灵活性：智能合约的内容和条件可以根据实际需求进行定制。

3. 实施步骤

需求分析：与潜在用户进行沟通，了解其支付流程的具体需求和痛点。

智能合约编写：根据需求分析结果，编写适合其业务场景的智能合约。

系统测试与优化：在测试环境中测试智能合约的功能和性能，根据测试结果进行优化。

系统部署与推广：在真实环境中部署智能合约，与合作伙伴进行推广。

持续优化与更新：随着技术的进步和用户需求的变化，持续优化和更新智能合约。

4. 潜在益处

提高支付效率：自动化的支付流程大大缩短了支付时间，提高了支付效率。

降低错误和欺诈风险：自动化流程减少了人为操作，从而降低了错误和欺诈的风险。

提高支付透明度：所有支付都记录在区块链上，为审计和合规提供了方便。

对于大学生来说，该项目可以帮助他们了解区块链和智能合约的实际应用，提高他们的编程和项目管理能力，为他们的未来职业生涯积攒宝贵的经验。

第17章 智能机械与现代社会文化及艺术的融合

17.1 设计艺术与智能机械

17.1.1 工业设计的创新与智能机械的结合

1. 背景

在现代社会，随着技术与艺术的交融，智能机械已不再只是"功能"或"效率"的代名词。工业设计正将美学与功能性融为一体，使得智能机械在满足人们生活需要的同时，也成为生活中的艺术品。

2. 设计与智能的融合

人性化设计：以用户为中心的设计理念，更加强调用户的使用体验，使智能机械更加贴近人们的生活习惯和情感需求。

艺术性设计：结合现代艺术元素，使智能机械外观更加时尚、独特和具有辨识度。

可持续性设计：注重环境保护，选择可回收材料，减少生产与使用中的污染，使智能机械与绿色生态环境相融合。

3. 应用案例

Dyson 的无叶风扇：典型的结合了科技与设计的产品。不仅在技术上采用了创新的气流放大技术，而且其独特的无叶设计也成为一个引人注目的设计亮点。

苹果产品：如 iPhone、MacBook 等都是技术与工业设计完美结合的代表。简洁而富有美感的设计，使其不仅是功能性产品，更是现代艺术品。

4. 未来展望

随着技术的不断进步和人们审美观念的更新，工业设计将更加注重与智能技术的结合，推动智能机械走进更多的家庭，成为人们生活中不可或缺的一部分。同时，智能机械也会成为连接人与技术、艺术与生活的重要桥梁。

工业设计与智能机械的结合，不仅可以提高机械的功能性，也可以提升人们的生活品质，使科技与艺术、功能与美感更加和谐地融合在一起。

17.1.2 设计思维在智能机械研发中的应用

1. 定义与概念

设计思维（Design Thinking）是一种创新方法论，它鼓励从用户的需求出发，通过多次迭代来找到问题的解决方案。它包括理解、观察、定义、构思和测试五个步骤。

2. 设计思维的重要性

从用户需求出发，提高产品的受欢迎程度。

创新性地解决问题，赋予智能机械更高的价值。

提高团队的协作效率，鼓励多学科交叉。

3. 在智能机械研发中的应用

理解：团队深入实际应用场景，与用户进行交流，了解他们的真实需求和痛点。

观察：通过实地考察，研究用户如何与现有的机械交互，找到潜在的改进点。

定义：整合前两步的信息，明确智能机械需要解决的核心问题。

构思：团队成员集思广益，提出多种可能的解决方案。

测试：制作原型，进行实际测试，根据反馈进行调整。

例如，在开发一款智能家居机器人时，研发团队可以深入家庭，了解家庭成员的日常需求，从中找到机器人可以发挥的功能点，如自动扫地、远程视频通话等。然后，通过迭代的方式，逐步完善产品功能，直至满足用户需求。

4. 设计思维的优势

保证产品的用户中心性，提高市场接受度。

鼓励团队创新思考，打破传统框架。

通过迭代过程，不断完善产品，减少后期修改的成本和时间。

设计思维在智能机械的研发中起到了至关重要的作用。它不仅是一个工具或方法，更是一种文化和哲学。只有真正从用户的角度出发，才能研发出真正满足市场需求的智能机械。

17.1.3　跨学科的艺术与工程设计方法

1. 定义与背景

跨学科设计是指将多个学科的知识和方法结合到设计过程中，以实现更全面、更创新的结果。在艺术与工程领域，这种结合可以产生既实用又具有美学价值的产品。

2. 艺术与工程的交叉

美学与功能性：工程通常注重功能性、效率和稳定性，而艺术则强调表达、情感和形式。将两者结合可以创造出既美观又实用的产品。

创新与解决问题：艺术鼓励开放思维和创新，而工程则专注于解决特定问题。融合两者可以产生既创新又能解决实际问题的解决方案。

3. 跨学科设计的实例

建筑设计：现代建筑设计不仅要满足结构安全和功能需求，还要考虑建筑的美学和环境适应性。例如，有些建筑的外观设计灵感来源于自然物体，如著名的悉尼歌剧院，其外形像贝壳。

智能穿戴设备：如智能手表和智能眼镜，它们不仅具有技术功能，如跟踪健康数据或提供导航，还具有时尚和美观的设计。

4. 跨学科设计的优势

全面性：能够考虑到更多的因素，包括用户的情感和文化背景。

创新性：结合不同学科的知识可以产生新的设计思路和解决方法。

竞争力：在市场上，既实用又美观的产品往往更受欢迎。

5. 如何推进跨学科设计

团队多样性：组建包括艺术家、工程师和其他相关专家的团队。

开放的沟通与合作：鼓励团队成员之间的交流和合作，以促进知识和技能的分享。

教育与培训：鼓励设计师和工程师学习对方的知识和技能，以提高他们的跨学科设计能力。

跨学科的艺术与工程设计方法为创造出既实用又具有美学价值的产品提供了一个有效的

途径。随着技术和社会的发展，这种设计方法在未来将变得更为重要。

17.2 智能机械在日常生活与艺术创作中的应用

17.2.1 智能雕刻、绘画机器人的现状与前景

1. 现状

技术进步：随着计算机视觉和机器学习的进步，机器人可以更准确地模仿人类的创作过程，例如笔触、雕刻技巧等。

应用领域：当前，这些机器人主要用于大规模生产和复制艺术品。例如，制作海报、广告牌、墙绘等。

辅助工具：一些艺术家使用这些机器人作为辅助工具，帮助他们完成重复性或需要精确度的工作。

教育领域：在艺术教育中，机器人被用作教学工具，帮助学生理解基本的艺术技巧和原理。

2. 前景

更高的创造力：随着技术的进步，预计机器人将能够创作更具创意和原创性的艺术品。

个性化：未来的机器人可能会为用户提供定制化的艺术品，根据用户的喜好和需求进行创作。

协作：机器人与艺术家的合作将更加紧密。艺术家可以指导机器人完成复杂的创作过程，而机器人可以提供技术支持和执行力。

3. 争议

随着机器人在艺术创作中的应用越来越广泛，关于"机器人艺术"与"人类艺术"之间的界限和价值也将引发更多的讨论和思考。

智能雕刻和绘画机器人为艺术创作带来了无限的可能性，但也带来了关于艺术的真正意义和价值的思考。在技术与艺术的交汇点上，我们可以期待更多的创新和惊喜。

17.2.2 音乐、舞蹈与智能机械的融合

1. 音乐与智能机械的融合

自动作曲与编曲：利用机器学习和人工智能，智能机械现在能够创建音乐。从简单的旋律到复杂的和声，这些系统能够模拟人类的作曲方式。

乐器自动化：有些机器人被设计成可以演奏乐器，如钢琴、吉他等，它们可以模仿人类的演奏技巧，或者执行超出人类能力的演奏。

声音分析与混音：AI可以对音乐进行深度分析，帮助艺术家在混音、调音和制作中得到更好的效果。

2. 舞蹈与智能机械的融合

舞蹈机器人：机器人可以被编程执行精确的舞蹈动作，从传统舞蹈到现代舞，都有机器人的表现。

舞蹈分析：利用计算机视觉，智能系统可以分析舞者的动作并提供反馈，帮助他们改进表现。

虚拟舞蹈伴侣：在虚拟现实或增强现实环境中，可以与智能化的虚拟伙伴一起舞蹈，为舞蹈训练或娱乐提供新的体验。

3. 音乐与舞蹈的融合

智能表演：通过音乐与舞蹈的完美结合，机器人可以进行完整的表演，这不仅是技术展示，还是艺术的呈现。

交互式体验：观众可以与智能机械互动，改变音乐和舞蹈的流向，为传统的表演艺术带来创新。

艺术创作工具：艺术家可以将智能机械作为创作工具，扩展他们的艺术范围和创意。

音乐和舞蹈与智能机械的融合打破了传统的表演艺术界限，为艺术家和观众提供了前所未有的体验。随着技术的进步，我们可以期待更多的交互、创意和表演的革命。

17.2.3　虚拟现实、增强现实在艺术展览与表演中的应用

1. 虚拟现实在艺术中的应用

沉浸式艺术展览：通过 VR，观众可以完全沉浸在一个艺术创作的环境中，无论是一个虚拟的画廊还是一个全新的艺术世界。

互动艺术体验：VR 为艺术家提供了一个平台，使观众能够互动并成为作品的一部分，例如通过动手操作或改变场景。

表演艺术：舞蹈、戏剧和音乐会可以在 VR 环境中被重新构想，使观众成为表演的中心。

艺术创作：一些 VR 应用程序允许艺术家在三维空间中绘画和雕塑。

2. 增强现实在艺术中的应用

实时信息叠加：在博物馆或画廊，AR 可以通过智能手机或 AR 眼镜为观众提供关于艺术品的详细信息、背景和故事。

现场艺术互动：AR 使得公共艺术、雕塑和壁画可以动起来或与周围环境互动，为传统的艺术品增添额外的维度。

表演增强：在现场表演中，如音乐会或戏剧，AR 可以增加虚拟的元素，增强表演的视觉体验。

城市艺术导览：利用 AR 技术，用户可以通过智能手机遍历城市，发现隐藏的艺术作品或获取关于公共艺术的更多信息。

VR 和 AR 为艺术界开辟了新的可能性。它们不仅是新技术，还是创新的艺术媒介，为艺术家和观众提供了前所未有的互动和体验机会。随着技术的发展，我们可以预期 VR 和 AR 在艺术领域的应用将更加广泛和深入。

17.3　智能机械与文化传媒的互动

17.3.1　智能机械在电影、广告制作中的作用

摄影机械臂：这些高度精密的机器臂允许摄影师在电影或广告拍摄时进行复杂、流畅且有创意的摄像头运动。它们可以被编程为执行复杂的动作，为观众带来震撼的视觉体验。

无人机摄影：无人机使拍摄者能够以更低的成本进行高质量的空中拍摄，为故事叙述增加了新的视角。

虚拟人物与动画：通过智能算法，可以自动生成 3D 模型和动画，降低手工制作成本和减少时间。

模拟与视觉效果（Visual Special Effects，VFX）：使用智能算法模拟物理现象，如流体、火焰、破碎的物体等，为电影和广告制作增添逼真的视觉效果。

虚拟制片场：利用增强现实（AR）和虚拟现实（VR）技术，在实际摄制现场实时预览和修改计算机生成的场景和角色，帮助导演和制片人做出决策。

声音设计与编辑：通过机器学习和 AI，可以自动分析和编辑音轨，识别和消除噪声，或者生成适合特定场景的音效。

智能剪辑：AI可以分析拍摄的片段，根据导演或制片人的意图自动提供剪辑建议或完成初步的剪辑工作。

目标受众分析：利用机器学习算法，广告制作人员可以更准确地识别并针对特定的受众，优化广告内容和传播策略。

随着技术的发展，智能机械和 AI 在电影和广告制作中的作用越来越大，不仅提高了制作效率，还为创作者提供了更多的可能性，带来更加丰富和震撼的视觉体验。然而，这也带来了关于技术与创意、机器与人类角色在艺术创作中的平衡等一系列的思考和讨论。

17.3.2　交互式艺术装置与智能机械技术

交互式艺术装置是一种将观众纳入作品中，使其成为作品创作和体验过程的一部分的艺术形式。智能机械技术在这方面为艺术家们提供了新的工具和可能性，使得这种艺术形式更为丰富和多样。

感应技术：通过使用不同的传感器（如红外传感器、触摸传感器、声音传感器等），艺术装置可以捕捉到观众的动作、声音或其他交互信号，并根据这些信号做出相应的反应。

动态机械结构：智能机械可以根据观众的交互信号做出动态的物理变化。例如，一个机械雕塑可能会因为观众的触摸或其他互动而改变形态。

投影与映射技术：结合智能机械技术，艺术家可以在实体物件上进行实时的投影映射，使之与观众的交互行为产生关联。

人工智能与机器学习：AI可以使得艺术装置具备某种"学习"能力，随着与观众的互动累积经验，调整自身的反应模式。

虚拟现实（VR）与增强现实（AR）：通过 VR 和 AR 技术，观众可以沉浸在一个由智能机械技术与虚拟内容共同构建的互动艺术环境中。

声音互动：通过声音识别和处理技术，艺术装置可以识别观众的声音指令或反馈，并产生相应的声音或其他类型的响应。

生物技术与交互：某些艺术装置还结合了生物技术，例如通过观众的生物信号（如心跳、脑波等）来驱动机械或产生视觉效果。

智能机械技术为交互式艺术装置带来了前所未有的可能性。这不仅使艺术家们可以更加深入地探索人与机器、现实与虚拟之间的关系，还为观众提供了更为丰富和沉浸式的艺术体验。随着技术的进一步发展，未来的交互式艺术装置将更加智能化、个性化和多样化。

17.3.3　社交媒体、网络文化与智能机械的互动

社交媒体和网络文化已经成为现代生活中不可或缺的部分。随着技术的进步，智能机械也在与这两者产生越来越深入的互动，为社交媒体和网络文化创造新的内容形式和交互模式。

内容创作与分发：智能机械，如无人机，为用户提供了从未有过的拍摄视角。例如，空中摄影成为越来越多人分享的内容，为网络文化带来新的审美体验。

实时互动：智能机器人或 AI 助手可以在社交媒体平台上与用户进行实时互动，提供信息查询、娱乐等功能。例如，聊天机器人在各大社交平台上提供客服或答疑服务。

个性化内容推荐：基于机器学习的推荐系统可以分析用户在社交媒体上的行为，为其提供更为精准的内容推荐，增强用户体验。

虚拟现实与社交：智能机械技术使得虚拟现实成为可能。在这个环境中，用户可以与远程的朋友进行虚拟互动，共同参与网络活动或游戏，为社交媒体带来新的交互方式。

智能硬件与社交互动：例如，智能手环、智能眼镜等设备可以直接与社交媒体应用连接，为用户提供更为便捷的社交体验。

网络文化与机械艺术的融合：艺术家们使用智能机械创作作品，并通过网络平台与观众分享，形成新的网络艺术文化。

智能机械在直播文化中的应用：例如，无人机直播、机器人主持人等为直播行业带来新的变革。

数据分析与网络行为研究：智能机械可以对大量社交媒体数据进行快速处理和分析，为研究网络行为、舆情等提供强大工具。

社交媒体和网络文化与智能机械的结合为用户提供了更加丰富和多元的互联网体验，同时也为企业和创作者提供了新的机会和挑战。随着技术的进一步发展，这种融合将更加深入，带来更多创新与可能性。

17.4　大学生创新应用实践方案

17.4.1　基于机器视觉的艺术识别应用

1．背景

随着科技的发展，艺术与科技的交叉合作日益增多。机器视觉技术通过模拟人眼进行图像识别和处理，为艺术领域带来了新的应用可能性。对于大学生而言，开发一个基于机器视觉的艺术识别应用可以锻炼他们的创新思维，提高技术实践能力。

2．项目目标

对艺术品（如画作、雕塑等）进行快速识别，并提供相应的背景信息、艺术家简介等。

为用户提供一种新的、互动的艺术体验，增强对艺术的认识和欣赏。

3．实施步骤

数据收集：收集大量艺术品的图片，并标记相应的艺术家、艺术风格、创作背景等信息。

模型训练：使用深度学习技术，如卷积神经网络（CNN），训练艺术品识别模型。

应用开发：开发一个移动应用或网页应用，集成机器视觉模型，允许用户上传或拍摄艺术品图片，然后返回识别结果和相关信息。

用户交互设计：设计友好的用户界面，提供艺术品的详细信息，如艺术家简介、相关作品推荐等。

测试与优化：邀请用户进行应用测试，根据反馈对模型和应用进行优化。

推广与应用：与艺术馆、博物馆等合作，推广应用，为更多人提供便捷的艺术体验。

4．预期效果

提供快速、准确的艺术品识别服务，帮助用户更好地了解和欣赏艺术。

为艺术馆、博物馆等机构提供一种新的互动方式，吸引更多观众。

培养大学生的创新思维和技术实践能力，为他们的未来职业生涯积累经验。

基于机器视觉的艺术识别应用结合了艺术与科技，为用户提供了一种全新的艺术体验。对于大学生而言，这是一个既具有挑战又具有实际应用价值的项目，可以锻炼技能和创新能力。

17.4.2　智能绘画工具与创意软件

1．背景

在数字化时代，传统的绘画与艺术创作方式正在与现代技术相结合，为艺术家和创意者提供了无数新的机会。对于大学生而言，探索与开发一款结合人工智能技术的绘画工具或创意软件，不仅能够锻炼其技术能力，还能促进艺术与科技之间的交流。

2. 项目目标

利用 AI 技术辅助用户完成绘画或设计。

提供用户友好的界面，使其更容易上手。

促进传统艺术与现代技术的结合。

3. 实施步骤

需求分析：对目标用户进行调查，了解他们在绘画或设计过程中遇到的问题，以及他们期望从一个智能工具中获得的帮助。

功能设计：基于需求分析的结果，确定软件的基本功能和特色功能。例如，可以提供基于 AI 的草图转换功能、颜色建议功能等。

算法选择与开发：选择适当的 AI 算法并进行开发。例如，使用神经网络进行图像风格迁移，或使用深度学习进行物体识别。

界面设计：设计直观、用户友好的操作界面，使用户能够轻松使用。

测试与反馈：邀请目标用户试用软件，并根据他们的反馈进行调整。

发布与推广：完成软件开发后，可以在各大应用商店发布，并进行相关的推广活动。

4. 预期效果

提供一个强大的、基于 AI 的绘画工具或创意软件，帮助艺术家和创意者更轻松地完成作品。

促进艺术与科技的交流与融合，推动传统艺术的发展。

智能绘画工具与创意软件结合了艺术与科技，为用户提供了一个全新的创作体验。这种结合不仅有助于提高艺术创作的效率和质量，还能为传统艺术带来新的活力。对于大学生而言，开发这样的软件是一个挑战，但也是一个巨大的机会，能够锻炼他们的技能并为未来职业生涯做好准备。

17.4.3　VR 艺术创作与展示平台

1. 背景

随着虚拟现实（VR）技术的发展，它在艺术领域的应用逐渐增多。VR 为艺术家提供了一个全新的空间来创作和展示作品，为观众提供了沉浸式的体验。对于大学生而言，探索如何在 VR 环境下创作和展示艺术是一个充满创意的挑战。

2. 项目目标

开发一个 VR 环境下的艺术创作工具。

为艺术家提供一个 VR 展示平台，观众可以通过 VR 设备观看作品。

提供沉浸式的艺术体验。

3. 实施步骤

需求分析：调查艺术家对 VR 创作工具的需求，以及观众对 VR 艺术展览的期望。

功能设计：设计 VR 创作工具的功能，如 3D 绘画、空间布局、光线调整等；同时设计展示平台的导览、互动等功能。

开发与集成：选择合适的 VR 开发工具和框架，开发艺术创作工具和展示平台，并确保它们的无缝集成。

内容策划：与艺术家合作，制定 VR 艺术展览的策划方案，确定展出作品和展览流程。

测试与优化：进行多轮测试，确保软件的稳定性和用户体验，并根据反馈进行优化。

发布与推广：在 VR 应用商店发布应用，并与艺术机构合作，进行线下 VR 艺术展览和推广。

4. 预期效果

提供一个新颖的 VR 艺术创作工具，为艺术家打开一个全新的创作空间。

观众可以在虚拟空间内自由探索，得到前所未有的艺术体验。

VR 艺术创作与展示平台结合了艺术与技术，开创了艺术创作与展示的新方式。这不仅为艺术家提供了更大的创作自由度，还为观众带来了沉浸式的观展体验。大学生通过这样的项目，不仅可以锻炼自己的技术能力，还能深入探索艺术与技术的交叉领域，为未来的职业生涯积累宝贵经验。

17.4.4 AI 音乐生成与创作工具

1. 背景

随着人工智能技术的迅速发展，AI 已经在许多艺术领域展现了它的创意力量。特别是在音乐领域，AI 已经成功地创作了许多作品。对于大学生而言，探索 AI 在音乐创作中的应用能够为未来的音乐产业带来创新和变革。

2. 项目目标

开发一个 AI 音乐生成工具，为用户提供音乐创作的灵感。

实现多种风格的音乐生成，如古典、爵士、流行等。

提供简单易用的用户界面，使非专业的音乐爱好者也能轻松上手。

3. 实施步骤

数据收集：收集不同风格的音乐数据，为 AI 模型提供训练材料。

模型选择与训练：选择合适的深度学习模型，如循环神经网络（RNN）或变分自编码器（Variational Auto-Encoders，VAE），并使用音乐数据进行训练。

功能设计：设计用户界面，提供基础的音乐参数设置，如节奏、调性、风格等。

集成与测试：将 AI 模型与用户界面集成，确保生成的音乐符合用户需求。

发布与推广：在音乐软件平台上发布应用，并组织线上、线下活动吸引用户来体验。

4. 预期效果

用户可以轻松生成属于自己风格的音乐作品，无论他们是否有音乐背景。

AI 音乐生成工具能够为专业的音乐制作人提供灵感，协助他们创作更多原创音乐。

AI 音乐生成与创作工具为音乐领域打开了全新的创意之门。通过结合 AI 技术，我们不仅可以产生高质量的音乐作品，还可以为传统音乐创作带来创新和灵感。大学生通过参与此项目，将能够站在技术和艺术的前沿，为未来的音乐产业带来新的可能性。

17.4.5 互动式艺术装置与展览设计

1. 背景

随着科技的进步，艺术与科技的交叉合作日益加深，为观众带来了前所未有的沉浸式体验。互动式艺术装置与展览设计正是这一交叉点的体现，它为艺术作品赋予了新的生命和意义，同时也为观众创造了更加丰富和多样的参与方式。

2. 项目目标

设计并创建一个能够与观众互动的艺术装置或展览。

利用现代技术，如传感器、AI、虚拟现实等，实现与观众的交互。

通过互动，为观众带来更加深入的艺术体验和理解。

3. 实施步骤

设想与构思：确定艺术主题、形式和所要传达的信息。

技术选择：根据艺术主题和形式选择合适的技术工具，如摄像头、传感器、机器学习算法等。

装置设计：结合技术和艺术目标，设计装置的具体形态和功能。

实施与测试：搭建装置并进行测试，确保技术与艺术的完美结合。

展览与推广：在艺术馆、博物馆或公共空间展示装置，并通过社交媒体和网络平台进行宣传推广。

4. 预期效果

观众能够通过与装置的互动，深入体验和理解艺术主题和信息。

互动式艺术装置能够为观众提供独特的艺术体验，使其成为话题中心和吸引点。

互动式艺术装置与展览设计为艺术界带来了新的展示和创作方式，它打破了传统上观众与作品之间的隔离，为大众创造了更多的参与和体验机会。对于大学生而言，参与这样的项目不仅可以锻炼他们的创意和技术能力，还可以为他们开启艺术与科技融合的新领域。

17.4.6　智能舞蹈编排与模拟软件

1. 背景

舞蹈是一种古老的艺术形式，经过数千年的发展，已经有了非常丰富的编排和表现手法。随着现代技术的进步，如何将舞蹈与数字技术结合，为编舞者提供更加直观和高效的创作工具，成为一个新的挑战。

2. 项目目标

开发一个软件平台，可以帮助编舞者快速设计、模拟和调整舞蹈动作。

通过 AI 技术，为编舞者提供动作建议、音乐匹配和风格分析。

利用虚拟现实和 3D 技术，实现舞蹈的实时模拟和预览。

3. 实施步骤

需求分析：与专业编舞者和舞蹈教练沟通，了解他们在编舞过程中的需求和痛点。

功能设计：基于需求分析，设计软件的主要功能模块，如动作库、音乐匹配、3D 模拟等。

AI 技术集成：利用机器学习和深度学习技术，为软件提供动作建议、风格分析和音乐匹配功能。

3D 技术开发：利用 3D 渲染技术，为用户提供实时的舞蹈模拟和预览功能。

测试与优化：邀请专业编舞者和舞蹈学校的学生进行软件测试，根据反馈进行优化。

发布与推广：在专业舞蹈社区和学校进行软件的发布和推广。

4. 预期效果

编舞者可以更加高效地设计和模拟舞蹈动作，提高创作效率。

通过 AI 技术的辅助，编舞者可以获得更多的创意灵感和建议。

舞蹈学生和爱好者也可以利用软件进行自我学习和创作。

随着技术的进步，舞蹈与数字技术的结合将带来更多的创作可能性。智能舞蹈编排与模拟软件不仅可以为专业编舞者提供强大的创作工具，还可以为舞蹈教育和普及提供新的平台。对于大学生而言，参与这样的项目不仅可以锻炼他们的技术和创意能力，还可以深入了解舞蹈这一古老而美丽的艺术形式。

17.4.7　机器人导演与自动化剧本生成

1. 背景

随着 AI 技术在各领域的广泛应用，娱乐和影视行业也开始尝试将其引入创作过程。虽然机器可能永远无法完全替代人类导演的创意和情感，但在某些方面，如初步剧本构思、场景选择、人物动作建议等，机器人和 AI 技术可以提供有价值的参考和辅助。

2. 项目目标

设计一个 AI 系统，能够自动化生成基本的剧本框架和情节设定。

开发一个机器人导演助手，能够根据预先输入的指示或情节进行场景选择、拍摄角度建议和人物动作设计。

为导演和编剧提供 AI 辅助功能，以优化剧本和拍摄效果。

3. 实施步骤

数据收集：从公开数据库或合作伙伴处获取大量的剧本、电影脚本和短片，作为训练数据。

AI 训练：利用深度学习技术训练模型，使其能够生成基本的剧本框架和情节设定。

机器人导演开发：结合现有的摄影机器人技术，开发能够根据 AI 生成的或手动输入的剧本进行拍摄的机器人。

用户界面设计：为导演和编剧创建友好的界面，允许他们输入指示、修改 AI 生成的剧本、选择场景和调整拍摄参数。

测试与优化：邀请导演和编剧测试系统，并根据他们的反馈进行优化。

推广与应用：与影视制作公司合作，将机器人导演和 AI 剧本生成系统应用到实际的拍摄项目中。

4. 预期效果

新手导演和编剧可以通过 AI 系统快速生成初步的剧本框架，提高创作效率。

机器人导演助手可以在低成本、小规模的拍摄项目中起到关键作用。

导演和编剧可以更加专注于剧本的创意和情感部分，而将部分技术和烦琐工作交给 AI 和机器人。

虽然机器人和 AI 技术目前仍无法完全取代人类在影视创作中的角色，但它们无疑为该行业带来了新的机会和可能性。对于大学生而言，这不仅是一个技术创新项目，更是一个跨学科、融合艺术和科技的创意实践机会。

17.4.8　AR 艺术导览与教育应用

1. 背景

增强现实（AR）技术可以将虚拟信息叠加到现实环境中，为用户提供丰富、互动的体验。在艺术和教育领域，AR 技术为观众和学生带来了前所未有的新方式来探索和学习。

2. 项目目标

开发一款 AR 应用，用于艺术馆、博物馆和历史遗址的导览。

利用 AR 技术为学生和教育者提供更具互动性和沉浸感的学习体验。

通过虚拟标签、三维模型、动画等元素丰富展览内容，增强观众参与度。

3. 实施步骤

内容策划：与艺术馆或博物馆合作，确定展品或历史遗址的重点内容。

AR 内容开发：为选定的展品或地点设计 AR 元素，如虚拟标签、三维重建、互动动画等。

用户界面设计：设计直观、用户友好的界面，并确保 AR 内容与实物展品无缝融合。

技术支持：选择合适的 AR 开发平台和工具，确保内容稳定、流畅地展现给用户。

测试与反馈：进行实地测试，根据观众和教育者的反馈进行调整。

推广与应用：与教育机构合作，将 AR 导览应用于学校课程或组织特定的 AR 导览活动。

4. 预期效果

观众可以通过 AR 技术深入了解展品背后的故事，感受更加丰富的艺术和文化体验。

学生通过互动学习，提高学习兴趣和效果。

教育者可以利用 AR 技术为学生提供更直观、生动的教学内容。

AR 艺术导览与教育应用不仅能为观众和学生提供新的体验方式，还为艺术和教育机构开辟了新的教育方法和商业模式。大学生可以利用现有的 AR 工具和平台，结合自己的创意和艺术背景，开发出具有独特价值的 AR 应用。

17.4.9 机器人摄影师与自动化影像捕捉技术

1. 背景

随着技术的进步，机器人和自动化技术在摄影领域的应用越来越广泛。从无人机航拍到 AI 辅助的摄影技术，机器人摄影师为摄影创作提供了新的可能性。

2. 项目目标

设计和开发一个可以独立工作、定位、拍摄和编辑的机器人摄影师。

利用 AI 技术，使机器人摄影师能够根据场景自动选择最佳的拍摄角度和参数。

应用于各种场合，如婚礼、活动、体育赛事等。

3. 实施步骤

硬件设计：根据摄影需求选择合适的相机和镜头，设计移动机构和稳定器以保证拍摄的稳定性。

AI 算法开发：训练机器学习模型，使其能够识别场景、人物表情和动作，以及光线条件，从而自动调整摄影参数。

移动和导航：整合传感器技术，如激光雷达、红外传感器等，使机器人摄影师能够在复杂环境中自由移动并避开障碍物。

影像后处理：开发自动化的图像和视频编辑功能，如色彩校正、稳定化、特效添加等。

用户界面与控制：设计用户友好的界面，使用户能够简单地指定机器人摄影师的任务，或在需要时进行手动控制。

测试与优化：在实际场景中进行测试，如活动现场、室外环境等，根据用户反馈进行优化。

4. 预期效果

机器人摄影师能够提供持续、稳定的拍摄效果，满足各种场合的摄影需求。

通过 AI 技术，机器人摄影师可以自动捕捉到最佳的瞬间，提高摄影质量。

降低摄影的人工成本，使更多的活动和场合能够获得专业级的摄影效果。

机器人摄影师与自动化影像捕捉技术结合，为摄影行业带来了革命性的变化。大学生可以在此基础上，结合自己的艺术和技术背景，开发出更加先进和有趣的摄影产品和应用。

17.4.10 跨界艺术与技术的创意实验室项目

1. 背景

随着技术与艺术的交叉融合，跨界项目逐渐成为创意产业的新趋势。这种项目不仅挑战了传统艺术的界限，还为科技创新提供了无限的灵感来源。

2. 项目目标

创建一个跨学科的创意实验室，涵盖艺术家、工程师、设计师和科研人员。

通过项目实验室，发展和推广跨界项目，将艺术与技术结合在实际应用中。

促进艺术与科技的对话与合作，为社会带来新的价值和体验。

3. 实施步骤

组织团队：邀请有跨界经验的艺术家和技术专家，形成多学科的项目团队。

识别项目方向：进行市场调研，识别当前跨界艺术与技术的热点和发展趋势。

开放实验室：为外部艺术家和技术人员提供空间和资源，鼓励他们进行合作和创新。

项目孵化：选定有潜力的项目进行孵化，提供资金、技术和市场支持。

交流与展览：定期组织交流活动和展览，展示跨界项目的成果，并收集公众和专家的反馈。

持续创新：根据反馈不断调整项目方向和团队结构，确保实验室的持续创新和发展。

4. 预期效果

通过跨界合作，产生出前所未有的创意和技术成果。

为艺术与技术的融合提供一个持续、开放和协作的平台。

通过实验室的活动和展览，提高公众对跨界艺术与技术的了解和接受度。

跨界艺术与技术的创意实验室是未来创意产业的重要发展方向。通过跨学科的合作和交流，不仅可以推动艺术与技术的进步，还可以为社会带来新的价值。大学生可以利用这个平台，开发自己的跨界项目，为未来的职业生涯打下坚实的基础。

第 5 部分

从创意到实践：大学生智能机械项目实践与参赛指南

第18章　从创意到原型

18.1　创意的来源与灵感激发

18.1.1　观察与洞察：从日常生活中发现问题和机会

1. 培养敏感性

成功的智能机械解决方案往往源于对日常问题的敏锐洞察。训练自己观察日常生活，从中寻找那些可能被忽视但具有巨大潜力的痛点或需求。

实施步骤：

每日记录：养成记录日常观察到的小问题和不便之处的习惯，可以是一个简单的笔记，或者一个快速的手绘草图。

定期回顾：定期查看记录，思考这些问题背后的原因及可能的解决方法。

2. 深入调研

对于观察到的问题，进行深入的调研，了解其背后的原因，以及现有的解决方案。这样可以确保你的创新是基于深入的洞察，而不是表面的观察。

实施步骤：

用户访谈：与受到这些问题困扰的用户进行访谈，深入了解他们的需求和痛点。

竞品分析：研究市场上已有的解决方案，了解它们的优劣势。

3. 组织创意工作坊

组织创意工作坊，与团队成员或其他学生共同头脑风暴，以产生新的解决方案。

实施步骤：

设置主题：明确工作坊的主题和目标，确保参与者都对此有明确的了解。

分组讨论：将参与者分为小组，每组专注于一个具体的问题进行头脑风暴。

分享与汇报：每组将自己的想法汇报给大家，其他组可以提出建议或反馈。

观察与洞察是从日常生活中发现问题和机会的关键。通过培养敏感性、深入调研和组织创意工作坊，大学生可以从日常生活中发掘出真正有价值的智能机械项目创意。

18.1.2　历史与方案：学习前人的经验与失败教训

1. 机械史上的里程碑

学习历史上的重大机械发明与创新，例如蒸汽机、内燃机、自动化生产线等，这些发明与创新改变了人类的生活和产业结构。

实施步骤：

参考资料：通过图书、在线资料或专家访谈，了解这些机械的发明背景、技术原理及其对社会的影响。

实地考察：若有可能，可以参观相关的历史博物馆或工厂，直观了解机械的工作原理和历史背景。

2. 失败案例的启示

不仅要学习成功的经验，还要从历史上的失败案例中汲取教训。例如，一些过于复杂或成本过高的机械设计未能普及或被市场所接受。

实施步骤：

案例分析：选取几个典型的失败案例，如早期的飞行器设计，分析其失败的原因。

反思与讨论：组织小组讨论，思考这些失败的原因和当时的技术限制，以及如果在当下进行这种设计，可能会有哪些不同的方法或考虑。

3. 当代机械技术的发展

掌握当前的机械技术和智能机械的发展趋势，例如自动化、机器人技术、物联网等，这些都为现代机械设计提供了广阔的可能性。

实施步骤：

行业报告：查阅行业报告和研究，了解当前机械和智能机械的技术发展趋势。

技术交流：参加行业研讨会或技术交流活动，与领域内的专家和同行交流，获取第一手的信息和经验分享。

从历史的角度了解机械的发展和变迁，可以为大学生提供宝贵的启示和灵感。结合前人的经验和失败教训，大学生可以避免重蹈覆辙，更加明确自己的创新方向和技术路径。

18.2 概念验证：如何评估一个创意的可行性

18.2.1 市场研究与用户需求分析

对于任何新的创意或项目，市场研究和用户需求分析都是关键的第一步。在机械设计领域，这一步更加重要，因为机械的设计和制造需要大量的资源和时间。

市场调查：首先需要了解目标市场的大小、增长率、竞争对手，以及潜在的机会和威胁。这可以通过在线研究、行业报告和市场调查问卷来完成。

用户访谈：直接与潜在用户进行交谈，了解他们的痛点、需求和预期。这不仅可以帮助你了解市场需求，还可以为你的产品或设计提供宝贵的反馈。

原型测试：为你的创意制作一个简单的原型，然后让潜在用户进行测试。这可以是一个物理原型，也可以是一个虚拟的、计算机模拟的原型。用户的反馈可以帮助你改进设计并确定其可行性。

成本收益分析：评估产品的预期成本和潜在收益。这需要考虑原材料、生产、营销和分销等方面的费用。同时，也要考虑产品的销售价格和潜在的市场份额。

通过以上的市场研究和用户需求分析，你可以得到一个关于你的创意可行性的初步印象。这不仅可以帮助你决定是否继续投入资源进行开发，还可以为你提供方向，指导你如何改进和完善你的创意。

18.2.2 技术可行性与风险评估

评估一个创意在技术层面上的可行性和与之相关的风险是任何项目发展过程的核心组成部分。在机械领域，这尤为重要，因为开发周期可能长且资金投入较大。

技术研究：对相关技术进行深入的研究，确定当前技术的发展水平以及潜在的技术障碍。这可能涉及文献回顾、与行业专家交流，以及对相关技术进行实验验证。

原型开发：开发一个工作原型可以帮助验证技术的可行性。这个原型不是最终产品，但它能够展现核心功能并证明概念的工作原理。

风险识别：识别与项目相关的所有潜在技术风险，包括但不限于材料选择、生产工艺、设备可靠性和维护问题。

风险评估：对每一个已识别的风险进行评估，确定其可能性和潜在影响的严重性。这可以通过风险矩阵或类似的工具来完成。

风险缓解策略：对于高风险问题，制定风险缓解策略。这可能包括备选方案、预防措施或是在初期投入更多的研发资源。

资源与时间评估：基于技术难度和已识别的风险，评估项目所需的资源和时间。这有助于为项目制定实际和可行的时间表和预算。

技术可行性与风险评估不仅确保了项目的技术基础坚实，还为决策者提供了清晰的视野，以确定项目是否值得进一步投资或需要调整方向。

18.3　设计和原型制作：选择合适的工具和材料，制订初步的设计过程

18.3.1　设计方法与策略

当我们谈论机械设计和原型制作时，正确的策略和方法是确保项目成功的关键。

用户中心设计：始终将用户放在设计的中心，确保机械产品满足用户的真实需求和期望。通过访谈、问卷调查和实地观察来获取用户的反馈。

迭代设计：在设计过程中不太可能一开始就做得完美，因此重要的是持续进行设计、测试、反馈和修改。迭代设计允许设计师不断优化方案，直到达到满意的效果。

模块化设计：考虑到产品的可扩展性和维护性，模块化设计可以确保产品的各个部分可以独立更换或升级，而不需要更改或升级整个系统。

功能与形态结合：确保机械产品的功能性，同时也考虑其外观设计。一个功能强大但外观不佳的产品可能不会得到市场的欢迎。

选择合适的工具

CAD 工具：如 SolidWorks、AutoCAD 等，用于精确绘制机械部件和装配体。

仿真软件：例如 ANSYS，可以对机械设计进行力学、热学等分析。

快速原型制作工具：如 3D 打印机、CNC 加工中心等，可以快速地制造零件原型。

材料选择：选择合适的材料对于满足机械设备的性能要求至关重要。不同的应用场景和功能需求可能需要不同的材料，如金属、塑料、橡胶、陶瓷等。

设计评审：定期召集团队进行设计评审，确保设计满足所有要求，及时发现并纠正潜在问题。

在初步的设计过程中，强烈建议使用草图、物理模型和计算机模拟来验证设计概念，然后再进入详细设计和原型制作阶段。

18.3.2　工具、材料与原型制作技巧

在机械设计的原型制作阶段，选择合适的工具和材料至关重要。以下是一些建议和技巧，帮助大学生更高效地进行原型制作。

1. 工具选择

3D 打印机：适合制作复杂几何形状的零件原型，以及那些难以通过传统制造方法生产的部件。

CNC 加工中心：对于金属部件和高精度零件，CNC 机床是一个好的选择。

激光切割机：适用于从平板材料中切割出精确形状。

手工工具：如锯、锉、钻床等，对于一些简单零件的快速制作很有用。

2. 材料选择

塑料：如 PLA、ABS、PETG 等，是 3D 打印的常用材料，有各种颜色和性质。

金属：如铝、铜、不锈钢等，适用于高强度和有耐用性要求的部件。

复合材料：如碳纤维或玻璃纤维增强塑料，为部件提供了额外的强度。

3. 原型制作技巧

尺寸公差：确保设计时考虑到生产工具的公差。例如，3D 打印通常有 0.1～0.3mm 的公差。

组装：设计零件时考虑到组装过程。使用标准零件如螺栓、螺母和铆钉可以简化组装。

快速迭代：初次的原型可能不是完美的，因此快速迭代、测试并进行必要的修改是关键。

外观与功能：除了功能，外观也是重要的。可以使用喷漆、打磨或其他表面处理技术改善原型的外观。

验证与测试：制作的原型应该进行适当的功能测试、耐用性测试和用户反馈。

原型制作是将设计从理论变为现实的关键步骤。适当的工具、材料选择和原型制作技巧将确保原型的成功并为最终产品的制造做好准备。

18.4　用户测试：获取反馈并进行迭代

18.4.1　设计用户测试的策略与方法

用户测试是在产品开发过程中评估和验证设计解决方案的关键步骤。通过用户测试，设计者可以从真实的目标用户那里获得宝贵的反馈，以对设计进行改进。

1. 选择合适的测试参与者

目标用户：选择与你的产品目标用户相匹配的测试参与者。

多样性：确保测试的用户具有不同的背景和经验，以获得全面的反馈。

2. 定义测试目标

明确你希望从用户测试中得到哪些信息，如操作的直观性、用户的满意度等。

3. 选择测试方法

可用性测试：观察用户在完成特定任务时使用产品的情况。

访谈：与用户进行深入的对话，了解他们的需求和期望。

问卷调查：获得大量用户的反馈。

A/B 测试：比较两种或多种设计解决方案，看哪种更受用户喜欢。

4. 创建测试场景

设计可能的用户故事或任务，引导测试者完成，并观察他们的行为。

5. 收集数据

记录：记录用户的行为和表现。

询问：在测试结束后询问用户的感受和建议并记录。

量化数据：如完成任务所需的时间、错误次数等。

6. 分析和迭代

根据收集到的数据对设计进行改进。

重复用户测试，直到达到满意的结果。

7．测试环境

尽量模拟真实的使用环境，让用户在自然和熟悉的环境中进行测试。

用户测试是一种不断迭代的过程，其目的是确保产品能够满足目标用户的需求和期望。通过深入了解用户的感受和行为，设计者可以更好地优化产品，使其更加人性化和实用。

18.4.2　分析测试结果并进行迭代

在用户测试完成后，分析测试结果并根据反馈进行设计的迭代是至关重要的步骤。以下是如何进行这一步骤的建议。

1．收集并整理数据

将所有的观察、反馈和数据整理成有组织的形式，如图表、列表或文档。

2．识别问题与挑战

根据测试数据，找出用户在使用过程中遇到的主要问题和困难。

3．优先级排序

对识别的问题进行排序，确定哪些问题是最需要解决的。

4．思考解决方案

针对每一个已识别的问题，提出可能的解决方案。这可能涉及与团队成员进行头脑风暴，或者查找类似问题的解决案例。

5．进行迭代设计

根据提出的解决方案，对产品或设计进行调整和优化。

6．再次测试

对已迭代的设计再次进行用户测试，确保问题已经得到解决。

7．继续优化

根据新的测试结果，继续分析、调整和优化，直到产品达到预期的标准。

8．跟踪长期反馈

即使产品已经发布，也应该继续收集用户的反馈，以便进行进一步优化。

9．与团队分享学到的经验

用户测试和迭代不仅是设计的一部分，还是一个学习的过程。确保与团队分享你从用户测试中学到的知识和经验，以帮助团队在未来的项目中避免相同的问题。

用户测试的目的不仅是找出问题，更重要的是根据反馈不断迭代和改进设计，以确保产品能够更好地满足用户的需求。这个过程可能需要时间和耐心，但最终会产生更成功和更受用户欢迎的产品。

第19章 项目展示与市场推广

19.1 准备项目展示：重点、结构和叙述

19.1.1 准备有效的幻灯片与视觉辅助材料

项目展示是为观众呈现你的项目、想法和成果的关键时刻。为了使展示更有说服力，需要准备有效的幻灯片和其他视觉辅助材料。以下是准备这些材料的建议。

1. 明确目标

在开始制作幻灯片之前，首先要明确你的展示目标。你希望观众了解什么？你的展示希望达到什么效果？

2. 简洁性

限制每张幻灯片的内容，确保信息点清晰。

避免使用冗长的句子或段落，使用关键词和短语。

使用大字体，确保幻灯片的内容在远处也能清晰可见。

3. 视觉效果

使用高质量的图像和图表来增强信息传达。

保持一致的配色方案和字体，使整个展示看起来专业和协调。

使用适当的动画效果，但避免过度使用。

4. 结构化内容

用清晰的标题和子标题来区分不同的部分或话题。

使用列表和项目符号来组织和突出关键信息。

为复杂的概念或数据使用图表或图形，使其更易于理解。

5. 故事叙述

将你的展示构建成一个流畅的故事，从引入问题开始，再到提出解决方案，最后是结论或呼吁行动。

使用真实的案例或用户故事来增强观众的共鸣。

6. 互动元素

考虑在展示中加入互动元素，如问答环节、现场示范或小型工作坊，以增强观众参与度。

7. 备用计划

准备备用幻灯片或资料，以应对可能的技术问题或额外的问题。

事先检查设备和软件，确保在展示过程中不会出现技术问题。

8. 最后的检查

在正式展示之前，多次练习你的展示，确保时间控制得当，所有幻灯片都能顺利播放。

考虑邀请朋友或团队成员进行模拟展示，获取他们的反馈和建议。

通过上述建议，你可以创建出一套有效、吸引人且有说服力的展示材料，为你的项目或想法赢得支持。

19.1.2　故事叙述：如何有效地讲述项目背后的故事与动机

故事叙述是项目展示中非常关键的部分，它不仅可以吸引听众的注意，还可以使他们更容易理解和记住你的信息。以下是如何有效地讲述项目背后的故事和动机的建议。

1. 找到你的"为什么"

在开始任何项目之前，问自己为什么想做这个项目？这个问题的答案往往包含了强烈的动机和情感。

你是因为看到了某个未被解决的问题，还是受到了某个人或事件的启发？分享这些答案可以增加你的故事的深度。

2. 开始于人

人们往往对人的故事更有共鸣。考虑从一个真实人的角度开始你的故事，这可能是你自己、一个用户或一个与项目相关的人。

描述他们的问题、情感和经历，这会使你的故事更有吸引力。

3. 建立情境

设定故事的背景和环境，帮助听众更好地理解问题的重要性和紧迫性。

这可以是统计数据、行业趋势或与主题相关的新闻。

4. 描述冲突和挑战

每个好故事都需要冲突。描述在项目进行过程中遇到的挑战、决策和失败。

这不仅增加了故事的紧张感，也展示了团队的决心和解决问题的能力。

5. 展示解决方案

描述你的项目是如何解决上述问题的，强调它的独特性和效果。

使用视觉辅助材料，如图表、图像或演示，来加强这一部分的效果。

6. 结束于成功与展望

分享项目目前的成果和反馈，以及未来的计划和愿景。

提供听众参与的机会，这可能是提供反馈、合作或支持的机会。

7. 与听众建立联系

考虑听众的背景和需求，确保故事与他们相关。

提出问题，鼓励他们分享自己的经历或观点。

8. 简洁明了

尽量避免过多的细节或技术性的描述。简洁、明了的故事更容易被记住。

使用简单的语言和句子，确保所有人都能理解。

通过以上的策略，你可以构建一个引人入胜、有情感深度的故事，增强你的项目的展示效果。

19.1.3　演讲技巧：如何吸引听众并保持他们的注意力

无论你的项目有多好，如果你不能有效地将其传达给听众，那么这些努力可能会白费。以下是一些关于如何吸引并保持听众注意力的演讲技巧。

1. 开场白要有冲击力

使用一个引人注目的事实、引用、故事或问题来开始你的演讲。第一印象很重要，确保你抓住了听众的注意力。

2. 与听众建立联系

确定你的听众是谁，知道他们关心什么。让他们感觉你的演讲与他们息息相关。

时不时提问，使听众参与进来，或提供与他们生活相关的例子。

3. 使用故事

人们喜欢听故事，因为它们能引起共鸣，也更容易记住。尝试将你的内容框架设计为一个或多个连贯的故事。

4. 清晰的结构

听众应该能够轻松地跟随你的思路。使用清晰的段落和标题，并经常重复关键点，确保信息被接收。

5. 使用视觉辅助材料

有时，一个图像的效果超过千言万语。使用图表、图片和短片来帮助解释复杂的观点。

确保不要过于依赖幻灯片，它们应该辅助你的内容，而不是取而代之。

6. 调整语速和音调

讲话的节奏和音调可以影响听众的注意力。避免单调的音调和过快或过慢的语速。

强调重要的部分，使用停顿来为听众提供思考的时间。

7. 使用身体语言

与听众建立眼神联系，用手势来强调重点。你的身体语言可以增加你的信任度和说服力。

8. 保持热情和自信

如果你对你的主题感到热情，那么你的听众也会这么觉得。自信也是关键，即使你感到紧张，也要表现得胸有成竹。

9. 提供互动环节

让听众参与进来。这可以是 Q&A 环节、讨论或与他们分享相关的经验。

10. 总结与行动号召

在演讲结束时，简短地总结你的主要观点，并给出一个明确的行动号召。

最后，练习是完美的关键。多次练习你的演讲，考虑可能的问题，并调整你的内容和交付方式，确保最大限度地吸引和保持听众的注意力。

19.2 如何有效地在各种平台上展示项目

19.2.1 学术会议：如何准备学术论文与海报

学术会议是向专家和研究者展示和讨论研究成果的主要场所。正确地准备学术论文和海报是成功展示的关键。

1. 学术论文的准备

选择主题：确保你选择的主题和会议的主题是相关的，并且提供了新的或独特的见解。

遵循格式：大多数会议都有论文提供格式和长度要求，确保你严格遵循这些要求。

清晰的结构：常用的结构包括摘要、引言、方法、结果、讨论和结论。

数据可视化：使用图表、图形和图片来展示你的结果，使其更易于理解。

引文：确保正确引用所有的参考文献，并使用会议要求的格式。

反复校对：确保文章中没有语法或拼写错误，并请同事或导师为你校对。

2. 学术海报的准备

确定目标：想清楚你希望观众从你的海报中得到什么信息。

设计简洁：尽量避免文本过多，使设计简洁明了。确保容易找到核心信息，避免让观众感到被内容压倒。

使用大字体：确保海报上的所有文本都可以从 1～2 米的距离处轻松阅读。

使用可视化元素：使用图表、图形和图片来展示你的研究，这可以帮助吸引人们的注意力。

强调关键点：确保你的主要发现和结论容易被找到和理解。

交互：考虑在海报旁边放一些与你的研究相关的互动元素，例如模型、设备或样品。

备份：准备一些小册子或名片，以便感兴趣的人可以带走更多的信息。

总结你的研究：当人们走到你的海报前时，你应该能够简短地向他们介绍你的研究。

无论是学术论文还是学术海报，最重要的是确保你的研究清晰、简洁，并容易为目标受众所理解。

19.2.2　创业比赛：如何突出创新与市场潜力

参加创业比赛时，你不仅要展示你的技术或产品，还要展示它的市场潜力、团队的能力以及为何你的解决方案比其他解决方案更优秀。以下是一些建议，可以帮助你在创业比赛中脱颖而出。

1. 清晰的价值主张

确定你的产品或服务解决的核心问题是什么。

明确地描述你的解决方案和它的独特之处。

强调为何现有的解决方案不能很好地解决这个问题。

2. 突出市场潜力

研究并提供关于目标市场的数据，展示市场的规模和增长率。

识别你的目标受众，并描述他们为何会对你的产品感兴趣。

分析竞争对手，并明确你的竞争优势。

3. 展示团队实力

突出团队成员的技能和经验，尤其是与项目相关的技能和经验。

描述团队成员之间的协同作用，以及为何这个团队可以成功实施这个项目。

商业模型与融资需求：

明确地展示你的商业模型，包括收入来源、成本结构等。

如果需要融资，明确说明资金的用途和预期回报。

4. 产品演示

如果可能，进行产品或服务的现场演示，这样评委和观众可以直观地看到它的功能和优势。

用故事的形式来描述用户如何使用你的产品，这可以帮助观众更好地理解它。

5. 预备常见问题

评委可能会问到关于市场、技术、团队、财务等方面的问题，提前预备这些问题并准备答案。

6. 强调创新

如果你的解决方案具有创新性，确保在演讲中突出这一点。

与传统方法比较，强调你的方法如何更有效、更经济或更可持续。

7. 练习和反馈

在比赛之前多次练习你的演讲，确保在有限的时间内清晰地传达关键信息。

向朋友、导师或业界专家寻求反馈，并根据他们的建议进行调整。

成功参加创业比赛的关键在于展示你的创业项目不仅技术上可行，而且有巨大的市场潜力，能够为投资者带来丰厚的回报。

19.2.3 社交媒体与线上平台：视频、博客与线上互动的技巧和策略

随着互联网和社交媒体的普及，线上平台已经成为推广和宣传项目的主要渠道。有效利用这些平台可以扩大你的影响力，吸引更多的关注者和支持者。以下是一些在社交媒体和线上平台上展示项目的技巧和策略。

1. 视频制作与发布

目标明确：在制作视频之前，确定你的目标是什么，是要引起关注、教育观众，还是吸引潜在客户。

内容吸引：确保内容吸引人，简洁明了，并与你的目标受众有关。

编辑和制作：使用合适的工具进行编辑，添加音乐、文字和图形元素，以增强吸引力。

平台发布：选择适合的平台发布，如抖音、快手、B 站（哔哩哔哩）或其他视频分享平台。

2. 博客与文章

目标受众：知道你的目标受众是谁，并确保内容与他们相关。

内容质量：提供有价值、有深度的内容，避免过于浅显或普遍的信息。

定期更新：维持一定的发文频率，与读者建立连接。

互动性：通过留言区和互动功能与读者交流，增强参与感。

3. 社交媒体策略

选择平台：根据你的受众和内容选择最合适的社交媒体平台，如微信、微博、知乎等。

内容多样：发布图片、视频、链接和文字，提供多种类型的内容。

与受众互动：回应评论和私信，与你的关注者建立真实的联系。

使用工具：使用如 Weibo Scheduler 或一直播等工具预先计划和自动发布内容。

4. 在线互动

线上研讨会与直播：利用腾讯会议、微信视频号直播或其他平台进行线上研讨会或直播，与受众直接互动。

问答与论坛：在平台如知乎或专业论坛上回答与你项目相关的问题，建立专业形象。

调查与反馈：利用在线问卷工具如问卷星收集受众的意见和反馈，持续优化你的项目。

搜索引擎优化（SEO）与广告：使用 SEO 策略优化你的内容，确保它在搜索引擎上排名较高。

付费广告：根据预算，可以考虑在社交媒体或搜索引擎上进行付费广告，提高曝光度。

通过这些建议，你可以有效利用社交媒体和线上平台展示和推广你的项目，与你的受众建立真实且有价值的连接。

5. 搜索引擎优化（Search Engine Optimization，SEO）与广告

使用 SEO 策略优化你的内容，确保它在搜索引擎上排名较高。

根据预算，可以考虑在社交媒体或搜索引擎上投放付费广告，提高曝光度。

通过这些建议，你可以有效利用社交媒体和线上平台展示和推广你的项目，与你的受众建立真实且有价值的连接。

19.3 市场推广基础：目标受众、市场定位和策略选择

19.3.1 目标受众分析：了解潜在客户的需求与期望

目标受众分析是市场推广中至关重要的一步，因为它决定了你的广告、宣传和销售策略如

何制定。正确地理解目标受众的需求和期望，可以确保你的产品或服务与潜在客户产生共鸣，并提高市场接受度。

1．定义目标受众

人口统计信息：年龄、性别、地理位置、教育背景、职业和收入等。

心理特征：兴趣、偏好、生活方式和价值观。

行为习惯：购物习惯、品牌偏好、社交媒体使用习惯等。

2．收集数据

第一手数据：通过问卷调查、访谈和观察得到的数据。

第二手数据：通过已有的研究报告、行业统计数据和市场分析报告获取的信息。

3．建立客户形象

创造具体的、虚构的代表性客户形象，包括他们的背景、需求、痛点和购买动机。这有助于团队成员更好地理解目标受众，并根据这些信息制定策略。

4．了解受众的购买过程

识别受众在购买过程中的各个阶段，如需求识别、信息搜索、评估选择、购买决策和购后评价。

在每个阶段确定潜在客户的需求、问题和疑虑，并针对这些点提供解决方案。

5．持续优化与调整

使用本地化数据分析工具：利用百度统计、阿里妈妈、腾讯广告等本地数据分析工具，追踪受众的行为，并据此进行调整。

定期回顾和更新：根据最新的数据和市场趋势，定期回顾和更新目标受众分析，以确保市场推广策略的有效性。

了解目标受众需求：通过问卷星、调查派等在线调查工具，了解目标受众的真正需求和期望，帮助企业更准确地定位产品或服务。

制定有效市场推广策略：基于最新的受众分析，制定针对性的市场推广策略，优化广告投放和内容制作。

提高营销效果和投资回报率：通过数据分析和受众反馈，不断优化营销策略，提高营销效果和投资回报率。

19.3.2　市场分析与竞争对手研究：找到市场的独特定位

在智能机械领域，市场分析与竞争对手研究显得尤为重要。机械行业涵盖了广泛的应用领域，从工业生产线到家用机器人，市场需求和竞争环境都各不相同。正确的市场分析和竞争对手研究可以帮助企业在这个竞争激烈的市场中找到独特的定位。

1．市场规模与增长率

评估当前市场的总体规模，如智能工业机器人、家用服务机器人等。

研究市场的增长率和未来趋势，这有助于评估进入市场的时机和潜在回报。

2．竞争对手分析

列出主要的竞争对手和他们的产品或服务。

研究他们的市场份额、产品特点、价格策略、销售渠道和市场反应。

对于智能机械行业，技术和创新能力是竞争对手分析的关键要素。需要深入了解竞争对手的技术优势和研发方向。

3．市场细分

根据不同的应用场景、用户需求和技术特点，将市场细分为不同的子市场。

例如，在工业机械领域，可以根据应用行业（如汽车、电子、食品等）或机器功能（如焊接、装配、搬运等）进行市场细分。

4．市场的独特定位

在对市场和竞争对手进行深入研究的基础上，找到自己的产品或服务在市场上的独特定位。

对于智能机械企业，这可能是一项独特的技术、一个创新的应用场景或一个特定的目标客户群体。

5．机械行业的特点与挑战

与其他行业相比，机械行业的产品周期较长，技术更新速度较慢，投资和研发成本较高。

需要关注技术的发展趋势和行业标准，以确保产品的技术领先性和市场合规性。

通过深入的市场分析与竞争对手研究，智能机械企业可以更清晰地了解市场环境，找到自己的竞争优势和市场机会，制定有效的市场策略，并确保长期的成功和可持续的增长。

19.3.3 推广策略：从传统广告到数字营销的各种选择

推广策略是任何企业尝试扩大其影响力、增加品牌知名度或增加销售额时的核心组成部分。随着技术的进步，尤其是数字技术，市场推广的方式和手段发生了巨大变化。对于智能机械企业，选择正确的推广策略至关重要，因为它们需要确保目标受众了解并理解其高度复杂和技术化的产品。

1．传统广告

电视和广播广告：对于大规模推广，这些渠道仍然很有吸引力。通过制作高质量的广告片，强调产品的独特性和优势，可以吸引广大受众。

印刷广告：通过杂志、报纸和宣传册等渠道，尤其是针对特定行业的出版物，展示产品和技术。

参加展览和贸易展：这是智能机械企业展示其最新技术和产品的主要场所，可以直接与潜在客户和合作伙伴交流。

2．数字营销

网站优化和搜索引擎优化（SEO）：确保公司网站内容丰富、易于导航，使用合适的关键词和元数据，提高在搜索引擎中的排名。

社交媒体营销：使用平台如 Facebook、Twitter、LinkedIn、微信等，分享内容，与目标受众互动，建立社区。

内容营销：通过博客、白皮书、教程视频等形式，提供有价值的内容，建立行业专家地位。

电子邮件营销：定期发送有关新产品和行业动态的信息给订阅者和潜在客户。

在线广告：使用 Google AdWords、Facebook Ads 等平台，精准定位潜在客户。

3．关系营销

客户关系管理（Customer Relationship Management，CRM）：使用 CRM 系统跟踪潜在和现有客户的互动，提供定制化服务。

合作伙伴关系：与行业内的其他企业建立合作伙伴关系，共同推广或合作开发产品。

4．影响者和关键意见领袖（Key Opinion Leader，KOL）营销

与行业内的影响者和意见领袖合作，使用他们的网络和影响力进行推广。

5. 数据分析和机器学习

使用数据分析工具，如 Google Analytics，了解用户行为，优化推广策略。

通过机器学习分析大量数据，预测市场趋势，制定策略。

选择正确的推广策略需要考虑公司的目标、预算和目标市场。对于智能机械企业，结合传统广告和数字营销可能是最有效的策略，因为这可以确保在各种渠道都有广泛的覆盖。

第20章　团队与资源管理

20.1　如何组建并管理一个高效的团队

在大学生的创新创业领域，组建和管理一个高效的团队尤为关键。这是因为大学生团队通常缺乏专业的经验，但充满了创新的热情和创意。为了将这些热情转化为实际的项目成功，以下是一些建议。

20.1.1　确定团队的核心目标与使命

明确目标：开始前，确定明确的目标。目标是否为赢得某个竞赛、开发一个新的产品或服务，或是获得特定数量的用户？目标应具体、有挑战性但又是可实现的。

制定使命陈述：为什么你们聚在一起？是因为对某个技术的热情，还是希望解决某个社会问题？清晰的使命陈述会帮助团队在困难时刻保持动力。

核心价值观：即使在学术环境中，明确的价值观也是很重要的。这可以是团队工作的方式，如开放沟通、坦诚反馈等。

团队的愿景：这是你们希望实现的长远目标。也许是成为某个领域的领导者，或是为社会带来积极的变革。

利用多样性：大学环境提供了来自不同背景、学科和文化的学生。利用这种多样性可以为团队带来独特的观点和创新的解决方案。

持续反馈与评估：对于初创团队来说，持续的反馈和评估是非常重要的。这不仅可以帮助团队成员改进，还可以确保团队始终朝着正确的方向前进。

对于大学生的创新创业团队来说，明确的目标和使命、开放的沟通和多样性的思考方式是关键。此外，团队应该学会适应并迅速对新的挑战和机会做出反应。

20.1.2　招聘与选拔：找到合适的团队成员

对于大学生的创新创业项目，招聘和选拔合适的团队成员尤为关键。这不仅涉及团队成员的技能和经验，还涉及他们与团队的文化和愿景的匹配度。以下是一些关于如何进行招聘和选拔的建议。

确定所需角色：首先，明确项目或创业公司需要哪些角色。这可能包括开发人员、设计师、市场营销专家、产品经理等。了解每个角色的关键职责和期望的技能。

广泛宣传：利用校园招聘会、学校的就业中心、学生俱乐部和社交媒体等途径进行招聘宣传。

明确的职位描述：为每个角色制定明确、详细的职位描述，列出所需的技能、经验和岗位职责。这不仅有助于潜在的申请者了解他们的角色，还可以确保你收到的申请总体质量较高。

面试过程：设计一个系统化的面试过程，包括技术测试、项目经验的展示，以及团队文化的匹配度评估。

团队文化的考核：除了技能和经验，一个团队成员与团队文化的匹配度同样重要。这可以通过面试中的情景问题或团队合作活动来评估。

提供实习机会：对于不确定的候选人，可以先提供一个短期的实习机会。这样可以更好地评估他们的实际工作能力和与团队的合作情况。

培训与指导：对于刚入职的团队成员，提供适当的培训和指导，确保他们可以快速地融入团队并开始为项目做出贡献。

持续反馈：为新成员提供持续的反馈，确保他们在正确的方向上持续发展。

保持开放态度：大学生往往具有丰富的创意和新鲜的观点，因此要保持开放的态度，尊重和鼓励他们的创新思维。

招聘和选拔过程需要综合考虑技能、经验和团队文化的匹配度，并为新成员提供足够的支持，确保他们能够为团队带来最大的价值。

20.1.3　团队沟通与合作：工具和策略

在大学生创新创业项目中，团队沟通与合作的效率和效果对于项目的成功至关重要。有效的沟通可以增强团队合作，促进信息共享，提高项目执行效率。以下是一些建议和策略，帮助大学生团队进行高效沟通与合作。

明确团队目标和期望：确保每个团队成员都明白团队的长期和短期目标、任务分工和期望成果。

选择合适的沟通工具：根据团队的需要和成员的偏好选择合适的沟通工具。常见的工具有Slack、微信、钉钉、Trello、Asana 等。对于远程合作，Zoom、Teams 或 Skype 等视频通话工具也很有用。

定期团队会议：设定固定的时间进行团队会议，如每周一次的进度汇报。这有助于同步信息、讨论问题并确定下一步行动计划。

创建沟通规范：例如，对于紧急问题使用即时通信工具，对于非紧急问题使用电子邮件，确保每个成员都按照规定的方式进行沟通。

建立反馈文化：鼓励团队成员提供和接受反馈，这有助于持续改进和团队成员的个人成长。

利用团队建设活动：组织定期的团队建设活动，如团队外出、小组活动等，增强团队凝聚力。

明确角色和职责：确保每个团队成员都明白自己的角色和职责，避免工作重叠或遗漏。

设置信息共享平台：例如，使用云存储如百度云或 OneDrive 存储项目文件，确保团队成员都可以轻松访问和共享信息。

解决冲突：在团队中可能会出现意见不合或冲突，关键是要快速识别并采取措施解决。可以通过团队会议、一对一沟通或第三方调解来解决。

持续学习和培训：鼓励团队成员参与工作坊、研讨会或在线课程，增强沟通和合作技巧。

沟通和合作是团队成功的关键。通过明确的沟通策略、合适的工具和持续的培训，大学生创新创业团队可以更高效、更顺畅地进行沟通与合作。

20.1.4　培养团队文化与价值观

在大学生的创新创业项目中，建立并培养一个正面、支持性的团队文化和价值观对于团队的整体表现和士气非常关键。以下是如何培养和强化团队文化与价值观的建议。

定义清晰的团队使命和愿景：确保每个团队成员都理解团队存在的目的，以及团队希望达到的长远目标。

设立核心价值观：这些价值观应该反映团队的信仰和行为准则，如诚实、创新、合作、尊重等。

榜样引导：团队领导者和资深成员应始终展现出与团队价值观一致的行为，他们的行为往往会被其他团队成员效仿。

鼓励开放沟通：创建一个环境，让团队成员感到他们的意见和反馈都会被听取和重视。

共同庆祝成功：无论大或小的胜利，都应当与整个团队共同庆祝。这有助于加强团队之间的联系和归属感。

共同面对失败：当面临挫折或困难时，团队应当团结一致，共同寻找解决方案，而不是相互指责。

定期进行团队建设活动：通过团队外出、工作坊或其他活动，帮助团队成员深化彼此之间的关系，增强团队凝聚力。

持续的教育和培训：为团队提供资源和机会，让他们学习和成长，这有助于加强团队的专业性和凝聚力。

设定明确的期望和责任：确保每个团队成员都明白他们的角色和职责，并与团队的文化和价值观保持一致。

尊重多样性和包容性：鼓励团队成员尊重各种背景、经验和观点的多样性，并创造一个每个人都感到被欣赏和接纳的环境。

强化团队文化和价值观不是一蹴而就的，需要持续的努力和关注。随着时间的推移，一个强有力的团队文化和价值观会为大学生的创新创业团队带来无数的好处，从加强团队合作到提高团队士气都有所助益。

20.2　资源规划：资金、时间和物料

20.2.1　资金规划：预算制定与控制

对于大学生的创新创业项目，有效的资金管理是项目成功的关键。以下是有关资金规划、预算制定和控制的建议和步骤。

1. 明确资金需求

对整个项目进行详细的成本估算，包括但不限于设备购买、软件许可、物料成本、人力资源和其他相关费用。

考虑到潜在的意外支出和风险，预留一定的应急资金。

2. 制定预算

基于项目需求和资金估算，制订详细的预算计划。

预算应细分为不同的项目阶段或活动，例如研发阶段、生产阶段、市场推广等。

3. 资金来源

考虑各种资金来源，如学校拨款、赞助商、投资者、众筹、奖学金、竞赛奖励等。

明确各个资金来源的金额、时间，以及相关的条件或限制。

4. 资金使用控制

设立专人或团队负责财务管理，确保资金的正当和有效使用。

定期进行财务审计或检查，确保预算得到遵循，并及时调整预算策略。

5. 风险管理

识别可能导致资金损失的风险，并采取措施进行规避或减轻。

为不可预测的支出或突发事件预留应急资金。

6. 持续监控和评估

使用财务软件或工具进行预算追踪，以确保资金的合理分配。

定期评估资金使用情况，如果超出预算或存在其他问题，及时调整策略。

7. 透明度与报告

对团队其他成员提供财务透明度，确保每个人都了解资金的状况。

如果项目涉及外部资金来源，定期向相关方提交财务报告。

有效的资金规划和预算控制能确保项目的平稳运行，降低风险，并帮助团队实现目标。大学生在创新创业过程中，应注重财务管理，以确保资金的合理使用并达到预期的效果。

20.2.2　时间管理：设置优先事项与进度跟踪

时间管理对于大学生创新创业项目至关重要，尤其是考虑到大学生还需要平衡学术、工作和生活的其他方面。以下是关于时间管理设置优先事项和进度跟踪的建议和策略。

1. 目标设定

明确项目的长期和短期目标。

将长期目标细化为具体的里程碑，为每个里程碑设置明确的截止日期。

2. 任务划分与优先级排序

根据项目目标，将工作细化为具体的任务。

使用四象限法则或其他工具为每个任务设定优先级。

3. 时间规划

使用日程表、计划表或项目管理工具来计划任务和活动。

为每个任务分配明确的开始和结束时间，并考虑预留一些缓冲时间。

4. 进度跟踪与监控

定期检查任务的完成情况，并与计划进行比较。

使用如甘特图或看板等工具，以可视化的方式跟踪项目进展。

5. 定期回顾与调整

对进度进行定期评审，识别延误的原因，并制定补救措施。

根据实际情况，灵活调整时间规划。

6. 团队沟通

确保团队成员明确了解他们的任务和截止日期。

定期组织团队会议，讨论项目进展、交流信息并解决问题。

7. 避免拖延

识别和消除导致拖延的原因。

为团队成员创造一个有利于高效工作的环境。

8. 时间管理工具

使用如 Trello、Asana、JIRA 等在线工具，帮助团队管理任务和时间。

利用移动应用程序或提醒服务，确保团队成员不会忘记重要的任务或截止日期。

有效的时间管理可以确保团队的高效运行，减少浪费，优化资源使用，并确保项目按计划进行。对于大学生创新创业团队，培养良好的时间管理习惯不仅有助于创新创业项目的成功，而且对于他们个人和职业的发展都是非常有益的。

20.2.3　物料与供应链管理：有效地管理库存和与供应商建立稳固的关系

对于创新创业的大学生团队来说，管理物料和供应链可能是一个全新的挑战。为了确保项目的稳定运行和降低成本，了解如何有效地管理库存和与供应商建立稳固的关系是关键。以下是一些建议和策略。

1. 需求预测

根据项目的需求和目标进行初步的物料需求预测。

定期回顾并根据实际需求进行调整。

2. 选择供应商

对潜在供应商进行评估，考虑其价格、质量、交货时间和可靠性。

与几家供应商建立初步的关系，以便进行比较和选择。

3. 建立良好的合作关系

与供应商保持透明和开放的沟通。

及时解决任何问题，建立互信的合作关系。

4. 库存管理

了解物料的最佳存储条件，并确保其安全和稳定。

定期进行库存盘点，避免过度库存或缺货。

5. 订单和物流管理

确定订单处理的流程和时限。

跟踪订单的状态，确保及时交货。

6. 风险管理

了解供应链中可能的风险，例如供应中断、价格波动或质量问题。

设立应急计划，以便在面临问题时迅速应对。

7. 持续改进

定期评估供应链的效率和成本，寻找改进的机会。

与供应商讨论可能的优化措施，共同推进供应链的改进。

8. 技术工具

利用供应链管理软件或系统，如 ERP，来自动化和优化物料和供应链的管理。

考虑使用技术工具，如 RFID，来追踪库存和物流。

对于大学生创新创业团队，有效地管理物料和供应链可以确保项目的稳定运行，降低成本，并与供应商建立稳固的关系。通过持续学习和改进，团队可以在供应链管理方面取得显著的进步。

20.3　风险管理与问题解决

20.3.1　识别潜在风险：从技术到市场的全面分析

对于大学生创新创业团队而言，早期识别和应对风险至关重要。在项目发展的各个阶段，都可能出现各种潜在风险。以下是如何从技术到市场进行全面风险分析的方法。

1. 技术风险

技术方案可能在实际应用中存在缺陷或不稳定。

兼容性：新技术或产品可能与现有系统或标准不兼容。

知识产权：可能存在知识产权纠纷，或未能获得必要的技术许可。

2. 市场风险

需求估计：市场对新产品或服务的实际需求可能与预测不符。

竞争对手：可能出现新的、更有竞争力的产品或服务。

价格战：对于高度竞争的市场，可能会面临价格竞争压力。

市场接受度：新产品或技术可能难以被目标市场所接受。

3．团队与运营风险

人才流失：关键团队成员可能会离职。

决策失误：由于信息不足或策略错误，团队可能做出不利的决策。

资源短缺：可能由于资金、人力或其他关键资源的不足而导致项目受阻。

4．外部风险

法规与政策：政府政策和法律法规的变动可能影响项目进展。

经济环境：经济衰退或其他宏观经济因素可能影响项目的财务状况。

自然灾害：地震、洪水或其他不可预测的因素可能对项目产生影响。

5．策略

持续监控：定期进行风险评估，监控关键风险指标。

制定应对策略：对于每一种潜在风险，提前制定相应的应对策略。

通过对项目中可能出现的各种风险进行全面的分析和应对，大学生创新创业团队可以确保项目的顺利进行，并最大限度地减少不确定性和潜在损失。

20.3.2　风险评估与控制策略

对于大学生创业团队，对风险的认知、评估和管理能力是项目成功的关键因素。下面是为大学生创业团队设计的风险评估与控制策略。

1．风险分类

技术风险：与产品或解决方案的技术实现相关的风险。

市场风险：与市场接受度、竞争对手和市场定位相关的风险。

团队风险：团队成员可能产生的冲突或离职等风险。

财务风险：资金不足、成本超支或收入不足等风险。

2．风险识别与评估

SWOT 分析：识别项目的优势、劣势、机会和威胁，为风险管理提供初步指导。

风险矩阵分析：确定每个风险发生的可能性和对项目的影响程度。

3．风险响应策略

风险规避：通过调整项目方向或方法，尽量规避某些风险。

风险降低：降低风险的可能性或影响。

风险转移：如通过合作伙伴关系或外包把风险转移到其他方。

风险接受：对于某些不可避免但影响小的风险，选择接受并准备应对。

4．风险监控与更新

定期评估：固定时间间隔或在关键决策点重新评估风险。

风险日志：记录风险，包括其状态、影响、应对策略等，并定期更新。

风险警示系统：建立预警机制，当某风险接近阈值时发出警告。

5．风险沟通与文化

团队培训：定期对团队成员进行风险管理培训，提高他们的风险意识。

开放沟通：鼓励团队成员分享他们识别的风险，促进信息流动。

风险反思：在项目的关键阶段或结束后，回顾和分析遇到的风险及其处理方法，以便从中学习。

大学生创新创业团队在项目初期就应该深入了解并应用风险评估与控制策略，这不仅可以帮助他们避免不必要的损失，还可以提高项目成功的可能性。

20.3.3 问题解决框架与策略：如何面对不可预见的挑战

面对突如其来的挑战，大学生创新创业团队需要有一套清晰的问题解决框架和策略，以下是为针对大学生创新创业团队特点设计的解决方案。

1. 定义问题

明确问题：首先，明确问题的性质和影响，这有助于团队了解所面临的问题。

收集信息：根据现有的情况，收集与问题相关的所有信息。

2. 根源分析

5 Why 分析：不断问"为什么"来追溯问题的根源。

鱼骨图：使用这种方法，按照不同的类别识别问题的可能原因。

3. 生成解决方案

头脑风暴：鼓励团队成员进行头脑风暴，生成各种可能的解决方案。

方案测试：在选择最终解决方案之前，快速测试或验证不同的解决方案。

4. 评估与选择

效益评估：评估每个解决方案的优点和缺点。

决策矩阵：对于复杂的问题，使用决策矩阵来权衡不同的方案。

5. 实施与监控

明确步骤和责任：确保团队知道谁负责什么，并按步骤行动。

持续监控：在实施解决方案后，持续跟踪效果，确保问题得到解决。

6. 反思与学习

反思：在问题解决后，团队应该集合，讨论所遇到的问题，了解如何在未来避免类似问题。

更新流程：根据所学的经验，修改和优化流程和策略，确保团队的持续进步。

7. 保持开放与沟通

鼓励提问和分享：建立一个开放的文化，鼓励团队成员在面对问题时提问和分享经验。

定期沟通：确保团队有一个固定的时间来讨论和解决问题。

不可预见的挑战是大学生创新创业过程中不可避免的。有了清晰的问题解决框架和策略，团队可以更快地应对挑战，不断推动项目进展，并从中学习和成长。

第 21 章　创新创业中的产品化与商业模式

21.1　产品开发的全过程：从原型到量产

21.1.1　设计优化与用户反馈的迭代

在大学生创新创业的环境下，产品的设计和迭代尤为关键，因为时间、资源和经验可能都比较有限。尤其是在智能机械这样的高技术领域，如何有效地进行设计优化并整合用户反馈，是产品成功推向市场的关键。

1. 校园资源的利用

利用大学的实验室、工具和设备，对初步的设计进行验证和优化。

通过学术指导老师的建议，了解当前技术的趋势和挑战，以便对设计进行调整。

2. 初步原型制作

根据初步设计，制作一个可工作的原型。此时不需要完美，主要是为了验证设计思路的可行性。

利用大学的 3D 打印、CNC 等设备，快速地制作原型部件。

3. 用户反馈的收集

在校园内进行小范围的用户测试，如在学术展览或创新竞赛中展示产品，收集用户的反馈。

进行问卷调查，了解用户的真实需求和对产品的看法。

4. 反馈整合与迭代

根据收集到的反馈，找出产品的不足之处，并进行迭代优化。

与团队成员进行头脑风暴，探讨改进的方案和策略。

5. 持续的学习与优化

利用学校的资源，如图书馆、在线课程等，不断地学习新的技术和方法，为产品的优化提供理论支持。

参与学术讲座和工作坊，与前沿的研究者和工程师交流，获取新的灵感和建议。

6. 与行业合作

与相关的企业和研究所建立联系，了解行业的需求和标准，为产品的市场化做准备。

通过实习和项目合作，为团队成员提供真实的工作经验和技能培训。

在大学生的创新创业过程中，如何结合智能机械的特点，进行有效的设计优化和用户反馈的整合，是决定产品成功与否的关键。通过充分利用校园的资源和平台，可以为产品的开发提供强大的支持。

21.1.2 选择合适的生产技术和流程

对于大学生在创新创业过程中，特别是涉及智能机械项目的时候，选择合适的生产技术和流程至关重要。由于资源、经验和时间上的限制，这一选择可以显著影响项目的成功与否。

1. 了解项目需求

在选择生产技术之前，团队需要深入了解项目的具体需求，包括预期的生产数量、性能指标和预算限制等。

2. 开源硬件与软件的利用

对于大学生团队，利用开源硬件和软件平台，如 Arduino、Raspberry Pi 或 ROS（机器人操作系统），可以大大降低开发成本，缩短时间。

3. 快速原型技术

3D 打印、激光切割等快速原型技术在初期可以为团队提供快速而经济的解决方案，验证设计概念。

许多大学都设有制造中心或实验室，提供这些设备供学生使用。

4. 模块化设计

采用模块化设计，可以简化生产流程，并使产品更易于维护和升级。

对于智能机械来说，模块化设计还可以为用户提供更大的自定义空间，例如机器人的不同功能模块。

5. 生产伙伴的选择

如果项目的规模超过了大学实验室的生产能力，团队就需要寻找外部的生产伙伴，如小批量制造商或合同制造商。

在选择生产伙伴时，应考虑其生产能力、质量控制和信誉等因素。

6. 持续的流程优化

生产流程应该是动态的，随着技术的进步和市场需求的变化而进行调整。

团队应定期审查生产流程，寻找优化的机会，以降低成本、提高效率和保证质量。

7. 安全与合规性

对于涉及电气、机械或化学成分的智能机械产品，团队需要确保其安全性，并遵循相关的行业和国家标准。

对于大学生创业团队，选择合适的生产技术和流程是确保项目成功的关键。通过合理的资源配置、持续的优化和与可靠的生产伙伴合作，团队可以高效地将智能机械项目从原型转化为市场上的实际产品。

21.1.3 质量控制与测试：确保产品满足标准

对于大学生涉及的智能机械的创新创业项目，确保产品的质量和性能至关重要。质量控制和测试不仅确保了产品的安全性和可靠性，而且也是市场接受度和用户满意度的关键因素。

1. 明确质量标准

在开始任何生产活动之前，团队需要明确产品的质量标准和性能指标。这些标准应基于市场需求、行业标准和法规要求。

2. 开发测试方案

对于智能机械，测试方案应涵盖机械性能、软件功能和集成系统的运行。

测试方案应该详细描述测试的目的、方法、工具和预期结果。

3. 使用自动化测试工具

在软件和控制系统方面，使用自动化测试工具可以有效地发现和修复问题，节省时间。

4. 原型测试

在批量生产之前，应进行详细的原型测试，确保产品设计满足预期的性能和质量标准。

5. 生产中的质量检查

在生产过程中，应定期进行质量检查，确保每个生产阶段都符合标准。例如，检查焊接质量、组装质量或软件安装的正确性。

6. 用户反馈与迭代

将第一版产品提供给目标用户进行测试，并收集他们的反馈。基于这些反馈，团队可以进行迭代，改进产品设计。

7. 记录与跟踪

所有的测试结果和质量问题都应该详细记录，并进行跟踪，直到问题完全解决。

8. 合规性测试

对于某些智能机械产品，可能需要进行特定的合规性测试，如 EMC 测试、机械安全测试或电气安全测试，以满足国家或行业的标准。

9. 培训团队成员

团队成员应接受质量控制和测试的相关培训，确保他们了解并能够执行相关的标准和流程。

对于大学生的智能机械创业项目，质量控制与测试是确保产品成功的基础。通过细致的测试、持续的迭代和团队的培训，可以确保产品满足市场的高标准和用户的期望。

21.1.4　批量生产与市场发布

对于大学生创新创业项目，从原型转化到批量生产和最终的市场发布是一个关键阶段。对于智能机械产品，这个过程更是复杂，因为它涉及硬件、软件和各种集成技术的相互配合。

1. 评估生产需求

在批量生产前，先评估所需的数量、预算和时间表。了解市场需求可以帮助确定生产规模。

2. 选择合适的制造伙伴

对于大多数创业公司，内部制造可能不是一个经济或可行的选择。找到合适的外部制造伙伴，如 OEM 或 ODM，可以确保高效和高质量的生产。

3. 生产样品测试

在大规模生产之前，先生产一批样品进行测试，确保它们满足所有的质量和性能要求。

4. 监控生产过程

确保所有生产环节都受到监控，从物料采购到组装，再到最终检验。使用质量管理工具和系统来跟踪生产进度。

5. 软件与固件更新

对于包含电子和软件元素的智能机械，确保在出厂前安装了最新的固件和软件版本。

6. 包装和物流

设计适合产品和目标市场的包装。考虑物流和配送的需求，以确保产品可以安全、及时地到达客户手中。

7. 市场发布策略

与营销团队合作，制定市场发布策略。这可能包括媒体发布、线上推广、展览和其他宣传活动。

8. 售后服务和支持

为用户提供必要的售后服务和支持。这可能包括用户培训、保修服务、技术支持和常见问题的解答。

9. 收集用户反馈

市场发布后,持续收集和分析用户反馈,以进行进一步的产品迭代和改进。

对于大学生的智能机械创业项目,从批量生产到市场发布是一个复杂但关键的过程。通过精心的规划、有效的合作和持续的反馈,创业团队可以成功地将他们的智能机械产品投入市场,并满足客户的需求。

21.2　建立商业模式:如何从创新产品中获利

对于大学生的智能机械创业项目,建立一个可行且赢利的商业模式是成功的关键。商业模式描述了一个组织如何创造、传递和获取价值。

21.2.1　定义价值主张:产品与市场之间的匹配

1. 客户痛点与需求

在大学的研究或项目中,学生们可能已经发现了某个未被满足的需求或市场痛点。这些痛点和需求为智能机械的创新提供了方向。

2. 产品或服务的核心优势

明确你的智能机械产品或服务相对于现有解决方案的核心优势。这可能包括更高的效率、更低的成本、更好的性能或其他独特的功能。

3. 价值主张的简洁表述

创建一个简洁且有说服力的价值主张,描述你的产品或服务为目标客户带来的主要好处。例如: "我们的智能机械解决方案可以减少生产线上的故障时间,提高生产效率。"

4. 验证与迭代

通过与潜在客户的互动和市场测试,验证你的价值主张。基于反馈进行调整,确保产品与市场的最佳匹配。

5. 目标市场定位

确定你的产品或服务最可能受到欢迎的目标市场。这可能是一个特定的行业、细分市场或地理区域。

6. 与客户共创价值

考虑与客户共同创造价值的方式,如提供定制化的智能机械解决方案或提供持续的技术支持和培训。

对于大学生的智能机械创业项目,明确的价值主张是吸引潜在客户的关键。有效的价值主张能够帮助团队获得市场的认可,并为商业模式的其他部分提供指导。

21.2.2　选择合适的收入模型:如销售、订阅或授权等

在智能机械创新项目中,选择一个合适的收入模型是至关重要的。对于大学生创业团队,这需要对产品、市场和目标客户群进行深入理解。以下是几种常见的收入模型,以及它们与智能机械创新项目的关系。

1. 销售模型

描述:直接销售产品或服务给最终用户或企业客户。

智能机械应用：例如，销售一台智能机器人，或生产线上的某个智能设备。

优点：即时收入、简单明了。

缺点：需要大量的前期投资和市场推广。

2．订阅模型

描述：客户定期支付费用来获得产品或服务的持续使用权。

智能机械应用：例如，提供智能机械的云服务，或机器人即服务（RaaS）。

优点：稳定的收入流、更容易预测未来收入。

缺点：可能需要时间建立客户基础。

3．授权或许可模型

描述：允许第三方使用你的技术或知识产权，通常要求支付授权费或提成。

智能机械应用：例如，对某个智能机械的算法或软件技术进行授权。

优点：可以快速扩展到新市场或地区，降低市场推广风险。

缺点：可能涉及复杂的合同和谈判，需要保护知识产权。

4．服务或咨询模型

描述：为客户提供与智能机械相关的服务或咨询。

智能机械应用：例如，提供智能机械的定制化解决方案或培训。

优点：高利润率、增强客户关系。

缺点：规模化可能有挑战。

5．混合模型

结合以上几种模型，为不同的客户或细分市场提供定制化的解决方案。

选择合适的收入模型对大学生的智能机械创业项目至关重要。团队需要基于自身的技术优势、市场定位和客户需求来做出决策，并随着市场环境和业务发展进行调整。

21.2.3　成本结构与盈利策略

在建立商业模式的时候，理解成本结构是至关重要的。无论产品或服务多么出色，如果未能有效地控制成本并确保盈利，那么长期的成功就会受到威胁。以下是关于成本结构与盈利策略的探讨。

1．成本结构

固定成本：无论生产数量如何，都不会改变的成本。例如，租金、工资、固定设备维护等。

变动成本：随着生产量的变化而变化的成本。例如，原材料、直接劳动等。

半固定成本：在一定的生产范围内保持不变，但超出这个范围后会发生变化的成本。例如，电费。

应用于智能机械：在大学生的创新项目中，固定成本可能包括开发软件或硬件的初始成本，变动成本可能与材料、组件的采购或制造有关。

2．盈利策略

低成本策略：目标是成为行业中的低成本生产者。这通常需要大规模生产以分摊固定成本。

差异化策略：提供独特且难以模仿的产品或服务，从而能够收取溢价。

细分市场策略：专注于特定的、未被大型企业服务的市场细分。

应用于智能机械：大学生团队可能会选择差异化策略，利用创新的技术解决方案来开发出与市场上其他产品不同的智能机械。

3．定价策略

成本加成定价：在成本上加一个固定的利润率来设定价格。

价值定价：基于产品或服务为客户创造的价值来设定价格。

竞争对手定价：基于竞争对手的价格来设定价格。

应用于智能机械：大学生可能会选择价值定价，尤其是当他们的创新技术为消费者带来明显的优势时。

4. 收益最大化

不仅要关注成本，还要考虑到最大化每个销售机会的收益。这可能涉及选择更高的售价、优化销售渠道或更有效地营销。

应用于智能机械：大学生团队应确保他们了解目标客户群体，并有效地将其智能机械产品推向市场。

对于大学生的创新创业团队来说，有效地管理成本并选择正确的盈利策略至关重要。这不仅可以确保项目的可持续性，还可以为未来的商业扩张奠定稳固的基础。

21.2.4 顾客关系与获取：如何吸引和保持顾客

在商业模式中，顾客关系与获取是推动企业成功的关键因素。对于大学生的创新创业项目，特别是在智能机械领域，如何吸引和保持顾客可以参考以下建议和策略。

1. 定义目标市场

了解你的目标顾客是谁：对于智能机械产品，是个人消费者，还是企业和制造商？

了解他们的需求和痛点：你的产品提供了哪些解决方案？

2. 建立品牌形象

设计专业的品牌标识和口号。

在线上和线下都保持一致的品牌形象。

通过故事叙述，传达品牌的价值和愿景。

3. 使用数字营销策略

利用社交媒体进行推广。

考虑使用目标广告吸引特定的客户群体。

创建和分享有价值的内容，如教程或产品演示视频。

4. 参与展览和行业活动

对于智能机械项目，参与相关的展览和会议可以增加曝光度。

建立与潜在客户和合作伙伴的联系。

5. 提供卓越的客户服务

确保客户可以轻松地联系到你。

对于任何问题或反馈，都要及时响应。

考虑提供一些额外的服务，如免费的培训或支持。

6. 建立忠诚计划

提供折扣或奖励给回头客：为重复购买的客户提供专属折扣或奖励积分，激励他们继续选择你的产品或服务。这样的忠诚计划不仅能增加客户的回购率，还能提升他们对品牌的认同感和满意度。

创造一个归属感强的社区：通过建立品牌社区，让客户感到自己是项目的一部分。例如，创建一个在线论坛、微信群或社交媒体群组，让客户在其中分享经验、提出建议和参与讨论。通过定期举办活动、发布有价值的内容和回应客户的反馈，增强他们的归属感和参与感，从而建立更深的客户忠诚度。

7. 持续的产品创新

始终关注行业的最新趋势和技术。

与客户合作，了解他们未来的需求，不断改进产品。

8. 口碑营销

鼓励满意的客户分享他们的体验。

考虑建立推荐计划，奖励那些带来新客户的人。

为顾客提供价值，建立和维持良好的关系是任何创业项目的关键。对于大学生的创新创业团队，特别是在智能机械领域，了解并满足客户的需求，同时提供卓越的服务和持续的创新是吸引和保持顾客的关键。

21.3　合作伙伴关系、供应链和分销

21.3.1　建立合作伙伴网络：寻找互补资源与能力的合作伙伴

对于大学生的智能机械创新创业项目，合作伙伴的选择尤为关键，因为他们可以提供专业知识、资源和市场渠道，帮助你快速推进和扩大项目。以下是一些建议和策略。

1. 明确你的需求

在开始寻找合作伙伴之前，首先要明确你的需求：是需要技术支持、资金支持，还是市场推广？

2. 寻找与你的业务目标和文化匹配的伙伴

选择与你的项目有相同或相似价值观和目标的伙伴，这将使合作更加顺畅。

3. 研究潜在伙伴的背景和声誉

在与某个机构或公司合作之前，了解他们的历史、市场表现和声誉，确保他们是可靠和值得信赖的。

4. 参与行业活动和会议

这些场合是与潜在合作伙伴接触和建立联系的好机会。

通过网络和社交平台，与其他智能机械领域的创业者、企业和专家建立联系。

5. 制定明确的合作协议

详细列出合作的条款和条件，明确双方的权利和责任，确保所有参与方都对合作内容有明确的了解和共识。包括但不限于以下几点：

利益分配：明确双方在项目中的收入分配、股权分配等利益问题，减少后期因为经济利益出现的纠纷。

保密和知识产权：确保所有敏感信息、技术和创意在合作中得到保护。若涉及技术转移或授权，需要明确权益归属及费用结构。

退出机制：在合作开始之前，就需要考虑如果合作不成功或由于其他原因而需要终止合作时的操作流程，以及如何公平地处理双方的利益。

决策流程：明确哪些决策需要双方共同商议，哪些可以单方面决定。确保决策过程高效而不失公正。

责任和义务：明确双方在合作中的具体责任和义务，以确保每一方都按约定完成各自的部分。

风险和应对措施：预先考虑可能出现的问题和风险，以及应对策略。这可以帮助合作更加顺利，即使面临挑战也能迅速应对。

6. 定期检查和沟通

合作伙伴关系不是一成不变的，需要定期评估合作的效果，以及是否还满足双方的初衷和目标。通过定期的沟通和检查，确保合作始终处于健康的状态。

通过这些建议和策略，大学生在智能机械创新创业项目中可以更好地与合作伙伴共同进步，实现项目的成功。

21.3.2 供应链管理：优化原材料采购和生产流程

供应链管理在大学生智能机械创新创业项目中占据了非常关键的位置，它关系到项目的成本、效率和市场响应速度。以下是一些建议和策略，帮助大学生更好地管理供应链。

1. 了解供应链全景

制定一份供应链地图，列出所有的供应商、物流服务提供者和分销商。

确定关键组件和原材料，了解它们的市场价格、供应周期和主要供应商。

2. 选择合适的供应商

不仅要基于价格选择供应商，还要考虑其交货时间、质量、服务等因素。

对关键供应商进行定期评估和审计，确保他们的业务运作和生产过程与你的项目标准相符。

3. 建立库存管理策略

对于智能机械项目，某些高技术组件可能需要较长的供应周期，因此需要提前采购。

但过多的库存也会带来库存成本和过期风险，因此需要根据市场需求预测和生产计划进行合理的库存管理。

4. 优化生产流程

对生产流程进行持续改进，减少浪费、缩短生产周期。

引入自动化和机器人技术，提高生产效率，但同时也要注意技术的维护和更新。

5. 建立强健的物流网络

确保产品可以快速、安全地从生产线送达客户手中。

与多家物流公司合作，确保物流渠道的多样性和稳定性。

6. 应对供应链风险

对供应链中的各个环节进行风险评估，如供应商的供应中断、物流延误等。

建立备选供应商名单和应急计划，以应对突发事件。

7. 持续沟通与合作

与供应链中的所有合作伙伴保持密切沟通，确保信息的畅通。

定期与供应商、物流服务提供者和分销商进行会议，了解他们的需求和反馈，共同优化供应链。

通过这些建议和策略，大学生在智能机械项目中可以有效地管理供应链，提高项目的成功率。

第22章 大学生实践与参赛简介

22.1 大学生在实践中可能面临的挑战和机会

22.1.1 常见的项目实践挑战：技术、团队和资源限制

大学生在创新和创业实践中，经常会面临各种挑战，这些挑战可能来自技术、团队、资源等多个方面。尤其是在大型综合性比赛中，如"互联网＋"大学生创新创业大赛、"挑战杯"，以及机械创新大赛等，要突出重围，需要深入了解并克服这些挑战。

1. 技术挑战

技术难点：例如，机械设计中可能会遇到某些部分难以实现的问题，或者在软件开发中遇到难以攻克的技术壁垒。

技术更新速度快：新技术迭代速度很快，原先的解决方案可能很快就被新技术取代。

技术方案选择：在众多的技术方案中选择最适合的方案。

2. 团队挑战

团队协同：当多人合作时，沟通和配合可能会成为问题，特别是在分工明确但交叉领域多的项目中。

团队成员流失：有可能面临核心团队成员的流失，给项目带来风险。

决策分歧：团队在某些关键问题上可能存在不同的意见和决策。

3. 资源限制

资金限制：大学生项目通常资金有限，如何合理使用资金，保证项目的正常运行，是一个常见问题。

时间限制：大学生需要平衡学业和项目，时间成为他们面临的一个大的挑战。

设备和场地限制：尤其是需要实验和生产的项目，设备和场地可能成为制约因素。

面对这些挑战，大学生需要积极寻找解决方法。例如，针对技术挑战，可以寻求外部专家的指导，或者与其他团队合作分享技术；针对团队挑战，可以进行团队建设活动，加强团队沟通，明确分工和决策机制；针对资源限制，可以寻求赞助、众筹或与学校和企业合作获取资源。

通过认识这些挑战，并积极寻求解决方案，大学生可以更好地进行实践和参赛，提高项目的成功率。

22.1.2 面对失败：如何持续学习和迭代

失败是任何创新和实践过程中不可避免的一部分。然而，对于大学生而言，尤其是初次尝试创业或参与竞赛的大学生，面对失败可能会感到沮丧和困惑。以下是如何正面面对失败，持续学习和迭代的建议。

1. 接受失败是成长的一部分

任何成功的创业家或专家，其背后往往都有一系列的失败经历。失败提供了一个学习的机

会，帮助我们了解哪里出了问题，如何在未来避免相同的问题。

2．深入分析失败的原因

当项目或竞赛遭遇失败时，首先需要冷静下来，深入分析失败的原因。是技术问题、团队问题，还是外部环境变化的问题？通过深入地反思和分析，可以找到问题的根源。

3．持续学习和技能提升

失败可能暴露了个人或团队在某个领域的知识或技能缺陷。利用这个机会，积极学习和提高技能，无论是技术知识、团队管理技巧还是市场策略。

4．迭代和调整方向

基于失败经验和新学到的知识，对产品或方案进行迭代和调整。可能是微小的改进，也可能是大的方向性调整，重要的是保持开放和灵活，根据实际情况进行调整。

5．寻求外部反馈

与导师、行业专家或目标用户沟通，获取他们的反馈和建议。外部的观点往往更为客观，可以帮助团队看到之前忽略的问题。

6．保持积极的心态

保持一个积极的心态，将失败作为一个学习的机会，而不是终结。积极的心态会帮助团队更快地走出低谷，继续前进。

7．与团队成员沟通

当项目或竞赛遭遇失败时，团队成员之间的沟通尤为重要。共同分析失败的原因，共同寻找解决方案，确保每个团队成员都在同一频道上，共同努力向前。

8．准备下一次的尝试

即使面临失败，也不要放弃。整理好经验教训，准备好下一次的尝试。持续的努力和迭代，最终会带来成功。

对于大学生而言，参与创业和竞赛的过程，不仅是为了最终的成功，更重要的是在这个过程中学到知识、技能和经验。面对失败，正确的态度和策略，会使其成为通往成功的重要一步。

22.1.3　机会所在：创新、学校平台和行业合作

大学生在实践中不仅会遭遇挑战，同时还面临着无数的机会。对于大学生，这些机会可以为他们提供宝贵的资源、知识和实践经验，助力他们在创新和创业路上更加稳健前行。

1．创新的重要性

技术创新：在当前科技飞速发展的时代，技术创新是获取竞争优势的关键。无论是互联网技术、智能制造还是其他前沿技术，大学生都应把握机会探索和实践，为未来的创业打下坚实的基础。

模式创新：除了技术创新，商业模式、服务模式等的创新也同样重要。大学生应思考如何将现有的技术和市场需求相结合，创造出新的价值。

2．学校平台的优势

资源共享：大学通常都有丰富的学术和技术资源，如图书馆、实验室和研究中心等，为大学生提供了探索和实践的场所。

导师指导：专业导师和教授们具有丰富的学术背景和行业经验，他们的指导对于大学生的项目实践至关重要。

团队合作：在校园中，学生可以很容易地组建团队，与来自不同专业背景的伙伴合作，实

现跨学科的合作与创新。

3. 行业合作的机遇

实践经验：通过与行业合作，大学生可以获得宝贵的实践经验，了解真实的市场需求和行业动态。

资源整合：行业合作可以为大学生提供技术、资金、市场等资源，帮助他们更好地实施项目。

网络拓展：行业合作还能为大学生提供一个扩展人脉的平台，与行业内的专家、投资者、企业家等建立联系，为未来的发展铺路。

4. 参赛机会

根据前文提及的各种创新创业大赛，大学生可以参与这些赛事，不仅可以得到技能的锻炼，积累实践经验，还有机会得到投资、指导和市场资源。

对于大学生而言，实践中的机会无处不在。只要他们抓住这些机会，勇于尝试和创新，就有可能获得成功，为未来的职业生涯和创业之路打下坚实的基础。

22.2　如何利用学校和社会资源来支持你的创新和创业活动

学校和社会提供了丰富的资源和平台，对于那些希望在创新和创业领域大展拳脚的大学生来说，这些资源可以帮助他们更快速地将想法付诸实践。

22.2.1　学校资源：实验室、导师和研究资金

1. 实验室

设备与技术平台：大多数高等教育机构都设有先进的实验室，为学生提供了丰富的实验设备和技术支持。

实践与测试：创新和创业需要实践。实验室提供了一个理想的环境，让学生可以自由地实验和测试他们的想法。

团队合作：实验室中的工作通常需要团队合作。学生可以在这里学习团队合作的重要性和技巧。

2. 导师

经验分享：有经验的导师可以为学生提供行业内部的见解，帮助他们避免一些常见的错误。

资源链接：导师通常在行业中有广泛的人脉。他们可以为学生提供宝贵的联系资源，如其他专家、投资者或潜在的业务合作伙伴。

指导与支持：一个好的导师不仅可以提供知识和经验，还可以给予学生心理和情感上的支持。

3. 研究资金

项目支持：许多学校为学生的创新创业活动提供研究资金。学生可以利用这些资金来购买所需的材料、工具或外部服务。

赛事参与：研究资金也可以用于参加学术会议或创新创业比赛，让学生有机会展示他们的成果，与行业内的专家交流，并获取可能的合作或投资机会。

进一步研究：对于那些希望继续研究的学生，研究资金可以支持他们的后续研究工作，进一步完善和优化他们的创新项目。

为了最大化利用学校资源，学生应该积极寻找学校内外的机会，如研究课题、学术会议、工作坊或创新创业比赛，并与导师、同学和行业内的专家建立紧密的联系。

22.2.2　社会资源：企业合作、行业导师和投资机会

社会资源是大学生创新创业活动的另一个重要支柱。对于那些希望跳出学术界，与实际行业接轨的学生来说，这些资源提供了一个宝贵的平台。

1. 企业合作

技术验证与产品试点：与企业合作可以为学生提供一个实际的环境，测试他们的产品或技术，并得到实时反馈。

资源共享：企业通常有一些学校里难以获取的资源，如高级设备、特定的软件或专业人员。

商业模式验证：学生可以与企业合作，探索和验证最合适的商业模式，为后续的产品上市提供方向。

2. 行业导师

行业经验分享：与学术导师不同，行业导师更注重实际的业务和行业动态。他们可以分享真实的行业经验，为学生的创新创业项目提供宝贵的意见。

扩展人脉网络：行业导师通常在业界有广泛的联系。他们可以帮助学生建立联系，进一步开展合作或寻求投资。

指导产品市场化：行业导师可以根据市场需求，为学生提供产品市场化的建议和策略。

3. 投资机会

初创资金：有些投资者或风险投资公司专注于投资大学生的创业项目。他们通常提供种子资金，帮助大学生开始他们的商业活动。

业务发展：除了资金，投资者通常还会为初创公司提供一系列的业务支持，如市场推广、团队建设或战略规划。

资源与网络：投资者通常有丰富的业界资源和网络。他们可以为初创公司提供与其他企业或投资者的连接，帮助他们获得更多的机会和资源。

对于大学生来说，学校和社会提供了一系列的资源，帮助他们实现他们的创新和创业梦想。利用这些资源，结合自己的努力和创新精神，他们可以更容易地实现自己的目标。

22.2.3　构建个人网络：与同行、专家和企业家建立联系

在创新创业领域，一个强大的个人网络不仅可以为项目带来多种资源，还可以提供决策支持、行业洞察和市场机会。对于大学生来说，如何有效地建立和维护自己的个人网络是一个关键技能。

1. 与同行建立联系

交流与学习：与其他在相似领域的学生建立联系，可以共享经验、交换意见，并从中获得新的启示。

团队合作：通过个人网络，你可以找到具有互补技能的团队成员，共同推进项目。

分享资源：在大学环境中，同学们可能会有许多共享资源，如实验材料、实验设备等，可以互相借用或合作。

2. 与专家建立联系

专业指导：通过与领域内的专家建立联系，你可以获得专业的建议和反馈，进一步完善项目。

行业动态：专家通常对行业的最新动态和趋势有深入的了解，他们的见解可以帮助你调整项目方向。

研究机会：专家可能会提供进一步的研究机会，如实验室资源、项目资金或合作机会。

3. 与企业家建立联系

商业洞察：企业家通常有丰富的商业经验，他们的建议可以帮助你制定商业策略、市场推广或资金筹集。

投资机会：一些企业家可能对你的项目感兴趣，并愿意提供投资或合作机会。

市场资源：企业家通常有广泛的市场资源，包括供应链、分销渠道和客户关系。他们可以帮助你进入市场并扩大业务。

4. 如何构建个人网络

参加行业活动：如研讨会、工作坊或交流会等，这些活动是与同行、专家和企业家交流的好机会。

积极社交：在社交媒体平台上分享自己的项目进展、观点和见解，吸引同行和行业专家的关注。

提供帮助：主动为他人提供帮助，无论是分享资源、提供建议还是合作，都可以加深与他人的联系。

一个强大的个人网络是大学生创新创业成功的关键。不仅要积极地建立联系，还要持续地维护这些联系，确保个人网络的活跃和高效。

22.3　中国主流的智能机械相关大赛与策略

22.3.1　国家级大赛概览：目标、范围和参与方式

1. 全国大学生机械创新大赛

目标：旨在引导高等学校注重培养大学生的创新设计意识、综合设计能力和团队协作精神，同时加强学生的动手能力培养和工程实践训练。

范围：包括机械设计、机械原理、机械制造等多个子领域的竞赛。

参与方式：学生可以独立或以团队的形式参与，提交设计作品或实际制作的模型进行竞赛。

2. 中国大学生工程实践与创新能力大赛

目标：着眼于打造创新驱动与制造强国背景下的工程创新大赛，注重多学科交叉协同与创新创造。

范围：包括新能源车、智能物流搬运、水下管道智能巡检、智能网联汽车设计等多个子领域的竞赛。

参与方式：学生需要根据各赛项的要求，完成具体的工程设计、制作和测试，并提交相关材料进行评审。

3. 中国"互联网＋"大学生创新创业大赛

目标：提供一个展示创新创业项目的平台，鼓励学生结合互联网思维创业。

范围：涉及现代农业、制造业、信息技术服务、文化创意服务和社会服务等多个领域的创业项目。

参与方式：学生团队需提交详细的创业计划书，有些项目可能需要提供原型或模型。

4. 全国大学生数学建模竞赛

目标：旨在提高大学生的数学应用能力，特别是建模能力。

范围：涉及工程、经济、物理等多个领域的实际问题。

参与方式：学生团队需在限定时间内完成一篇关于所选问题的数学建模报告。

5. "挑战杯"全国大学生课外学术科技作品竞赛

目标：为学生提供一个展示自己科技作品的平台。

范围：包括但不限于机械设计、电子制作、计算机软件和生物技术等多个领域的竞赛。

参与方式：学生需提交自己的科技作品和相关报告。

6. 中国创新创业大赛

目标：旨在提供一个全国性的创业比赛平台，鼓励技术创新和企业家精神。

范围：涵盖多个科技领域和产业。

参与方式：学生团队需提交创业计划书和可能需要的原型。

每个大赛都有其独特性，为参赛者提供了展示创新和实践能力的机会。对于有志于进入智能机械领域的学生来说，这些大赛无疑是宝贵的实践机会和经验积累。

22.3.2　如何为比赛制定策略和计划

为参与与智能机械相关的大赛，学生需要有明确的策略和计划。以下是为比赛制定有效策略和计划的步骤和建议。

1. 了解大赛要求与评分标准

在开始项目之前，彻底了解比赛的要求、目的、评分标准和注意事项。这可以帮助团队明确目标，并有针对性地进行准备。

2. 选题与创意生成

选择与团队成员知识背景、兴趣和技能匹配的题目。确保题目具有创新性、实际应用价值和挑战性。

进行大量的文献调研，以获取灵感和确定技术路线。

3. 组建合适的团队

确保团队成员之间有互补的技能，如设计、编程、建模等。团队合作是大赛中的关键。

定期进行团队沟通，确保每个成员都明确自己的任务和责任。

4. 时间管理和里程碑制定

根据比赛时间，制定详细的时间表和里程碑。确保项目按计划进行。

定期评估进度，如有需要，及时进行调整。

5. 技术研发与验证

在技术研发阶段，持续进行测试和验证，确保技术的可行性和稳定性。

当遇到技术难题时，及时寻求外部专家、导师或社会资源的帮助。

6. 模拟比赛与反馈获取

在正式比赛前，进行模拟比赛或内部评审。这有助于团队发现问题并进行改进。

从导师、同学或其他团队处获取反馈，并据此进行优化。

7. 完善文档与答辩准备

确保所有文档、报告和演示资料都完整、清晰。这对于评审和答辩至关重要。

提前准备答辩，进行多次模拟演讲，确保团队成员对项目内容熟悉，能够清晰、有条理地进行展示。

8. 持续学习与改进

不论比赛结果如何，团队都应从中学习和吸取经验。分析团队的优点和需要改进的地方。

参与多次大赛，不断积累经验，持续提高。

制定策略和计划是赢得大赛的关键步骤。通过明确目标、强化团队合作和充分准备，团队可以在竞赛中展现最佳状态。

22.3.3　准备过程中的关键要点：技术、文档和展示

大赛的准备不仅是技术实现，还包括如何有效地记录、展示和沟通你的项目。以下是在技术、文档和展示三个方面的关键要点。

1. 技术

深入了解：在开发之前，确保你充分了解了技术的前沿、存在的难题，以及可能的解决方案。

模块化设计：采用模块化的方法，使各部分能够独立工作，但又能完美地集成在一起。

测试与验证：不断进行单元测试和整体测试，确保每一部分和整体功能都能正常工作。

灵活性与可扩展性：考虑未来可能的变化，使你的设计容易进行修改和扩展。

2. 文档

结构清晰：为文档设定一个清晰的结构，确保信息的逻辑性和连贯性。

内容全面：覆盖所有关键的设计、实现、测试和结果分析。

图形与可视化：利用图表、图形和其他可视化工具，使复杂的概念和数据更易于理解。

精确与简洁：避免冗余，确保每一部分的内容都是必要的，同时又提供了足够的信息。

版本管理：使用工具，如 Git 来管理文档版本，确保每次修改都被记录，并方便回溯。

3. 展示

目标明确：在开始展示前，明确你希望听众获得的主要信息或感受。

结构化思路：将展示内容分为介绍、主要内容和总结，使听众能够跟随你的思路。

交互与参与：鼓励听众提问或参与讨论，使展示更加生动和有趣。

使用辅助工具：利用 PPT、视频、模型等工具，使内容更加直观。

模拟演练：在正式展示前，进行多次模拟演练，确保你熟悉内容，并能够应对突发情况。

接收反馈：在模拟演练后，从同伴或导师那里收集反馈，并据此进行调整。

在准备过程中，记住上述关键要点，并确保技术、文档和展示三个方面都得到充分的关注和准备。这将大大增加你在大赛中获得成功的概率。

22.3.4　前赛者和导师的经验分享：从失败中学习，从成功中复制

参加大型赛事的挑战不仅在于技术和项目本身，还在于如何策略性地应对各种变数。此处，我们采访了几位前赛者和资深导师，他们分享了他们的经验和教训。

1. 关于失败的经验分享

李明（前赛者）："我第一次参赛时，我们的团队过于自信，没有做充足的测试，结果在现场出现了技术故障。失败让我学到，无论多么自信，都必须做足充分的准备。"

张红（导师）："我见过很多团队因为沟通不足而失败。技术团队和展示团队之间的信息不对称，导致在关键时刻发生混乱。团队内部的每个成员都应该知道整个项目的全局和各个部分的细节。"

2. 关于成功的经验分享

王亮（前赛者）："获得冠军的那一年，我们从一开始就进行了大量的市场调查，与目标用户进行沟通，确保我们的项目真正满足了市场需求。"

赵云（导师）："成功的团队往往在比赛前就与其他团队建立了合作关系，进行了互补资源的共享。他们不仅看到了自己的项目，还看到了整个生态系统，并学会了在其中寻找机会。"

3. 复制成功的策略

李梅（前赛者）："在我们成功后，有很多团队来询问我们的策略。我们告诉他们，除了技术，更重要的是策略性地看待整个比赛流程，从项目选择、团队组建、技术开发到展示策略，每一步都要有明确的计划。"

孙涛（导师）："每次的成功都不是偶然，而是经过深思熟虑的策略加上不懈的努力。我建议新团队研究前辈的成功案例，从中汲取经验，但同时也要结合自己的实际情况，创造自己的成功路径。"

从失败中学习和从成功中复制都需要团队具备敏锐的洞察力、扎实的技术基础、明确的策略方向和强大的执行力。

第 6 部分

大学生创业实践：科技创新转换与高质量经济转型

第23章　科技创新的商业转换

23.1　从学术到市场：大学研究的商业应用

23.1.1　研究转化为产品的流程

大学的学术研究往往处于知识前沿，它们为创新和技术发展提供了源源不断的动力。但将这些学术成果转化为市场上的产品和服务需要经过一系列严格和细致的步骤。以下是大学研究转化为产品的基本流程。

1. 技术评估

审查研究成果，确定其技术成熟度和应用潜力。

进行市场调研，了解潜在的市场需求和竞争态势。

评估技术的可行性、稳定性和可扩展性。

2. 知识产权保护

确定研究成果具有原创性和创新性，适合申请专利或其他知识产权保护。

与大学的技术转让办公室合作，申请相关的知识产权保护。

进行专利布局，确保技术的独特性和竞争力。

3. 原型开发与验证

基于研究成果，开发初步的产品或技术原型。

在实际环境中测试原型，验证其性能、效果和安全性。

根据测试结果，进行必要的调整和优化。

4. 寻找合作伙伴或投资者

展示原型和技术，寻找感兴趣的合作伙伴或投资者。

与潜在的合作伙伴进行洽谈，探讨技术转让、授权或合作生产的可能性。

获取初步的融资，用于进一步的产品开发和市场推广。

5. 市场推广与商业化

定义目标市场和客户群体，制定详细的市场战略和计划。

生产和发布正式的产品版本，进行市场推广和销售。

收集客户反馈，不断优化产品和服务，提高市场竞争力。

大学研究的商业应用是一个复杂的过程，涉及技术、市场、法律和金融等多个领域。大学生创业者需要有扎实的专业知识，同时也要具备创业精神和市场敏感性，这样才能成功地将学术研究转化为商业价值。

23.1.2　成功方案分享：从大学研究到商业化的方案

1. 案例 1：CRISPR 基因编辑技术

背景：CRISPR-Cas9 是一种革命性的基因编辑技术，它的基本原理最初是在大学实验室中发现的。

成功策略：

早期知识产权保护：技术的发现者早早地申请了相关的专利保护，为后期的商业化打下坚实的基础。

建立初创公司：研究者与商业领袖和投资者合作，建立了专门从事此技术的初创公司。

拓展应用领域：公司不仅不局限于基本的研究，还探索了基因编辑技术在医疗、农业等多个领域的应用。

合作与资金筹集：通过与大型生物技术公司的合作和多轮融资，公司得到了快速发展。

2. 案例2：光伏太阳能技术

背景：某大学的研究团队开发了一种高效、低成本的太阳能电池技术。

成功策略：

技术研发与优化：团队持续对技术进行研发，努力提高电池的转换效率和稳定性。

合作与试点项目：与当地政府和企业合作，建立了几个试点项目，进行技术验证和展示。

技术授权与转让：通过技术授权和转让，引入资金和市场资源，推动技术的大规模应用。

持续技术研发与市场拓展：依靠学术背景和实际应用经验，团队持续进行技术研发，并积极拓展国内外市场。

3. 案例3：智能语音助手

背景：某大学计算机科学系的学生基于自然语言处理的研究，开发了一个智能语音助手原型。

成功策略：

市场定位与用户需求：研究团队进行了市场调查，明确了用户的实际需求和市场空白。

产品迭代与优化：根据用户反馈，团队不断地进行产品迭代和优化，提高用户体验。

获得投资支持：通过参加创业大赛和路演活动，团队吸引了投资者的关注，并获得了初始投资。

合作与扩展：与手机制造商和智能家居公司合作，将智能语音助手集成到各种设备和应用中。

从学术到市场的转化需要科研人员具备独特的视角和决策能力。这些成功的案例展示了通过不断地技术研发、市场调研、团队合作和资源整合，可以实现从学术研究到产品的成功转化。

23.2　商业模式的选择与应用

23.2.1　各种商业模式的特点：B2B、B2C、B2G、D2C

1. B2B

特点：

交易量大：B2B（Business-to-Business）交易往往涉及大量的商品或服务，交易金额相对较高。

决策过程长：因为涉及大量资金和长期合作，所以决策过程往往经历多个步骤。

关系持久：与客户建立的关系往往是长期的，因此信任和稳定性极为重要。

需求复杂：客户的需求可能更为专业和复杂。

2. B2C

特点：

交易量小：相较于B2B，B2C（Business-to-Consumer）的交易量通常较小，但客户数量众多。

决策过程短：消费者的购买决策过程相对快速。

品牌意识强：品牌形象、广告和营销策略对消费者的购买决策有很大影响。

高客户流失率：消费者易受各种因素影响，如价格、促销等，导致客户流失率相对较高。

3. B2G（Business-to-Government）

特点：

交易规模大：政府通常进行大规模的采购。

合同规范：合同和采购流程受到严格的法规和政策约束。

长周期：从投标到合同签订，再到付款，周期可能较长。

公开透明：很多政府采购都要求公开透明的流程。

4. D2C（Direct-to-Consumer）

特点：

直接接触消费者：品牌直接与消费者建立关系，没有中间商。

高度控制：对产品、定价、营销和客户体验有完全的控制权。

数据获取：可以直接从消费者那里获取数据，对市场趋势有更敏感的洞察。

快速调整：可以根据市场和消费者需求进行快速调整。

选择适当的商业模式对于企业的成功至关重要。不同的商业模式有其独特的特点和应用场景。创业者应根据其产品或服务的特性、目标市场、资源和能力等因素，选择和应用最合适的商业模式。

23.2.2　选择最适合的模式

选择最适合的商业模式对于一个创业项目的成功至关重要。为了选择合适的商业模式，需要考虑以下几个关键因素：

1. 目标市场的规模和特性

分析目标市场的规模和特性。是一个新兴的市场，还是一个已经饱和的市场？

了解市场中的主要竞争对手和他们的商业模式。

评估市场的需求和未来趋势。

2. 产品或服务的特点

是一个标准化的产品，还是可以高度定制的服务？

产品的生命周期是长还是短？

产品或服务的复杂性如何？

3. 资本和资源

考虑企业当前的资金、技术和人力资源。

评估资源与目标市场的匹配程度。

考虑在短期和长期内可能需要的额外资源。

4. 盈利模式和成本结构

确定价格策略：是采用低价策略以获得市场份额，还是采用高价策略以获得更高的利润率？

了解成本结构，包括固定成本和变动成本。

5. 公司的愿景和目标

公司的长期和短期目标是什么？

公司愿意承担怎样的风险？

公司的核心价值观是什么?

6. 反馈与调整

在实施某一商业模式后,持续收集市场、客户和内部的反馈。

根据反馈和市场变化,及时调整商业模式。

实践提示:不要急于选择一个看起来很流行的商业模式。最重要的是找到一个与企业的产品、目标市场、资源和愿景相匹配的模式。此外,随着企业的成长和市场的变化,可能需要调整或改变商业模式,因此灵活性和适应性也很重要。

选择最适合的商业模式是一个系统的决策过程,需要综合考虑多个因素,并在实践中不断优化和调整。

23.3 融资策略与合作伙伴关系建设

23.3.1 大学生创业融资的入门指南

对于许多大学生创业者来说,融资可能是最具挑战性的部分,特别是在初创阶段。以下是针对大学生的创业融资入门指南。

1. 自有资金

大部分创业者在开始阶段使用自己的储蓄。这是最直接且没有任何外部责任的方式。

2. 亲友投资

亲友投资通常是很多初创公司在初期的主要资金来源。但是,创业者需要确保与投资者之间有明确的协议和期望。

3. 天使投资者

天使投资者是那些个人投资者,他们为初创公司提供资金,并希望在未来得到回报。他们通常在初创公司的早期阶段进行投资。

4. 风险投资者

当初创公司达到一定的规模和成熟度时,可以考虑寻找风险投资者。风险投资者通常会寻求较大的股份,并在公司未来的战略决策中有更多的话语权。

5. 众筹

通过在线平台筹集资金是一种越来越受欢迎的方式。例如,Kickstarter 或 Indiegogo 这样的平台,可以让创业者展示他们的产品或服务,并从公众那里筹集资金。

6. 国家和地方的补贴与资助

一些政府机构为大学生创业者提供资助或补贴。这些资助或补助经常是为了鼓励创新或为特定行业或领域提供支持。

7. 银行贷款与信贷

传统的银行贷款也是一种选择,但对于初创公司来说可能比较困难,因为它们通常需要有固定资产作为抵押。

8. 合作伙伴关系

与其他公司或个人建立合作伙伴关系,共同开发或推广产品,也可以为创业公司带来资金和资源。

9. 建议

在寻求融资之前,明确你的商业模型和收入预测。

准备一份详细的商业计划书，包括市场研究、竞争分析、营销策略和财务预测。

在与潜在投资者交谈时，展示你对业务的热情和承诺，以及你的团队的专业能力。

融资是一个复杂的过程，需要时间和努力。大学生创业者需要慎重考虑所有的融资方式，并找到最适合你们公司的融资方式。

23.3.2　如何与供应商、合作伙伴和投资者建立良好关系

与供应商、合作伙伴和投资者建立良好的关系是确保企业成功的关键。以下是如何建立和维护这些关系的建议。

1. 清晰沟通

始终提供真实、准确和及时的信息。无论是好消息还是坏消息，都要及时沟通。这可以增强双方的信任和理解。

2. 诚信为本

诚信是任何关系的基石。无论是对待供应商、合作伙伴还是投资者，都要始终如一、信守承诺。

3. 互相了解

花时间了解合作方的业务、文化和目标。这有助于找到共同的利益点，并加深彼此的合作关系。

4. 定期沟通和反馈

定期进行沟通和回顾，讨论合作进展、目标和预期，确保双方都满意合作的结果。

5. 透明度

与合作伙伴和投资者分享关键的业务指标和里程碑，确保他们了解企业的发展状况和挑战。

6. 共同创建价值

不仅要关注自己的利益，还要努力为合作伙伴和投资者创造价值。寻找双赢的机会，使所有利益相关方都从合作中受益。

7. 尊重和专业化

总是以专业、有礼貌的态度对待所有人。这不仅可以加强关系，还可以加强企业的品牌形象。

8. 建立长期关系的意识

考虑长远，不要仅关注短期的交易。长期的合作伙伴关系可以为企业带来更稳定和持久的价值。

9. 解决冲突

合作过程中不可避免地会发生冲突和分歧。重要的是要积极、开放和有建设性地解决这些冲突，避免让它们升级。

10. 持续学习和改进

始终寻求学习和改进的机会，无论是提高产品和服务的质量，还是优化合作流程。

建立和维护良好的合作伙伴关系需要时间和努力，这对企业的成功至关重要。通过上述建议，创业者可以确保与供应商、合作伙伴和投资者建立长久、互利的良好关系。

第24章 市场定位与企业文化

24.1 为创新项目定位目标市场

在任何创新项目中，准确地确定和理解目标市场是成功的关键。这涉及深入的市场分析、客户理解和有针对性的市场策略。

24.1.1 如何进行市场分析

进行市场分析是了解潜在客户、竞争对手和市场趋势的过程，从而帮助你确定市场机会和可能的挑战。以下是进行市场分析的一些建议。

1. 定义目标客户

描述你的理想客户：他们是谁？他们住在哪里？他们的需求是什么？

使用人口统计、地理和行为特征来细分市场。

2. 竞争对手分析

列出主要的竞争对手并分析他们的优势和劣势。

了解他们的产品、定价、营销策略和品牌定位。

3. 市场趋势

研究市场的发展方向和主要的行业趋势。

了解技术、政策、社会和经济因素如何影响市场。

4. 需求和供应分析

了解市场的总体规模和增长率。

分析供应和需求的平衡，确定是否存在市场空缺。

5. 价格敏感度

调查目标客户对价格的敏感度。

确定你的产品或服务的最佳价格点。

6. 利用市场调查

通过问卷调查、访谈和焦点小组了解目标客户的需求和偏好。

收集反馈并根据这些信息调整你的产品或服务。

7. 分析外部环境

使用 PESTEL（政治、经济、社会、技术、环境和法律）分析工具来评估宏观环境的影响。

了解哪些外部因素可能对你的市场产生积极或消极的影响。

通过深入的市场分析，你可以更好地了解目标市场、确定市场机会、制定有效的市场策略并减少不确定性和风险。

24.1.2 确定市场策略与选择合适的市场渠道

确定适当的市场策略是将产品或服务成功地推向市场的关键。同时，选择合适的市场渠道也十分关键，因为它会影响到你的产品的可见性、分销速度和客户体验。

1. 确定市场策略

目标市场细分：确定你的核心受众是谁，然后细分为特定的市场群体。

差异与定位：确定你的产品或服务与竞争对手相比有何不同，并根据这些差异进行定位。

4P 策略：产品（Product）、价格（Price）、促销（Promotion）和地点（Place）。确保四者协同工作，以满足目标市场的需求。

2. 选择合适的市场渠道

直接销售：直接通过自己的网站或实体店销售产品，有助于建立直接的客户关系，但可能需要较大的初期投资。

经销商和分销商：与第三方合作销售你的产品，速度较快，但可能降低利润率。

在线平台：利用现有的电商平台，如淘宝、京东等，快速进入市场。

合作伙伴关系：与非竞争性的公司建立合作伙伴关系，共同推广产品或服务。

代理商：通过与其他公司建立代理关系，利用他们的销售网络和资源。

3. 综合策略选择

多渠道策略：结合多个渠道进行销售，如线下实体店+在线平台+代理商等。

垂直整合：控制供应链的多个环节，确保产品的质量和分销效率。

4. 评估和调整

监测和评估：通过市场反馈、销售数据和其他关键绩效指标（KPIs）来评估渠道的效果。

灵活调整：根据市场反馈和数据分析进行策略调整，确保最大化的市场效果。

确定市场策略和选择合适的市场渠道是创业成功的关键环节。企业需要灵活应对，根据市场变化进行策略调整，确保持续的市场优势。

24.2　企业文化与其在市场中的角色

24.2.1　企业文化的定义及其重要性

企业文化是一个公司的核心价值观、信仰、习俗和行为规范，它为员工提供了一个工作环境和决策指南，也为客户、合作伙伴和其他利益相关者传达了公司的品牌和使命。

为什么企业文化重要

驱动员工行为：一个明确且积极的企业文化可以激励员工走在同一条道路上，推动他们朝着公司的目标前进。

加强客户关系：客户更倾向于与那些具有相似价值观和文化的公司合作。

区分竞争对手：在同一市场上，企业文化可以帮助公司区分自己，并成为其竞争优势。

吸引并保留人才：优秀的企业文化能吸引和保留顶尖的人才，这对于长期的成功至关重要。

24.2.2　如何塑造和维护企业文化

定义核心价值观：首先，企业需要确定其核心价值观，这是企业文化的基石。

沟通并传播：确保每一位员工都明白公司的文化和核心价值观。这可以通过培训、会议或者团队活动来实现。

为员工树立榜样：领导层应该是企业文化的代表，他们的行为应该与公司的文化和价值观一致。

培养员工参与感：鼓励员工参与企业文化的建设，例如建议、反馈或者是组织活动。

定期评估和更新：随着时间的推移，企业的环境和目标可能会发生变化，因此需要定期评估和更新企业文化，确保它仍然与公司的战略和目标一致。

一个强大且积极的企业文化不仅能提高员工的工作满意度和生产力，还可以增强客户的忠诚度，帮助公司取得长期成功。

24.3　利用数字化营销推广项目

24.3.1　数字化营销工具与策略

随着技术的进步和互联网的普及，数字化营销已经成为企业和创业者推广自己产品和服务的主要方式。对于大学生创业者来说，掌握数字化营销的基本工具和策略是至关重要的。

1. 数字化营销工具

搜索引擎优化（SEO）：这是确保你的网站或在线内容出现在搜索引擎结果的顶部的技术。这可以增加网站流量，提高品牌知名度。

内容营销：创建和分享高质量、有针对性的内容，吸引和留住目标受众，从而建立品牌的权威性和信任度。

社交媒体营销：利用社交媒体平台（如微博、微信、抖音等）进行品牌推广，与目标受众互动。

电子邮件营销：通过发送新闻通讯、促销邮件等，建立与客户的长期关系。

在线广告（如 PPC）：例如使用百度广告等在线广告平台进行付费推广。

数据分析：使用工具，如百度统计来监测和分析网站流量，以便调整策略。

视频营销：利用视频平台，如抖音、优酷、腾讯视频等，制作和分享视频内容，吸引更多的用户。

移动营销：随着智能手机的普及，移动营销策略也变得越来越重要，包括应用程序推广、短信营销等。

2. 策略建议

确定目标受众：知道你的目标受众是谁，他们的需求是什么，以及他们在哪里。

选择适当的数字化工具：根据你的目标受众和预算选择合适的工具。

持续优化：数字化营销是一个持续的过程，需要不断测试和优化。

集成多个渠道：确保所有的数字化营销工具和策略都是互补的。

数字化营销提供了一个低成本高收益的平台，大学生创业者可以利用这些工具和策略来扩大他们的影响力，增加销售和建立品牌忠诚度。

24.3.2　利用社交媒体提升项目知名度

社交媒体为大学生创业者提供了一个宝贵的平台，可以用来推广他们的项目、与目标受众互动并建立品牌知名度。以下是一些策略和建议，可以帮助创业者更有效地利用社交媒体。

选择合适的平台：不是所有的社交媒体平台都适合你的项目。对于大学生来说，可能更偏向于使用如微信、微博、抖音和 B 站等国内平台。研究你的目标受众在哪里活跃，并专注于这些平台。

建立品牌一致性：确保在所有社交媒体平台上使用一致的品牌形象和信息，如 Logo、色调、口号等。

发布高质量内容：分享有关你的项目的故事、成果、测试、客户反馈等内容。视频、图片和图形往往更能吸引目标受众关注。

与受众互动：回应评论、答疑解惑、感谢支持者。这种互动可以加强与受众的联系。

合作与联合推广：与其他创业者或品牌合作，在社交媒体上进行联合推广活动，扩大双方的受众范围。

使用广告和推广：当有预算时，考虑使用社交媒体广告来增加项目的曝光度。例如，微信和微博都提供了广告服务，可以帮助推广内容到更广泛的受众。

定期分析和优化：利用社交媒体分析工具来跟踪你的推广效果，了解哪些内容最受欢迎，哪些时间发布效果最好，然后相应地调整策略。

持续学习与更新：社交媒体的趋势和算法经常变化，需要保持对新的工具、特性和最佳实践的了解。

社交媒体为大学生创业者提供了一个无与伦比的机会，可以与广大受众直接互动并推广项目。通过持续学习和调整策略，大学生创业者可以最大化社交媒体的影响力，建立较高的品牌知名度。

第 25 章 创业在高质量 经济转型中的位置

25.1 未来的技术与经济趋势

25.1.1 技术发展的方向

随着科技日新月异地进步，技术发展的方向对于创业者至关重要。了解并紧跟技术趋势不仅能帮助企业家捕捉到新的商业机会，还能确保他们的创业项目在竞争激烈的市场中保持领先地位。以下是一些未来技术发展的主要方向。

人工智能（AI）和机器学习：这些技术在自动化、数据分析、个性化服务等领域有着广泛的应用。随着计算能力的提高和数据获取的增多，AI 的应用会更加广泛和深入。

物联网（IoT）：智能设备和传感器正在与我们的生活、城市甚至整个产业链更紧密地结合，带来更智能、更高效的解决方案。

5G 通信技术：高速、低延迟的 5G 网络将使远程工作、虚拟现实、增强现实和无人驾驶等技术变得更为实用。

区块链：超出了其初始的金融应用，区块链现在被看作是确保数据完整性和透明性的解决方案，尤其是在供应链、健康保健和公共服务等领域。

生物技术和医疗健康：基因编辑、个性化医疗、远程医疗和可穿戴医疗设备等技术可能会彻底改变我们对健康和治疗的看法。

可持续技术：随着气候变化问题日益加剧，清洁能源、电动汽车、再生材料和环境友好的生产方法等可持续技术将获得更大的发展。

增强现实（AR）和虚拟现实（VR）：这些技术为娱乐、教育、医疗和远程工作提供了全新的体验方式。

对于创业者来说，了解并适应这些技术趋势至关重要。它们不仅定义了未来的经济格局，还为那些愿意冒险和创新的企业家提供了无数的机会。

25.1.2 高质量经济转型的要求与机会

随着全球经济的发展，许多国家和地区正努力从依赖数量扩张的增长模式转型为追求质量和效益的高质量经济发展模式。这种转型不仅是为了应对资源紧缺和环境挑战，更是为了满足日益增长的消费者需求和提高整体的经济效益。以下是高质量经济转型的要求和创业者在其中可以捕捉到的机会。

1. 更高的创新要求

要求：在高质量经济发展模式下，企业必须持续创新，提供更好的产品和服务，满足更加复杂和多样化的消费者需求。

机会：那些能够在新技术、新模式和新思维方面取得突破的创业者更可能抓住巨大的市场机会。

2. 环境可持续性

要求：企业必须更加重视环境保护，确保其生产和经营活动的可持续性。

机会：在清洁技术、可再生能源、循环经济等领域为创业者提供了巨大的成长空间。

3. 对效益的追求

要求：不仅是追求销售额和市场份额，更要注重产品和服务的附加值，提高效益。

机会：为那些能够提供差异化、高附加值产品和服务的创业者提供了更广阔的市场。

4. 数字化和智能化

要求：利用数字技术，特别是大数据、云计算、AI等技术，实现生产和经营的智能化。

机会：数字经济正在快速增长，为技术创新和应用提供了无数的机会。

5. 个性化与定制化

要求：满足消费者日益多样化和个性化的需求，提供定制化的解决方案。

机会：尤其是在时尚、健康、教育等领域，为提供个性化服务和产品的创业者带来了大量的机会。

高质量经济转型为创业者提供了一个巨大的机会。了解这些要求并根据这些要求调整和优化自己的商业模式，将有助于创业者在未来的经济环境中取得成功。

25.2　社会与文化因素的影响

社会与文化因素对创业活动具有深远的影响。它们塑造了公众对创业的认知，为创业者设定了道德与价值框架，并间接影响到创业者的选择和决策。这一部分我们将探讨这些因素以及它们如何影响创业。

25.2.1　当前社会对创业的看法与态度

认同与鼓励：在多数国家和地区，尤其是在技术进步和经济发展较快的地方，创业被视为推动经济增长、创造就业机会和促进社会创新的关键力量。因此，政府、媒体和公众普遍持有积极的态度。

对风险与挑战的认识：尽管创业被认为是经济发展的驱动力，但公众也深知其中的风险。很多创业项目在初创阶段就失败了。因此，社会普遍认为创业需要勇气、毅力、策略和智慧。

对"独角兽"企业的追捧：随着一些初创公司迅速崭露头角，成为市值数十亿或上百亿的"独角兽"企业，公众和媒体对此类成功故事表现出了极大的兴趣和追捧。

对技术创新的期望：在科技日新月异的今天，社会对技术创新型创业持有高度的期望。这也导致了科技类创业相对于其他领域的创业在社会舆论中的地位更为突出。

文化差异的影响：在不同的文化背景下，人们对创业的态度可能会有所不同。例如，某些文化可能更重视稳定和安全，而其他文化则更加鼓励冒险和探索。

对创业者的期望：除了商业成功，现代社会也对创业者有一定的道德和社会责任期望。这包括对环境的关心、对员工的公正对待，以及对社会的积极贡献。

对于创业者来说，了解并适应当前社会和文化中对创业的看法和态度是非常关键的，这不仅可以帮助他们获得更多的支持和资源，还可以为他们的创业活动提供有价值的指导和反馈。

25.2.2　文化因素如何影响创业策略

文化是社会中一套深入人心的价值观、信仰、习俗和行为模式，它无形中塑造了个人和组织的决策和行为方式。对于创业者来说，文化因素会从多个维度影响其创业策略的制定与执行。

价值观与决策：文化中所秉持的核心价值观会影响创业者的决策方式。例如，某些文化可能更重视社群和团队合作，而其他文化可能更偏向于个体主义和独立思考。这会影响到公司的组织结构、合作模式和领导风格。

风险接受度：不同文化对风险的态度不同。有的文化可能鼓励冒险和创新，而有的文化则可能更重视稳健和避免风险。这会影响到创业者在投资、产品开发和市场扩张等方面的策略。

顾客期望与偏好：文化决定了消费者的购买行为、品牌忠诚度和产品偏好。创业者需要深入了解目标市场的文化背景，以制定更符合当地消费者需求的产品和营销策略。

沟通与协商：文化差异会影响到与合作伙伴、供应商、投资者和顾客的沟通和协商方式。了解和尊重对方的文化习惯，能够更有效地建立互信和合作伙伴关系。

道德与社会责任：各种文化对于道德和社会责任的定义可能会有所不同。创业者需要确保其商业活动不仅在法律上合规，还要在文化和道德层面上得到接受和认同。

人力资源管理：对于跨国或多文化背景的团队，了解并尊重团队成员的文化差异是关键的。这不仅涉及招聘和培训，还包括激励、评价和团队建设。

创新与创意：文化对于创新和创意的价值取向也有所不同。在某些文化中，非传统的思维和行为可能会受到鼓励，而在其他文化中，则可能更重视传统和规范。

文化因素是创业策略中不可忽视的一部分。了解、尊重和利用文化差异，可以帮助创业者更有效地制定策略、应对挑战、抓住机会，从而实现商业成功。

25.3　未来的就业与职业发展趋势

25.3.1　未来十年的就业趋势预测

在未来的十年里，机械工程与相关领域的就业市场将经历一系列的变革和挑战，主要受到技术进步、全球经济格局变化、环境和能源需求等多种因素的驱动。以下是与机械相关的未来十年的就业趋势预测。

智能机械与自动化：随着机器学习、人工智能和物联网技术的蓬勃发展，智能化的机械设备和自动化生产线的需求将大幅增加。这将为机械设计工程师、自动化系统开发者和技术维护人员创造更多的工作机会。

绿色与可持续机械：环保和可持续性需求驱动的低能耗、低排放的机械产品将获得更广泛的市场接受度。新材料的研发和应用，以及高效节能的机械设计会成为热门领域。

精密与微型机械：随着医疗、电子和航空等领域的技术进步，对精密和微型机械的需求将不断增加。微机电系统工程师、纳米技术研究员等专业人才将受到追捧。

3D打印与增材制造：3D打印技术正在从原型制造转向批量生产，未来将对传统的制造方式产生冲击。机械设计工程师需要掌握这一新技术，开发更为复杂和个性化的产品。

机器人技术与应用：从制造业到服务业，机器人技术的应用将进一步普及。机器人设计、制造、维护，以及人机交互等领域的专业人员将十分受欢迎。

模拟与数字仿真：计算机辅助设计和仿真技术将为机械产品的研发和优化提供强有力的工具。熟练掌握相关软件的工程师和技术人员将持续受到市场的欢迎。

机械与其他学科的交叉应用：例如，与生物学、医学和物理学的交叉将为机械工程师开辟新的应用领域和工作机会。

全球供应链与制造：随着全球化的深入，机械制造业的供应链管理、跨国合作与交流将成为关键。

未来的机械工程领域充满了机遇和挑战。为了适应这些变化，机械设计工程师和专业人员需要持续地学习和更新知识，培养跨学科和国际化的视野。

25.3.2　大学生如何为未来的机械领域的创新创业做好准备

对于机械工程及相关领域的大学生，站在创新创业的前沿，结合科技驱动，会是关键的竞争优势。以下是为未来的就业和创业做好准备的建议。

理解科技融合：现代的机械工程已经不仅仅局限于传统的制造和设计，它与 AI、物联网、机器学习等领域有了更紧密的结合。大学生应该了解这些新技术如何与机械工程交融。

创新思维：鼓励大学生主动思考，不断地追求新的解决方案和技术。只有不断地创新，才能在机械工程领域取得突破。

项目实践：参与创新项目或创业实践，可以帮助大学生了解市场需求，学会如何把技术转化为有市场价值的产品。

国际视野：科技的发展是全球化的，了解国际上的最新研究和市场趋势，可以帮助大学生更好地定位自己的创新和创业项目。

创业教育：鼓励大学生参加创业课程和工作坊，了解创业的基本知识，如如何筹集资金、如何组建团队、如何进行市场营销等。

团队合作：无论是科研项目还是创业项目，团队合作都是关键。学会与人合作，了解团队动力和管理是每位未来工程师的必备技能。

与产业对接：通过实习、参与行业会议、与企业家交流等方式，了解产业的实际需求和发展方向，为创新和创业打下坚实的基础。

科技驱动的策略：学会如何利用最新的技术趋势，如数字化、自动化等，来驱动创新和创业项目的发展。

道德和社会责任：在追求技术和经济利益的同时，大学生还应该具有强烈的道德观念和社会责任，确保他们的创新和创业活动为社会带来正面影响。

大学生根据自己的条件和兴趣，有选择地实践这些策略和建议，为未来在机械工程领域的创新创业做好准备，利用科技驱动，实现自己的价值和梦想。

参 考 文 献

[1] 肖杨. 创新创业基础[M]. 北京：清华大学出版社，2023.

[2] 陈殿生，刘小康，王田苗. 智能机械创新实践教程[M]. 北京：清华大学出版社，2020.

[3] 刘文光. 机械创新设计与实践[M]. 北京：机械工业出版社，2019.

[4] 陈智刚，罗建华，茹华所，等. 大学生创新创业基础[M]. 北京：高等教育出版社，2018.

[5] 师慧丽，李泽宇. 应对智能制造：德国高校专业课程的改革及启示——以慕尼黑工业大学和安贝格应用技术大学为例[J]. 高等工程教育研究，2021，133(6).

[6] 李贵，蓬辉，王兴东，等. 数字智能化机械设计课程设计实践教学方法探究[J]. 实验室研究与探索，2020，39(6).

[7] 张善文，孙永元，葛正辉，等. 机械设计制造及其自动化专业创新设计课程教学实践研究[J]. 实验室研究与探索，2022，41(8).

[8] 郗婷婷，周萍，曾成，等. 创新创业基础[M]. 北京：清华大学出版社，2014.

[9] 袁新梅，黄天成，华剑所. 智能制造背景下地方高校机械专业大学生创新创业教育研究[J]. 中国现代教育装备，2021，134(13).

[10] 廖梓程. "互联网+"视角下大学生创新创业教育理念的新定位——评《"互联网+"大学生创新创业基础与实践》[J]. 中国科技论文，2022，17(1).

[11] 马智萌，鞠丽梅. 关于提高学生机械创新设计能力方法的探讨[J]. 机械设计，2018，35(S2).

[12] 马永斌，柏喆. 大学创新创业教育的实践模式研究与探索[J]. 清华大学教育研究，2015，99(6).

[13] 高乐. 创新创业教育对大学生职业生涯意义的研究——评《大学生创新创业教育路径探究》[J]. 中国高校科技，2022(6).

[14] 相萌萌. 基于整体观的高校创新创业教育观念变革探索——评《"互联网+"时代高校创新创业教育》[J]. 科技管理研究，2020，40(21).

[15] 李建国，刘洋，徐国胜. 基于学生创新实践活动的机械创新设计教学[J]. 铸造，2022，71(4).

[16] Bao L, L J Fu, H N. Yong, et al. Research on the Innovative Mode of Integrating Production and Education to Cultivate Mechanical Professional Talents[J]. International Journal of New Developments in Education, 2023, 5(25): 41-44.

[17] Mathieu K, et al. Adopting a Common Product Design Process across the Undergraduate Mechanical Engineering Curriculum[J]. ASEE, 2023, 6: 25-28.

[18] Liao W, Lin C, Lou S, et al. A Design and Effectiveness Evaluation of the Maker Spirit-PBL Innovation and Entrepreneurship Course[J]. Taylor & Francis, 2024, 61(5): 877-896.

[19] Dada A E, Adegbuyi O A, Ogbari M E, et al. Investigating the Influence of Entrepreneurial Behaviour and Innovation among Undergraduate Students of Selected Universities[J]. MDPI, 2023, 13(3): 192.

[20] Cintra F A, Barbalho S. Mechatronics: A Study on Its Scientific Constitution and Association with Innovative Products[J]. Applied System Innovation, 2023, 6(4): 72.

[21] Xi C, Xiao M, Wu L, et al. Evaluation of College Students' Entrepreneurial Employability Improvement Based on Machine Learning Neural Network[J]. Reviews of Adhesion and Adhesives, 2023, 11(2): 479-497.

[22] Utschig, T., Tekes, A., Linden, M., et al. Impact of 3D-Printed Laboratory Equipment in Vibrations and Controls Courses on Student Engineering Identity, Motivation, and Mindset[J]. International Journal of Mechanical Engineering Education, 2023.51(3):456-472.

[23] Davim, J. P. Mechanical Engineering Education[M]. Singapore: Wiley, 2012, 10: 393-408.

[24] Prakash, C., Singh, S., Krolczyk, G. Advances in Functional and Smart Materials[M]. Singapore: Springer, 2022, 3: 528-540.